大学数学の入門④

幾何学 I　多様体入門

坪井 俊――［著］

東京大学出版会

Geometry I Introduction to Manifold Theory
(Introductory Texts for Undergraduate Mathematics 4)
Takashi TSUBOI
University of Tokyo Press, 2005
ISBN978-4-13-062954-6

はじめに

本書では大学 1，2 年次の線形代数，微分積分，ベクトル解析，常微分方程式，そして集合と位相の基礎をおおむね習得した学生を対象に，微分可能多様体の枠組みについて解説する．

微分可能多様体は現代の数学において非常に重要な概念となっている．幾何学のほとんどの理論は，微分可能多様体の基礎の上に打ち立てられており，幾何学は，微分可能多様体上の構造として理解されているのである．微分可能多様体の理論は 20 世紀後半の数学の大きな成果であるが，この理論の枠組みは，代数学，解析学にも多大な影響を与えた．

多様体の理論は，空間内において方程式で定義される曲面の研究や正則関数の自然な定義域としてのリーマン面の研究のなかで成立してきたものである．局所座標が定義されるということがその重要な性質である．局所座標が定義される空間上で，微分積分や常微分方程式論が展開できることが認識され，1 つの対象としての多様体の定義を生んだのである．

多様体の理論のなかで最も重要な点は，多様体上の接ベクトル場と微分 1 形式は異なるものであることを認識したことにあると思われる．ともに，多様体の各点にベクトルを与えるものであるが，多様体の間の写像に対して接ベクトルは順方向に写されるのに対し，微分 1 形式は逆方向に引き戻される．多様体上のベクトル場は，リー代数の構造を持つのに対し，微分 1 形式は，次数の高い微分形式に拡張され，次数つき代数の構造を持ち，外微分とともに，ドラーム複体を構成する．

ユークリッド空間内の曲面においては，その上の自然なリーマン計量により，接ベクトル場と微分 1 形式の区別は隠されていた．3 次元空間内のベクトル解析では，積極的に接ベクトル場と微分 1 形式を同一視して理論を構築することもできた．しかし，常微分方程式論的な性質は接ベクトル場の性質だけからわかることであり，幾何的積分法であるストークスの定理は，微分形式としての性質だけからわかることである．こうして，多様体論は接ベクトル場と微分 1 形式の区別をしたことにより，それぞれの理論を独立させ，理論の成立の条件を明らかにした．さらに，多様体の上に，リーマン計量の概念を定義し，道のりから定義される距離を持つ幾何学を多様体上の構造として理解できるようにした．このように数学的概念を分化させ，相互関係を明らかにするのは現代数学の特徴であり，このような方法が，分野を超えて理論の適用範囲を拡張していくのである．

そこで，多様体論の講義の目標は，多様体の概念を理解すること，多様体上のベクトル場の定義を理解すること，多様体上の微分形式の定義を理解すること，ベクトル場と微分形式のかかわりの中で多様体上の微分積分を定式化することである．さらに，リーマン計量，複素構造などの多様体上の構造を定式化し，現代の多様体の研究との関係を明らかにできれば，講義の目標を十分に達成したといえるであろう．

これらの講義のためには，およそ 45 時間ほどの講義の時間と 30 時間くらいの演習が必要だと思われる．ところが，本書の目的の 1 つは，半年の実際の講義に使える教科書をつくることである．本書の内容は東京大学理学部数学科 3 年生夏学期の多様体の講義をもとにしているが，実際の講義は半年で 30 時間，演習も 30 時間である．1995 年までは 45 時間ほどの講義をしていたが，1996 年以降，30 時間とするために，半年の講義の内容は，多様体の概念を理解すること，多様体上のベクトル場の定義を理解すること，リーマン計量を定式化することに絞られている．それが，本書の内容である．これだけでは多様体論を学ぶのに不十分であるが，東京大学理学部数学科では 3 年生冬学期に，微分形式，ドラーム理論などの講義を組んでいる．この内容は，本書に続く教科書として出版されるものと思う．

さて，このような事情で本書は講義の順序に沿って書かれている．

解析学，微分積分は高等学校でも学習している．大学では，1 年次に，テーラー展開，2 変数関数の最大最小，重積分を学ぶ．また線形代数の基礎も学ぶ．2 年次では，ベクトル解析，ガウスの定理，ストークスの定理，微分方程式の解の存在と一意性，線形常微分方程式などを学ぶ．数学科の最初の講義では，集合と位相，ベクトル空間と線形写像などについて少し抽象的な取り扱いも学ぶ．

これらの基礎の上に，多様体の講義が成立している．しかし，本書では，ベクトル解析，常微分方程式，集合と位相，ベクトル空間と線形写像について，ごく基本的なことを除いては既知とはしないこととした．

本書の構成については目次を見ていただきたい．節の表題に（基礎）とあるのは，多様体を学ぶための復習の意味合いのある内容であることを示す．表題に（展開）とあるのは，多様体に関する研究への導入ともなるやや進んだ内容であることを示す．各章の問題の解答例は各章末においた．実際の講義は，各節のうちで（基礎）の部分を復習して，多様体の定義などを習得することが目的であったが，それだけでは無味乾燥なものになり，なぜ多様体論を展開することが有益であったかがわかりにくいと思われたので，講義，演習で（展開）の内容を適宜紹介し，将来へのつながりを与えた．本書で述べることがらの多くは図を用いれば説明しやすいものである．さいわい，比較的正確な図を描けるようになったので，できるだけ掲載して読者の理解の助けとした．

本書を準備するために東京大学出版会の丹内利香さんに非常にお世話になった．謹んでお礼を申し上げたい．

2004 年 10 月

坪井　俊

記号表

$\boldsymbol{Z}$	整数全体の集合，または加法群
$\boldsymbol{R}$ ($\boldsymbol{C}$)	実数全体（複素数全体）の集合
$\boldsymbol{R}^{\times}$ ($\boldsymbol{C}^{\times}$)	0 でない実数（複素数）のなす乗法群
$\boldsymbol{R}_{<0}$ ($\boldsymbol{R}_{>0}$)	負の（正の）実数のなす集合
$\boldsymbol{R}^n$ ($\boldsymbol{C}^n$)	実（複素）n 次元数ベクトル空間
$\bullet$	$\boldsymbol{R}^n$ 上のユークリッド内積（$\boldsymbol{x} \bullet \boldsymbol{y} = \sum_i x_i y_i$）
$\Vert \cdot \Vert$	$\boldsymbol{R}^n$ 上のユークリッドノルム（$\Vert \boldsymbol{x} \Vert^2 = \boldsymbol{x} \bullet \boldsymbol{x}$）
${}^t A$	行列 A の転置行列
$M(n;\boldsymbol{R})$	n 次実正方行列全体のなす線形空間
$M(n;\boldsymbol{C})$	n 次複素正方行列全体のなす線形空間
det	正方行列の行列式
sign	実数の符号 (± 1)
$\mathbf{1}$	単位行列
$\mathbf{0}$	零行列
δ_{ij}	$\delta_{ij} = 1$ $(i = j)$, $\delta_{ij} = 0$ $(i \neq j)$
$GL(n;\boldsymbol{R})$	n 次一般線形群（$\{A \in M(n;\boldsymbol{R}) \mid \det A \neq 0\}$）
$SL(n;\boldsymbol{R})$	n 次特殊線形群（$\{A \in M(n;\boldsymbol{R}) \mid \det A = 1\}$）
$O(n)$	n 次直交群（$\{A \in M(n;\boldsymbol{R}) \mid {}^t A A = \mathbf{1}\}$）
$U(n)$	n 次ユニタリ群（$\{A \in M(n;\boldsymbol{C}) \mid A^* A = \mathbf{1}\}$）
dim	線形空間の次元，多様体の次元
	（線形写像 $A : V \longrightarrow W$ に対し，）
ker	線形写像の核（$\ker A = \{v \in V \mid Av = 0\}$）
im	線形写像の像（$\operatorname{im} A = \{w \in W \mid \exists v \in V, w = Av\}$）
rank	線形写像のランク（階数）（$\operatorname{rank} A = \dim(\operatorname{im} A)$）
id	（空間の）恒等写像
$\setminus$	（集合の）差
$\times$	（空間の）直積 (direct product)
$\sqcup$	（空間の）直和 (disjoint union)
$/\!\sim$	同値関係 $\sim$ による同値類のなす商空間

目次

第1章 多様体論について

この章では，多様体論の意味を整理し，その基礎となる逆写像定理，陰関数定理について解説する．

1.1 なぜ多様体を学ぶのか

現代の数学を志す学生諸君に多様体を学んでほしい理由は，おおざっぱにいって次の3つの点にまとめられる．

(1) 多様体は幾何学の対象として実際にさまざまな場面で現れるものであること．

(2) 多様体は現代の幾何学の問題設定の枠組みを与えるものであること．

(3) 多様体の定義から，ベクトル場や微分形式の概念の定義，代数的な構造の抽出，上部構造の定式化にいたるという多様体の理論は，現代数学の理論構成の典型を与えるものであること．

最初のポイントは，多様体の理論が成立した背景から考えるとよくわかることかもしれない．

曲面論においては，方程式の表す図形はほとんどの場合局所的には関数のグラフの形に描かれ，空間全体でなく，曲面の上だけで定義された曲率などの関数を取り扱う必要が生じる．また，方程式の表す図形に対して，それを記述する一般的なパラメータのとり方から曲率などを書き表すと対称性のある表示が得られることや，場合によっては，パラメータのとり方を工夫すると図形の形がきれいに記述される．

また，複素関数論においては，複素関数に対して，その自然な定義域が定まり，その定義域の形状を考えることにより，線積分の振る舞いが理解しやすくなる．

さらに，古典力学や流体力学，電磁気学を数学的に記述するときに使われるベクトル解析では，次元の高い空間上での解析が必要になる．エネルギーや運動量のような不変量があることにより，このような空間内での運動はより狭い空間に束縛される．そこで，次元の少し下がった空間上で，パラメータのとり方をさまざまにとり替えて解析を行なうことが必要になる．また，各点にベクトル量が与えられている場に対して解析を行なうことが必要になるが，それはベクトル場，微分形式の定義が自然なものであることを示している．

このように，さまざまな場面に現れる対象を抽象して，多様体という構造を持つ空間を考えるのが非常に自然であることがわかってきた．

実際に現れる幾何学的対象に対して必要な性質だけを抽象して定義としたものが多様体の定義である．このような幾何学的対象の最も基本的な性質は，各点のまわりでは「座標」によって記述されるということである．その性質を抽象して位相多様体というものを定義することができる．

位相多様体とは「局所ユークリッド的ハウスドルフ空間」のことである．**空間**とは位相空間，すなわち開集合，閉集合あるいは近傍の概念が定まった空間であり，**局所ユークリッド的**とは，次元 n を定めて，任意の点 x に対して，x の近傍 U，n 次元のユークリッド空間 $\boldsymbol{R}^n$ の開集合 V で，U, V が同相となるものをとることができることである．**ハウスドルフ**とは，2 点を分離する開集合がとれる，すなわち，「相異なる 2 点 x_1, x_2 に対して，開集合 U_1，U_2 で，$x_1 \in U_1, x_2 \in U_2, U_1 \cap U_2 = \emptyset$ となるものが存在すること」である．

定義 1.1.1 位相空間 X が **n 次元位相多様体**であるとは，X はハウスドルフ空間であり，任意の点 $x \in X$ に対し，x の近傍 U で，$\boldsymbol{R}^n$ の開集合 V と同相なものが存在することである．

n 次元の座標があれば，点は数値の組 $(x_1, \ldots, x_n)$ で表され，その上の関数は $f(x_1, \ldots, x_n)$ のように表される．自然に現れてくる曲面上では微分積分を行なうことができ，それにより幾何的性質を明らかにできる．しかし，位相多様体上では微分は考えにくい．微分をするときには，点の位置の変化に対する，関数の変化の割合を考える．位置の変化を道のりで表そうとしたとき，次のような例では関数の変化が記述できないことがわかるであろう．

図 1.1　例 1.1.2. コッホ曲線の構成.

【例 1.1.2】（**コッホ曲線**）正三角形から始める．それぞれの辺を 3 等分し，辺の中央の $\frac{1}{3}$ を 1 辺とする正三角形を書く．辺の中央の $\frac{1}{3}$ を正三角形の 2 辺に置き換える．これを繰り返す．これはある図形に収束する．この図形は，いたるところ微分不可能な閉曲線としてコッホにより与えられた．このような図形は，ここ 20 年くらいフラクタルと呼ばれ研究されている（図 1.1）．

この図形は円周と同相である．3 つの点に対し巡回順序が定義されることから，円周との同相写像が定義される．この図形上では，自然に定義される道のりについての 2 点間の距離は無限大である．このことは長さが構成の途中で順に $\frac{4}{3}$ 倍になることからわかる．ユークリッド平面上の単位円周の長さは，2π である．長さの構造を自然に考えて微分しようとするといつでも無限大で割ってしまうことになる．

上の現象は，この同相写像が長さの有限性を保たないことが原因でおこるものである．

微分が行なえることを要求すると，局所ユークリッド的というだけではなく，ユークリッド空間の開集合と同相な近傍同士の間の関係（座標変換）をきちんと整備する必要がある．こうして，微分を行なうことのできる微分可能多様体の概念にたどり着くのである．

座標変換の定式化により，微分可能多様体の概念が確立される．多様体は，各点の近傍の性質が一定であるような等質な空間であることがわかる．このような等質な空間の理論がきちんとできあがることにより，特異点を持つような空間も扱えるようになる．

こうして，微分可能多様体が定義されると，すでに定義した位相多様体と微分可能多様体は本質的に異なるかという疑問が現れる．これは，微分可能構造を位相多様体の上部構造と見て，「位相多様体に微分可能構造を入れられるか」あるいは，「微分可能構造は何通りあるか」という問題になる．

コッホ曲線の場合は，円周と同相だから，円周の座標を入れれば，普通の円周として微分可能多様体の構造が入るというように考える．20 世紀の数学の成果として，次のようなことがわかっている．1 次元，2 次元，3 次元の位相多様体には微分可能構造が入り，それは一意的である．4 次元位相多様体には，微分可能構造が入らないものがある．また微分可能構造は一意とは限らない．これはドナルドソン，フリードマンによる 1982–86 年の結果である．それ以前に 7 次元では微分構造は一意とは限らないことをミルナーが示している．実際，彼は 1956 年に 7 次元球面には 28 個の微分構造があることを示した．8 次元の位相多様体で微分構造を持たないものがあることもわかっている．

これらの問題はポアンカレ予想と関係がある．この予想は「3 次元多様体 X がコンパクト，連結，単連結ならば X は 3 次元球面と同相」というもので，ポアンカレにより 100 年位前に予想された．多様体の概念がはっきりと定式化されていない時代に述べられたものである．実はポアンカレは，空間の形について研究し，ホモロジー理論を組み合わせ的につくり，3 次元多様体はホモロジーが球面と同じならば同相であるという内容の論文を書いた．しかし，彼は自身の誤りに気が付き，ホモロジーは 3 次元球面と等しいが，基本群が 3 次元球面と異なるポアンカレ・ホモロジー球面を構成した．単連結とは，基本群が自明となることである．これが，ポアンカレ予想の発端である．

n 次元球面に対して，単連結でホモロジー群が n 次元球面と同じならば同相か，という高次元化されたポアンカレ予想が考えられる．この予想は，$n \geqq 5$ のときに正しいことをスメールが 1960 年代に解いた．1982 年ごろ，$n = 4$ のときに正しいことをフリードマンが示した．2003 年，ペレルマンは 3 次元のポアンカレ予想が正しいことを示したと思われる．

微分可能構造も考えて，単連結でホモロジー群が n 次元球面 S^n と同じならば，S^n と微分同相になるかという問題が考えられる．これは，4 次元では未解決，7 次元では上に述べた反例がある．

このような問題が定式化されるということは，すでに (2) の一部分をなしている．つまり，「ある 1 つの性質を持つ多様体は，どのようなものか」というような問題が定式化されるということである．また，いったん，解析を行なう場としての多様体が定義されると，その上の常微分方程式，偏微分方程式，多様体の間の写像，多様体上の構造についてのさまざまな問題が定式化される．現代の幾何学の多くの問題は，多様体上で定義されたさまざまな概念についての問題である．

(3) について述べよう．多様体の理論は次のように構成される．まず，多様体の定義は，各点の近傍の記述と近傍の間の関係および分離公理から成り立っている．その定義から，ベクトル場および微分形式が定義されるが，これらは自然に区別されているものである．ベクトル場の全体は，リー代数の構造を持ち，その積分としてリー群の作用などが考えられる．微分形式は次数付き微分加群の構造を持ち，ドラーム・コホモロジーという不変量を与える．多様体が定義されるとその上部構造として，リーマン構造（リーマン計量），複素構造などが定式化される．こうして新しい視点で幾何学を見直すことができるようになるのである．

【問題 1.1.3】 3 次元ユークリッド空間 $\boldsymbol{R}^3$ 内の点 $P_1, \dots, P_k$ と，それらの中の 2 点を結ぶ線分 $C_1 = \overline{P_{i_1} P_{j_1}}, \dots, C_m = \overline{P_{i_m} P_{j_m}}$ が与えられているとする．これらの線分はお互いに端点以外では交わらず，$\{P_1, \dots, P_k\}$ と両端のみで交わるとする（すべて $\boldsymbol{R}^3$ の部分集合と考える）．$\{P_1, \dots, P_k\}$ とこれらの線分の和集合 X が，部分空間としての位相について 1 次元位相多様体となるための条件は何か．このとき，線分の個数と点の個数との間にはどのような関係があるか．

余裕があれば，次を考えてみよ．$P_1, \dots, P_k$ の中の 2 点を結ぶ線分 $C_1 = \overline{P_{i_1} P_{j_1}}, \dots, C_m = \overline{P_{i_m} P_{j_m}}$ と，3 点を頂点とする三角形 $T_1 = \triangle P_{u_1} P_{v_1} P_{w_1}, \dots, T_\ell = \triangle P_{u_\ell} P_{v_\ell} P_{w_\ell}$ が与えられ，これらの三角形の辺は，$C_1, \dots, C_m$ のどれかであり，三角形の内部と線分や $\{P_1, \dots, P_k\}$ は交わらないとする．また，線分はお互いに端点以外では交わらず，$\{P_1, \dots, P_k\}$ と両端のみで交わるとす

る．$\{P_1, \ldots, P_k\}$，線分，三角形の和集合 Y が部分空間としての位相について 2 次元位相多様体となるための条件は何か．解答例は 19 ページ．

1.2　逆写像定理，陰関数定理（基礎）

逆写像定理, 陰関数定理は微分可能多様体の概念を支える重要な定理である．

定理 1.2.1（逆写像定理）　n 次元ユークリッド空間 $\boldsymbol{R}^n$ の開集合 U と，U から $\boldsymbol{R}^n$ への写像 $F : U \longrightarrow \boldsymbol{R}^n$ が与えられているとする．F は U 上 C^r 級 $(r \geqq 1)$ であるとする．すなわち，$F = \begin{pmatrix} f_1(x_1, \ldots, x_n) \\ \vdots \\ f_n(x_1, \ldots, x_n) \end{pmatrix}$ と書くとき，$f_1(x_1, \ldots, x_n), \ldots, f_n(x_1, \ldots, x_n)$ が，C^r 級 $(r \geqq 1)$ であるとする．U 上の点 $\boldsymbol{x}^0 = (x_1^0, \ldots, x_n^0)$ において次の行列（ヤコビ行列）が正則（可逆）であるとする．

$$DF_{(\boldsymbol{x}^0)} = \begin{pmatrix} \dfrac{\partial f_1}{\partial x_1} & \cdots & \dfrac{\partial f_1}{\partial x_n} \\ \vdots & \ddots & \vdots \\ \dfrac{\partial f_n}{\partial x_1} & \cdots & \dfrac{\partial f_n}{\partial x_n} \end{pmatrix}$$

このとき，$\boldsymbol{y}^0 = F(\boldsymbol{x}^0)$ の近傍 V，V 上で定義された C^r 級写像 $G : V \longrightarrow U$ で，$G(\boldsymbol{y}^0) = \boldsymbol{x}^0$, $G \circ F = \mathrm{id}_{G(V)}$, $F \circ G = \mathrm{id}_V$ を満たすものが存在する．

ここで，$\mathrm{id}_{G(V)} : G(V) \longrightarrow G(V)$, $\mathrm{id}_V : V \longrightarrow V$ は恒等写像である．この G は F の局所的な逆写像と呼ばれる．n **次元ユークリッド空間** $\boldsymbol{R}^n$ **の開集合** U は，「U の各点 $\boldsymbol{x}^0$ に対し，ある正実数 $\delta_{\boldsymbol{x}^0}$ をとると，$\boldsymbol{x}^0$ の $\delta_{\boldsymbol{x}^0}$ 近傍 $\{\boldsymbol{x} \in \boldsymbol{R}^n \mid \|\boldsymbol{x} - \boldsymbol{x}^0\| < \delta_{\boldsymbol{x}^0}\}$ が U に含まれる」という性質により定義される．$\boldsymbol{x} = (x_1, \ldots, x_n)$ に対し，$\|\boldsymbol{x}\|$ はユークリッドの**ノルム** $\|\boldsymbol{x}\| = \sqrt{\displaystyle\sum_{i=1}^n {x_i}^2}$ である．

念のために，上の定理の中に現れた n 変数関数 $f_i(x_1, \ldots, x_n)$ が C^r 級であることの定義も与えておく．

定義 1.2.2 正整数 r に対し，$\boldsymbol{R}^n$ の開集合 U 上の関数 $f(x_1, \ldots, x_n)$ が C^r **級**であるとは，正整数 $s \leqq r$ に対し，$f(x_1, \ldots, x_n)$ のすべての s 階の偏微分が存在し，連続であることである．

1 階偏微分は $\dfrac{\partial f}{\partial x_j}$，2 階偏微分は $\dfrac{\partial^2 f}{\partial x_{j_1} \partial x_{j_2}}$，$s$ 階偏微分は $\dfrac{\partial^s f}{\partial x_{j_1} \ldots \partial x_{j_s}}$ のように書かれる．「偏微分が連続であれば，偏微分の順序によらない」（微積分の本参照）ので，r 階偏微分は $\dfrac{\partial^r f}{\partial x_1^{r_1} \ldots \partial x_n^{r_n}}$ $(r_1 + \cdots + r_n = r)$ のように書かれる．C^r 級のことを r 回連続微分可能とも呼ぶ．任意の正整数 r に対して C^r 級のとき，C^∞ **級**，**無限回微分可能**あるいは**滑らか**であるという．また，連続であることを C^0 級という．

定理 1.2.3（陰関数定理） 正整数 m, n について，$m < n$ とする．n 次元ユークリッド空間 $\boldsymbol{R}^n$ の開集合 U から m 次元ユークリッド空間 $\boldsymbol{R}^m$ への C^r 級 $(r \geqq 1)$ 写像 $F : U \longrightarrow \boldsymbol{R}^m$ が与えられているとする．$\boldsymbol{x}^0 = (x_1^0, \ldots, x_n^0) \in U$ において，$F = \begin{pmatrix} f_1(x_1, \ldots, x_n) \\ \vdots \\ f_m(x_1, \ldots, x_n) \end{pmatrix}$ のヤコビ行列 $DF_{(\boldsymbol{x}^0)} = \begin{pmatrix} \dfrac{\partial f_1}{\partial x_1} & \cdots & \dfrac{\partial f_1}{\partial x_n} \\ \vdots & \cdots & \vdots \\ \dfrac{\partial f_m}{\partial x_1} & \cdots & \dfrac{\partial f_m}{\partial x_n} \end{pmatrix}$ のランク（rank, 階数）が m であるとする．すなわち，適当に m 個の列をとると，それらの列は線形独立であるとする．そこで，座標 $x_1, \ldots, x_n$ の順序を入れ替えて，$\begin{pmatrix} \dfrac{\partial f_1}{\partial x_{n-m+1}} & \cdots & \dfrac{\partial f_1}{\partial x_n} \\ \vdots & \ddots & \vdots \\ \dfrac{\partial f_m}{\partial x_{n-m+1}} & \cdots & \dfrac{\partial f_m}{\partial x_n} \end{pmatrix}$ は正則であるとする．このとき，$(x_1^0, \ldots, x_{n-m}^0) \in \boldsymbol{R}^{n-m}$ の近傍 $W \subset \boldsymbol{R}^{n-m}$ と C^r 級写像 $g : W \longrightarrow \boldsymbol{R}^m$ で，

$$
\begin{aligned}
&g(x_1^0, \ldots, x_{n-m}^0) = (x_{n-m+1}^0, \ldots, x_n^0), \\
&F(x_1, \ldots, x_{n-m}, g(x_1, \ldots, x_{n-m})) = F(\boldsymbol{x}^0)
\end{aligned}
$$

を満たすものが存在する．

【例題 1.2.4】 (1) $f : \boldsymbol{R}^2 \longrightarrow \boldsymbol{R}$ を $f(x, y) = x^3 - x + y^2$ で定義するとき，f のヤコビ行列を求めよ．

(2)　(1) の f について，$z \in \boldsymbol{R}$ の逆像 $f^{-1}(z)$ の各成分が「滑らかな曲線」となるための z の条件を求めよ．

ただし，$\boldsymbol{R}^n$ の「滑らかな曲線」C とは，C の各点 x に対し，x の近傍 U と C^∞ 級写像 $F : U \longrightarrow \boldsymbol{R}^{n-1}$ で，U 上で $\operatorname{rank} DF = n-1$, $U \cap C = F^{-1}(F(x))$ とするものがあること（1 次元部分多様体であること）である．

【解】　(1)　$Df = \left(\dfrac{\partial f}{\partial x}, \dfrac{\partial f}{\partial y}\right) = (3x^2-1, 2y)$.（チェインルール（例題 1.2.8 参照）を書くために，行ベクトルで書くほうがよい.）

(2)　滑らかな曲線でなくなる可能性のある点を求め，その点の像を考えると z がその補集合にあることが（十分）条件である（ここではその十分条件を示すだけでもよい．この例題の場合，必要条件にもなっている．その理由を考えることも大切である）．

Df のランクが 0 であることは，$Df = (0,0)$ であることだから，$3x^2-1=0$, $2y = 0$ から，$\left(\pm\dfrac{1}{\sqrt{3}}, 0\right)$ が滑らかな曲線でなくなる可能性のある点（臨界点）である．その像は $f\left(\pm\dfrac{1}{\sqrt{3}}, 0\right) = \mp\dfrac{2}{3\sqrt{3}}$. 条件は $z \neq \pm\dfrac{2}{3\sqrt{3}}$　（$f^{-1}\left(\dfrac{2}{3\sqrt{3}}\right)$ は，$\left(-\dfrac{1}{\sqrt{3}}, 0\right)$ の近傍で，1 点から 4 つの線分がでているものと同相で，局所ユークリッド的とならない．$f^{-1}\left(-\dfrac{2}{3\sqrt{3}}\right)$ は，$\left(\dfrac{1}{\sqrt{3}}, 0\right)$ が孤立点で，局所的に $\boldsymbol{R}$ と同相ではない）．図 8.3（185 ページ）参照．

【問題 1.2.5】　(1)　$F : \boldsymbol{R}^3 \longrightarrow \boldsymbol{R}^2$ を $F(x,y,z) = (x^3 - zx + y^2, z)$ で定義するとき，F のヤコビ行列を求めよ．

(2)　(1) の F について，$(s,t) \in \boldsymbol{R}^2$ の逆像 $F^{-1}(s,t)$ の各成分が，「滑らかな曲線」となるための (s,t) の条件を求めよ．解答例は 20 ページ．

【問題 1.2.6】　$\boldsymbol{R}^3$ の次の部分集合が「滑らかな曲面」であるかどうか論ぜよ．

(1)　$C = \left\{(x,y,z) \in \boldsymbol{R}^3 \mid x^2 + y^2 = z^2\right\}$

(2)　$X = \left\{(x,y,z) \in \boldsymbol{R}^3 \;\middle|\; \begin{array}{l} z^2 = -\{x^2+y^2-1\}\{(x+3)^2+y^2-1\} \\ \quad\cdot\{(x-3)^2+y^2-1\}\{x^2+y^2-25\} \end{array}\right\}$

(3)　$Y = \left\{(x,y,z) \in \boldsymbol{R}^3 \mid z^2 = -\{(x+1)^2+y^2-1\}\{(x-1)^2+y^2-1\}\right\}$

ただし，$\boldsymbol{R}^3$ の「滑らかな曲面」S とは，S の各点 x に対し，x の近傍 U と C^∞ 級関数 $f : U \longrightarrow \boldsymbol{R}$ で，U 上で $\operatorname{rank} Df = 1$, $U \cap S = f^{-1}(f(x))$ となるものがあること（2 次元部分多様体であること）である．解答例は 20 ページ．

逆写像定理から陰関数定理を導くことができる．

陰関数定理 1.2.3 の証明　陰関数定理の $F : U \longrightarrow \boldsymbol{R}^m$ に対して，$\boldsymbol{x}^0$ において，$\left(\dfrac{\partial f_i}{\partial x_j}\right)_{i=1,\ldots,m;j=n-m+1,\ldots,n}$ が正則であるとする．$F : U \longrightarrow \boldsymbol{R}^m$ に対して，$\widehat{F} : U \longrightarrow \boldsymbol{R}^{n-m} \times \boldsymbol{R}^m$ を $\widehat{F}(x_1, \ldots, x_n) = \begin{pmatrix} x_1 \\ \vdots \\ x_{n-m} \\ F(x_1, \ldots, x_n) \end{pmatrix}$ で定義する．

$\widehat{F}$ のヤコビ行列は，
$$\begin{pmatrix}
1 & 0 & \ldots & 0 & 0 & \ldots & 0 \\
0 & \ddots & \ddots & \vdots & \vdots & & \vdots \\
\vdots & \ddots & \ddots & 0 & \vdots & & \vdots \\
0 & \ldots & 0 & 1 & 0 & \ldots & 0 \\
\dfrac{\partial f_1}{\partial x_1} & \ldots & \ldots & \dfrac{\partial f_1}{\partial x_{n-m}} & \dfrac{\partial f_1}{\partial x_{n-m+1}} & \ldots & \dfrac{\partial f_1}{\partial x_n} \\
\vdots & & & \vdots & \vdots & \ddots & \vdots \\
\dfrac{\partial f_m}{\partial x_1} & \ldots & \ldots & \dfrac{\partial f_m}{\partial x_{n-m}} & \dfrac{\partial f_m}{\partial x_{n-m+1}} & \ldots & \dfrac{\partial f_m}{\partial x_n}
\end{pmatrix}$$
である．この行列は，$\left(\dfrac{\partial f_i}{\partial x_j}\right)_{i=1,\ldots,m;j=n-m+1,\ldots,n}$ が正則であることから，正則である．したがって，逆写像定理 1.2.1 から，$(x_1^0, \ldots, x_{n-m}^0, F(\boldsymbol{x}^0))$ の近傍 V と C^r 級写像 $G : V \longrightarrow U$ で，$G \circ \widehat{F} = \mathrm{id}_{G(V)}$，$\widehat{F} \circ G = \mathrm{id}_V$，$G(x_1^0, \ldots, x_{n-m}^0, F(\boldsymbol{x}^0)) = \boldsymbol{x}^0$ を満たすものがある．

$\boldsymbol{R}^n$ を前の $n-m$ 個の座標と後ろの m 個の座標に分割して，$\boldsymbol{R}^n \ni \boldsymbol{x} = (\boldsymbol{x}_1, \boldsymbol{x}_2) \in \boldsymbol{R}^{n-m} \times \boldsymbol{R}^m$ と書き，
$$\widehat{F}(\boldsymbol{x}_1, \boldsymbol{x}_2) = (\boldsymbol{x}_1, F(\boldsymbol{x}_1, \boldsymbol{x}_2)),\ G(\boldsymbol{y}_1, \boldsymbol{y}_2) = (G_1(\boldsymbol{y}_1, \boldsymbol{y}_2), G_2(\boldsymbol{y}_1, \boldsymbol{y}_2))$$
とする．$\widehat{F} \circ G = \mathrm{id}_V$ は，
$$\big(G_1(\boldsymbol{y}_1, \boldsymbol{y}_2), F\big(G_1(\boldsymbol{y}_1, \boldsymbol{y}_2), G_2(\boldsymbol{y}_1, \boldsymbol{y}_2)\big)\big) = (\boldsymbol{y}_1, \boldsymbol{y}_2)$$
であるから，$\boldsymbol{R}^{n-m}$ 成分を見て $G_1(\boldsymbol{y}_1, \boldsymbol{y}_2) = \boldsymbol{y}_1$ である．これを $\boldsymbol{R}^m$ 成分に代入すると，$F(\boldsymbol{y}_1, G_2(\boldsymbol{y}_1, \boldsymbol{y}_2)) = \boldsymbol{y}_2$ を得る．$\boldsymbol{y}_1 = \boldsymbol{x}_1$, $\boldsymbol{y}_2 = F(\boldsymbol{x}_1^0, \boldsymbol{x}_2^0)$ として，$g(\boldsymbol{x}_1) = G_2(\boldsymbol{x}_1, F(\boldsymbol{x}_1^0, \boldsymbol{x}_2^0))$ とおくと，$F(\boldsymbol{x}_1, g(\boldsymbol{x}_1)) = F(\boldsymbol{x}^0)$ を満たす．図 1.2 参照． ■

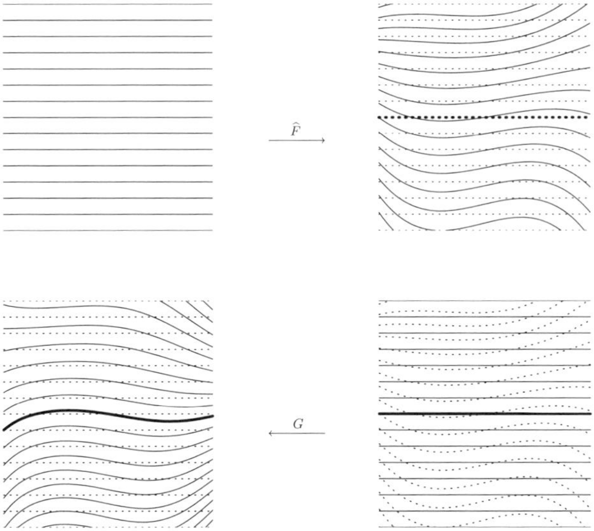

図 1.2　陰関数定理の証明．$\widehat{F}$ の逆写像 G で $\boldsymbol{y}_2 = F(\boldsymbol{x}_0)$ を写すと g のグラフが得られる．

この証明から，陰関数定理の仮定のもとで，U の点の座標として，$(\boldsymbol{x}_1, F(\boldsymbol{x}))$ がとれることがわかる．

【例題 1.2.7】（リプシッツ連続性）$\boldsymbol{R}^n$ の開集合 U 上で定義された C^1 級写像 $G : U \longrightarrow \boldsymbol{R}^m$, $G(\boldsymbol{x}) = (g_1(x_1, \dots, x_n), \dots, g_m(x_1, \dots, x_n))$ が U に含まれる凸な閉集合 A 上で正実数 K に対し，$\left|\dfrac{\partial g_i}{\partial x_j}\right| \leqq K$ $(i = 1, \dots, m;\ j = 1, \dots, n)$ を満たすとする．このとき，$\boldsymbol{x}$, $\boldsymbol{x} + \boldsymbol{v} \in A$ に対し，$\|G(\boldsymbol{x} + \boldsymbol{v}) - G(\boldsymbol{x})\| \leqq \sqrt{mn}K\|\boldsymbol{v}\|$ となることを示せ．

【解】　g_i は連続微分可能ゆえに U 上で全微分可能である（微積分の本参照）．すなわち，

$$g_i(\boldsymbol{x} + \boldsymbol{v}) - g_i(\boldsymbol{x}) = \sum_{j=1}^{n} \frac{\partial g_i}{\partial x_j} v_j + \varepsilon_i(\boldsymbol{x}, \boldsymbol{v})\|\boldsymbol{v}\|$$

で，$\displaystyle\lim_{\boldsymbol{v} \to 0} \varepsilon_i(\boldsymbol{x}, \boldsymbol{v}) = 0$. これを，$\boldsymbol{x} + (t + s)\boldsymbol{v}$, $\boldsymbol{x} + t\boldsymbol{v}$ に対して当てはめると，

$$\frac{\mathrm{d}\, g_i(\boldsymbol{x} + t\boldsymbol{v})}{\mathrm{d}\, t} = \sum_{j=1}^{n} \frac{\partial g_i}{\partial x_j}(\boldsymbol{x} + t\boldsymbol{v})\, v_j$$

である．したがって，

$$g_i(\boldsymbol{x}+\boldsymbol{v})-g_i(\boldsymbol{x})=\Big[g_i(\boldsymbol{x}+t\boldsymbol{v})\Big]_{t=0}^{t=1}=\int_0^1\frac{\mathrm{d}\,g_i(\boldsymbol{x}+t\boldsymbol{v})}{\mathrm{d}\,t}\,\mathrm{d}\,t$$
$$=\int_0^1\Big\{\sum_{j=1}^n\frac{\partial g_i}{\partial x_j}(\boldsymbol{x}+t\boldsymbol{v})\,v_j\Big\}\,\mathrm{d}\,t$$

さて，A は凸，すなわち $\boldsymbol{x}+\boldsymbol{v},\boldsymbol{x}\in A$ ならば，$t\in[0,1]$ に対して $\boldsymbol{x}+t\boldsymbol{v}\in A$ だから，最後の積分の絶対値は $K\sum_{j=1}^n|v_j|$ で評価される．$\sum_{j=1}^n|v_j|\leqq\sqrt{n}\sqrt{\sum_{j=1}^n v_j^2}=\sqrt{n}\|\boldsymbol{v}\|$ だから，$|g_i(\boldsymbol{x}+\boldsymbol{v})-g_i(\boldsymbol{x})|\leqq\sqrt{n}K\|\boldsymbol{v}\|$．したがって，$\|G(\boldsymbol{x}+\boldsymbol{v})-G(\boldsymbol{x})\|\leqq\sqrt{mn}K\|\boldsymbol{v}\|$．

【例題 1.2.8】（チェインルール）$F:\boldsymbol{R}^m\longrightarrow\boldsymbol{R}^n$, $G:\boldsymbol{R}^\ell\longrightarrow\boldsymbol{R}^m$ はともに連続微分可能な写像とする．すなわち，$F(\boldsymbol{y})=(f_1(y_1,\dots,y_m),\dots,f_n(y_1,\dots,y_m))$, $G(\boldsymbol{x})=(g_1(x_1,\dots,x_\ell),\dots,g_m(x_1,\dots,x_\ell))$ の各成分が連続微分可能とする．F, G のヤコビ行列は，n 行 m 列の行列 $DF=\left(\dfrac{\partial f_i}{\partial y_j}\right)_{i=1,\dots,n;j=1,\dots,m}$, m 行 ℓ 列の行列 $DG=\left(\dfrac{\partial g_j}{\partial x_k}\right)_{j=1,\dots,m;k=1,\dots,\ell}$ である．このとき，合成写像 $F\circ G:\boldsymbol{R}^\ell\longrightarrow\boldsymbol{R}^n$ も連続微分可能な写像であることを示し，$F\circ G$ のヤコビ行列 $D(F\circ G)$ について $D(F\circ G)_{(\boldsymbol{x})}=DF_{(G(\boldsymbol{x}))}DG_{(\boldsymbol{x})}$ を示せ．

【解】 f_i $(i=1,\dots,n)$ が連続微分可能であることは，$\dfrac{\partial f_i}{\partial y_j}(\boldsymbol{y})$ $(j=1,\dots,m)$ が存在し，$\boldsymbol{y}$ について連続であることである．このとき，f_i は全微分可能となる．すなわち，

$$f_i(\boldsymbol{y}+\boldsymbol{v})-f_i(\boldsymbol{y})=\sum_{j=1}^m\frac{\partial f_i}{\partial y_j}\,v_j+\varepsilon_{f_i}(\boldsymbol{y},\boldsymbol{v})\|\boldsymbol{v}\|$$

として，$\lim_{\boldsymbol{v}\to0}\varepsilon_{f_i}(\boldsymbol{y},\boldsymbol{v})=0$ である．また，$G=(g_1,\dots,g_m)$ が連続微分可能であることは，$\dfrac{\partial g_j}{\partial x_k}(\boldsymbol{x})$ が存在し，$\boldsymbol{x}$ について連続であることであるが，同様に，

$$g_j(\boldsymbol{x}+\boldsymbol{u})-g_j(\boldsymbol{x})=\sum_{k=1}^\ell\frac{\partial g_j}{\partial x_k}\,u_k+\varepsilon_{g_j}(\boldsymbol{x},\boldsymbol{u})\|\boldsymbol{u}\|$$

とするとき，$\lim_{\boldsymbol{u}\to0}\varepsilon_{g_j}(\boldsymbol{x},\boldsymbol{u})=0$ を満たす．また，$\boldsymbol{x}$ の近傍での $\left|\dfrac{\partial g_j}{\partial x_k}\right|$ が K 以下ならば，G は，その近傍でリプシッツ連続である．

$$\|G(\boldsymbol{x}+\boldsymbol{u})-G(\boldsymbol{x})\|\leq\sqrt{\ell m}\,K\|\boldsymbol{u}\|$$

したがって，$\|\boldsymbol{u}\|\leqq\varepsilon$ ならば，

$$
\begin{aligned}
&f_i(G(\boldsymbol{x}+\boldsymbol{u}))-f_i(G(\boldsymbol{x}))\\
=&\sum_{j=1}^{m}\frac{\partial f_i}{\partial y_j}(g_j(\boldsymbol{x}+\boldsymbol{u})-g_j(\boldsymbol{x}))\\
&\quad+\varepsilon_{f_i}(G(\boldsymbol{x}),G(\boldsymbol{x}+\boldsymbol{u})-G(\boldsymbol{x}))\|G(\boldsymbol{x}+\boldsymbol{u})-G(\boldsymbol{x})\|\\
=&\sum_{j=1}^{m}\frac{\partial f_i}{\partial y_j}\Big(\sum_{k=1}^{\ell}\frac{\partial g_j}{\partial x_k}u_k+\varepsilon_{g_j}(\boldsymbol{x},\boldsymbol{u})\|\boldsymbol{u}\|\Big)\\
&\quad+\varepsilon_{f_i}(G(\boldsymbol{x}),G(\boldsymbol{x}+\boldsymbol{u})-G(\boldsymbol{x}))\sqrt{\ell m}\,K\|\boldsymbol{u}\|\\
=&\sum_{k=1}^{\ell}\Big\{\sum_{j=1}^{m}\frac{\partial f_i}{\partial y_j}\frac{\partial g_j}{\partial x_k}\Big\}u_k\\
&\quad+\Big\{\sum_{j=1}^{m}\frac{\partial f_i}{\partial y_j}\varepsilon_{g_j}(\boldsymbol{x},\boldsymbol{u})+\varepsilon_{f_i}(G(\boldsymbol{x}),G(\boldsymbol{x}+\boldsymbol{u})-G(\boldsymbol{x}))\sqrt{\ell m}\,K\Big\}\|\boldsymbol{u}\|
\end{aligned}
$$

ここで，$\boldsymbol{u}\to 0$ のとき，$\varepsilon_{g_j}(\boldsymbol{x},\boldsymbol{u})\to 0$, $G(\boldsymbol{x}+\boldsymbol{u})\to G(\boldsymbol{x})$ だから，$\varepsilon_{f_i}(G(\boldsymbol{x}), G(\boldsymbol{x}+\boldsymbol{u})-G(\boldsymbol{x}))\to 0$ である．したがって，最後の中括弧は $\{\cdot\}\to 0$ であるから，$f_i\circ G$ は $\boldsymbol{x}$ で全微分可能であり，偏微分係数は $\displaystyle\sum_{j=1}^{m}\frac{\partial f_i}{\partial y_j}\circ G\,\frac{\partial g_j}{\partial x_k}$ である．$\dfrac{\partial f_i}{\partial y_j}\circ G$, $\dfrac{\partial g_j}{\partial x_k}$ は連続であり，行列の積は連続であるから，$\displaystyle\sum_{j=1}^{m}\frac{\partial f_i}{\partial y_j}\circ G\,\frac{\partial g_j}{\partial x_k}$ は $\boldsymbol{x}$ について連続である．したがって，$F\circ G$ は連続微分可能である．ヤコビ行列 $D(F\circ G)$ がヤコビ行列 $(DF)\circ G$ と DG の行列の積になることは上の偏微分係数の式そのものである．

【例題 1.2.9】（C^r **級写像の合成**）$F:\boldsymbol{R}^m\longrightarrow\boldsymbol{R}^n$, $G:\boldsymbol{R}^\ell\longrightarrow\boldsymbol{R}^m$ がともに C^r 級写像とする $(1\leqq r\leqq\infty)$．このとき，合成写像 $F\circ G:\boldsymbol{R}^\ell\longrightarrow\boldsymbol{R}^n$ も C^r 級写像であることを示せ．

【解】　$r=1$ の場合は例題 1.2.8 である．$r\geqq 2$ とする．数学的帰納法によることにして，この問の命題が $r-1$ に対しては正しいとする．F, G が C^r 級とすると，DF, DG は C^{r-1} 級である．帰納法の仮定から $(DF)\circ G$ は C^{r-1} 級である．行列の積は C^∞ 級だから，$(DF)\circ G\,DG$ は C^{r-1} 級である．$D(F\circ G)=(DF)\circ G\,DG$ だから，$D(F\circ G)$ が C^{r-1} 級であり，$F\circ G$ は C^r 級となる．

$r=\infty$ のとき，F, G は任意の正整数 s に対して C^s 級だから，$F\circ G$ も任意の正整数 s に対して C^s 級となり，C^∞ 級であることがわかる．

1.3 逆写像定理の証明（基礎）

まず，$\boldsymbol{x}^0, F(\boldsymbol{x}^0)$ が，$\boldsymbol{R}^n$ の原点で，$\boldsymbol{x}^0$ におけるヤコビ行列が単位行列の場合に逆写像定理が成り立つことを示す．

ヤコビ行列が一般の正則行列の場合は，正則行列の作用や平行移動により，単位行列の場合に帰着される．

1.3.1 特別な場合の逆写像定理

定理 1.3.1（ヤコビ行列が単位行列のときの逆写像定理） n 次元ユークリッド空間 $\boldsymbol{R}^n$ の原点 0 を含む開集合 U と，U から $\boldsymbol{R}^n$ への C^r 級 $(r \geqq 1)$ 写像 $F: U \longrightarrow \boldsymbol{R}^n$ が与えられ，$F(0)=0$, $F(\boldsymbol{x}) = \begin{pmatrix} f_1(x_1,\ldots,x_n) \\ \vdots \\ f_n(x_1,\ldots,x_n) \end{pmatrix}$ と書くとき，

$$DF_{(0)} = \begin{pmatrix} \dfrac{\partial f_1}{\partial x_1} & \cdots & \dfrac{\partial f_1}{\partial x_n} \\ \vdots & \ddots & \vdots \\ \dfrac{\partial f_n}{\partial x_1} & \cdots & \dfrac{\partial f_n}{\partial x_n} \end{pmatrix} = \begin{pmatrix} 1 & 0 & \ldots & 0 \\ 0 & \ddots & \ddots & \vdots \\ \vdots & \ddots & \ddots & 0 \\ 0 & \ldots & 0 & 1 \end{pmatrix}$$

を満たすとする．このとき，0 の近傍 V，V 上で定義された C^r 級写像 $G: V \longrightarrow U$ で，$G(0)=0$, $G \circ F = \mathrm{id}_{G(V)}$, $F \circ G = \mathrm{id}_V$ を満たすものが存在する．

DF は 0 において単位行列であるから，F は恒等写像と近い．次のような思考実験を行なう．0 に近い $\boldsymbol{y}$ に対し，$F(\boldsymbol{x}) = \boldsymbol{y}$ となる $\boldsymbol{x}$ を求めたいが，まず第 1 近似として $\boldsymbol{x}_1 = \boldsymbol{y}$ としてみる．そうすると，F は恒等写像と近いのだから $F(\boldsymbol{x}_1) - \boldsymbol{y}$ は，0 に近い．そのずれを，$\boldsymbol{x}_2 = \boldsymbol{x}_1 - (F(\boldsymbol{x}_1) - \boldsymbol{y})$ と補正してみる．$F(\boldsymbol{x}_2) - \boldsymbol{y}$ は 0 ではないだろうから，$\boldsymbol{x}_3 = \boldsymbol{x}_2 - (F(\boldsymbol{x}_2) - \boldsymbol{y})$ とさらに補正してみる．このように $\boldsymbol{x}_1, \boldsymbol{x}_2, \ldots$ をとると，$\|\boldsymbol{x}_2 - \boldsymbol{x}_1\|, \|\boldsymbol{x}_3 - \boldsymbol{x}_2\|, \ldots$ は急速に減少し，$\boldsymbol{x}_k$ は収束することが示される．図 1.3 参照．

証明 $F(0)=0$, $\boldsymbol{x}_1 = 0 - (F(0) - \boldsymbol{y})$ だから，$\boldsymbol{x}_0 = 0$ とおく．

$H(\boldsymbol{x}) = \boldsymbol{x} - F(\boldsymbol{x})$ とおくと，H のヤコビ行列 DH は，0 において零行列で

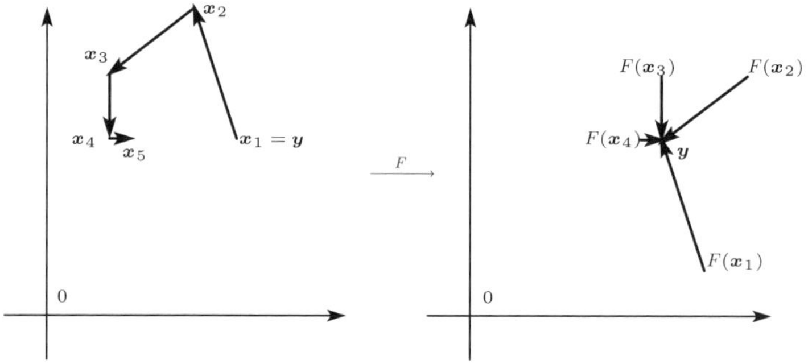

図 1.3　$F(\boldsymbol{x}) = \boldsymbol{y}$ となる $\boldsymbol{x}$ を求める．ずれと同じベクトルだけの補正を順に行ない極限を考える．

あり，偏微分 $\dfrac{\partial f_i}{\partial x_j}$ は U 上連続であるから，H の成分 h_i について，$\dfrac{\partial h_i}{\partial x_j}$ は 0 に近い．正実数 ε を $\varepsilon \leqq \dfrac{1}{2n}$ ととる．すると正実数 δ で $\|\boldsymbol{x}\| \leqq \delta$ ならば $\left|\dfrac{\partial h_i}{\partial x_j}\right| \leqq \varepsilon$ となるものをとることができる．h_i の偏微分の評価から H のリプシッツ定数の評価が，例題 1.2.7 により得られる．

$$(*) \qquad \|H(\boldsymbol{x}+\boldsymbol{v}) - H(\boldsymbol{x})\| \leqq \varepsilon n \|\boldsymbol{v}\|$$

さて，$\boldsymbol{y}$ が，$\|\boldsymbol{y}\| \leqq \dfrac{\delta}{2}$ を満たすとする．

$$\boldsymbol{x}_0 = 0, \quad \boldsymbol{x}_1 = \boldsymbol{y}, \quad \boldsymbol{x}_{k+1} = \boldsymbol{x}_k - (F(\boldsymbol{x}_k) - \boldsymbol{y}) \quad (k \geqq 1)$$

をとる．$\boldsymbol{x}_k, \boldsymbol{x}_{k+1}$ について，$\|\boldsymbol{x}_{k-1}\| \leqq \delta, \|\boldsymbol{x}_k\| \leqq \delta$ ならば，

$$\begin{aligned}\|\boldsymbol{x}_{k+1} - \boldsymbol{x}_k\| &= \|\boldsymbol{x}_k - (F(\boldsymbol{x}_k) - \boldsymbol{y}) - \boldsymbol{x}_{k-1} + (F(\boldsymbol{x}_{k-1}) - \boldsymbol{y})\| \\ &= \|\boldsymbol{x}_k - F(\boldsymbol{x}_k) - \boldsymbol{x}_{k-1} + F(\boldsymbol{x}_{k-1})\| = \|H(\boldsymbol{x}_k) - H(\boldsymbol{x}_{k-1})\| \\ &\leqq \varepsilon n \|\boldsymbol{x}_k - \boldsymbol{x}_{k-1}\| \leqq \frac{1}{2}\|\boldsymbol{x}_k - \boldsymbol{x}_{k-1}\|\end{aligned}$$

最後の不等式は $\varepsilon \leqq \dfrac{1}{2n}$ としたからである．これにより，

$$\|\boldsymbol{x}_{k+1} - \boldsymbol{x}_k\| \leqq \frac{1}{2^k}\|\boldsymbol{x}_1 - \boldsymbol{x}_0\| = \frac{1}{2^k}\|\boldsymbol{y}\|$$

がわかるので，

$$\|\boldsymbol{x}_{k+1}\| \leqq \sum_{\ell=0}^{k} \|\boldsymbol{x}_{\ell+1} - \boldsymbol{x}_\ell\| \leqq \sum_{\ell=0}^{k} \frac{1}{2^\ell}\|\boldsymbol{y}\| < 2\|\boldsymbol{y}\| \leqq \delta$$

したがって，得られる $\boldsymbol{x}_{k+1}$ は $\|\boldsymbol{x}_{k+1}\| \leqq \delta$ を満たす．また，H のリプシッツ評価式 $(*)$ は順に成立していることもわかる．点列 $\boldsymbol{x}_k$ はコーシー列であり，$\boldsymbol{x}$ に収束する．収束先の $\boldsymbol{x}$ に対して，$\boldsymbol{x} = \boldsymbol{x} - (F(\boldsymbol{x}) - \boldsymbol{y})$ であるから，$F(\boldsymbol{x}) = \boldsymbol{y}$ を満たす．

このような $\boldsymbol{x}$ で $\|\boldsymbol{x}\| \leqq \delta$ を満たすものは，一意に定まる．実際，$F(\boldsymbol{x}_1) = \boldsymbol{y}_1$，$F(\boldsymbol{x}_2) = \boldsymbol{y}_2$ とすると，

$$\begin{aligned} F(\boldsymbol{x}_1) - F(\boldsymbol{x}_2) &= \boldsymbol{x}_1 + (F(\boldsymbol{x}_1) - \boldsymbol{x}_1) - (\boldsymbol{x}_2 + (F(\boldsymbol{x}_2) - \boldsymbol{x}_2)) \\ &= \boldsymbol{x}_1 - H(\boldsymbol{x}_1) - (\boldsymbol{x}_2 - H(\boldsymbol{x}_2)) \end{aligned}$$

だから，

$$\begin{aligned} \|F(\boldsymbol{x}_1) - F(\boldsymbol{x}_2)\| &\geqq \|\boldsymbol{x}_1 - \boldsymbol{x}_2\| - \|H(\boldsymbol{x}_1) - H(\boldsymbol{x}_2)\| \\ &\geqq \|\boldsymbol{x}_1 - \boldsymbol{x}_2\| - \frac{1}{2}\|\boldsymbol{x}_1 - \boldsymbol{x}_2\| \geqq \frac{1}{2}\|\boldsymbol{x}_1 - \boldsymbol{x}_2\| \end{aligned}$$

である．したがって，$\|\boldsymbol{x}_1 - \boldsymbol{x}_2\| \leqq 2\|\boldsymbol{y}_1 - \boldsymbol{y}_2\|$ で，$\boldsymbol{x}$ は $\boldsymbol{y}$ により一意に定まる．$G(\boldsymbol{y}) = \boldsymbol{x}$ とすると，G は $\|\boldsymbol{y}\| \leqq \dfrac{\delta}{2}$ で定義されており，リプシッツ連続である．

定義された G が C^1 級であることは，次のように示す．

$$F(\boldsymbol{x}_2) - F(\boldsymbol{x}_1) = DF_{(\boldsymbol{x}_1)}(\boldsymbol{x}_2 - \boldsymbol{x}_1) + r(\boldsymbol{x}_1, \boldsymbol{x}_2)\|\boldsymbol{x}_2 - \boldsymbol{x}_1\|$$

$\displaystyle\lim_{\boldsymbol{x}_2 \to \boldsymbol{x}_1} r(\boldsymbol{x}_1, \boldsymbol{x}_2) = 0$ であるが，書き直すと，

$$\begin{aligned} &\boldsymbol{y}_2 - \boldsymbol{y}_1 \\ &= DF_{(G(\boldsymbol{y}_1))}(G(\boldsymbol{y}_2) - G(\boldsymbol{y}_1)) + r(G(\boldsymbol{y}_1), G(\boldsymbol{y}_2))\|G(\boldsymbol{y}_2) - G(\boldsymbol{y}_1)\| \end{aligned}$$

したがって，

$$\begin{aligned} &G(\boldsymbol{y}_2) - G(\boldsymbol{y}_1) \\ &= DF_{(G(\boldsymbol{y}_1))}{}^{-1}(\boldsymbol{y}_2 - \boldsymbol{y}_1) \\ &\quad -DF_{(G(\boldsymbol{y}_1))}{}^{-1} r(G(\boldsymbol{y}_1), G(\boldsymbol{y}_2)) \frac{\|G(\boldsymbol{y}_2) - G(\boldsymbol{y}_1)\|}{\|\boldsymbol{y}_2 - \boldsymbol{y}_1\|}\|\boldsymbol{y}_2 - \boldsymbol{y}_1\| \end{aligned}$$

である．もしも，$DF = \mathbf{1} - DH$ において DH の各成分の絶対値が $\dfrac{1}{2n}$ 以下であるとすると，$n \times n$ 行列 $(DH)^k$ の各成分の絶対値は $\dfrac{1}{2^k n}$ 以下である．よって，$n \times n$ 行列の無限和 $\displaystyle\sum_{k=0}^{\infty}(DH)^k$ は絶対収束し，DF^{-1} を与える．したがって，$G(V)$ において DF は正則である．また，$\dfrac{\|G(\boldsymbol{y}_2) - G(\boldsymbol{y}_1)\|}{\|\boldsymbol{y}_2 - \boldsymbol{y}_1\|} \leqq 2$ であるから，

$$\lim_{\boldsymbol{y}_2 \to \boldsymbol{y}_1} r(G(\boldsymbol{y}_1), G(\boldsymbol{y}_2)) \frac{\|G(\boldsymbol{y}_2) - G(\boldsymbol{y}_1)\|}{\|\boldsymbol{y}_2 - \boldsymbol{y}_1\|} = 0$$

となり，$G(\boldsymbol{y})$ は全微分可能である．全微分は，${DF_{(G(\boldsymbol{y}_1))}}^{-1}$ で，$\boldsymbol{y}_1$ に対して連続である．以上より，G は C^1 級である．

さて，${DF_{(G(\boldsymbol{y}))}}^{-1}$ は，

$$\begin{array}{ccccccc} V & \xrightarrow{G} & U & \xrightarrow{DF} & GL(n;\boldsymbol{R}) & \xrightarrow{\cdot^{-1}} & GL(n;\boldsymbol{R}) \\ \boldsymbol{y} & \longmapsto & G(\boldsymbol{y}) & \longmapsto & DF_{(G(\boldsymbol{y}))} & \longmapsto & (DF_{(G(\boldsymbol{y}))})^{-1} \end{array}$$

を合成した写像である．ここで，仮定から DF は C^{r-1} 級写像，逆行列を対応させる写像 $\cdot^{-1}$ は C^∞ 級写像である．$r \geqq 2$ とすると，$r-1 \geqq 1$ であり，上に示した G が C^1 級であることから，$DG = {DF_{(G(\boldsymbol{y}))}}^{-1}$ は C^1 級となり，G は C^2 級となる．同様に，G が C^s 級であることが示されると，$s \leqq r-1$ のとき，$DG = {DF_{(G(\boldsymbol{y}))}}^{-1}$ は C^s 級となり，G は C^{s+1} 級であることがわかる．したがって G は C^r 級である． ■

これで，ヤコビ行列が単位行列のときの逆写像定理が示された．

1.3.2 一般の場合の逆写像定理

一般の場合の逆写像定理の証明は，容易である．

証明 $A = DF_{(\boldsymbol{x}^0)}$ とし，$L(\boldsymbol{x}) = A\boldsymbol{x} + F(\boldsymbol{x}^0)$ とおく．A は正則行列であるから，L は逆写像 $L^{-1}(\boldsymbol{y}) = A^{-1}(\boldsymbol{y} - F(\boldsymbol{x}^0))$ を持つ．

$$\begin{array}{ccc} U & \xrightarrow{F} & \boldsymbol{R}^n \\ \cdot + \boldsymbol{x}^0 \uparrow & & \uparrow L \\ U_0 & \xrightarrow[F_0]{} & \boldsymbol{R}^n \end{array}$$

$F_0 : \boldsymbol{x} \longmapsto L^{-1}(F(\boldsymbol{x}+\boldsymbol{x}^0))$ とおくと，$F(\boldsymbol{x}) = L(F_0(\boldsymbol{x}-\boldsymbol{x}^0))$ であるが，$(DF_0)_{(0)} = DL^{-1}{}_{(F(\boldsymbol{x}^0))}DF_{(\boldsymbol{x}^0)} = A^{-1}A = \mathbf{1}$ であるから，F_0 は 0 の近傍 V_0 上定義された局所的な逆写像 $G_0 : V \longrightarrow \boldsymbol{R}^n$ を持つ．

そこで，$G(\boldsymbol{y}) = G_0(L^{-1}(\boldsymbol{y})) + \boldsymbol{x}^0$ とおくと，G は $F(\boldsymbol{x}^0)$ の近傍 V で定義され，

$$\begin{aligned} F(G(\boldsymbol{y})) &= L(F_0(G_0(L^{-1}(\boldsymbol{y})) + \boldsymbol{x}^0 - \boldsymbol{x}^0)) \\ &= L(F_0(G_0(L^{-1}(\boldsymbol{y})))) = L(L^{-1}(\boldsymbol{y})) = \boldsymbol{y}, \end{aligned}$$

$G(V)$ 上で，

$$\begin{aligned} G(F(\boldsymbol{x})) &= G_0(L^{-1}(L(F_0(\boldsymbol{x}-\boldsymbol{x}^0)))) + \boldsymbol{x}^0 \\ &= G_0(F_0(\boldsymbol{x}-\boldsymbol{x}^0)) + \boldsymbol{x}^0 = \boldsymbol{x} - \boldsymbol{x}^0 + \boldsymbol{x}^0 = \boldsymbol{x} \end{aligned}$$

である．G は C^r 級写像の合成であるから，C^r 級である． ■

1.4 本書の概要

さて，第 2 章以降の内容について，簡単に述べよう．まずユークリッド空間内の多様体について説明をする．この章では，逆写像定理，陰関数定理を一般の次元のユークリッド空間の間の写像について述べ証明したが，これらは多様体の記述のために必要となる．ユークリッド空間内の多様体に対して，各点のまわりでの記述は，多様体の次元と同じ次元の座標で記述される．この座標を多様体全体の上に広げることはできない．しかし，このような局所座標の存在が，多様体上の関数に対して解析を行なうには十分である．このことを念頭において，多様体の定義が与えられる．各点が座標近傍を持つ位相空間で，座標変換が無限回微分可能であるものとして定義するのであるが，位相空間がハウスドルフ空間であることも要請する．これは，もともとユークリッド空間の部分空間をモデルとして出発したことの名残であり，また関数の値によって点を区別するための必須の条件でもある．

いったん，多様体が定義されると，多様体の研究は，多様体から多様体への写像を研究することにより行なわれる．多様体から多様体への写像の微分はどこにあるかを考えることから，多様体の接空間，それら全体のなす接束が定義される．もともと，ユークリッド空間の開集合からユークリッド空間

への微分可能な写像に対しては，そのヤコビ行列が定義されていた．ユークリッド空間内の多様体の間の写像に対しては，ユークリッド空間内の多様体上の各点での接空間が定義され，接空間から接空間への線形写像と理解される．多様体には，各点の接空間を新たに定義する必要がある．実際には，多様体から多様体への写像の微分は，接空間から接空間への線形写像として定義されることになる．こうして，微分の定義される場所が特定されて，多様体を研究できることになる．

多様体上の議論がうまくいった最大のポイントの1つは，多様体上に，1つの座標近傍の上だけに台を持つ無限回微分可能な関数が存在することである．このことから，多様体は再びユークリッド空間に埋め込まれることとなる．ここで，1つの輪が閉じることになる．多様体としてはユークリッド空間内の多様体だけを考えれば十分であったということになるわけであるが，一般的な議論が無駄になったわけではない．ユークリッド空間の部分空間であるという不必要な仮定を排除できたということである．例えば，空間上の同値関係の商空間として多様体を与えることが，自然に定式化されているのである．

また，多様体の間の写像を考えると，1点の逆像が多様体となることが多いことがわかる．これは，サードの定理の結果である．特に，ユークリッド空間上で方程式（系）により定義される部分集合は，多様体となることが多い．このような多様体から多様体への写像を使って，多様体の形を明らかにしていくことができる．最もよく知られているのが，モース理論である．

多様体が微分積分の場を与えることがわかると，多様体上の対象を記述することが問題になる．多様体の部分集合を比べるためにはどうすればよいかという問題は，多様体からそれ自身への微分同相写像を考えることによって解決される．微分同相写像で写り合うものを同じと考えることができる．多様体の部分集合の移動を考えるためには，微分同相写像の連続な族を考えることになるが，これは，多様体上の常微分方程式論，すなわちベクトル場の理論によって，解決される．特にコンパクトな多様体では，ベクトル場とフローとが1対1に対応している．

こうして得られた多様体上には，実は大きさの概念がほとんどない．ほとんど全体を覆い尽くす開集合と1点の近傍は多様体上では，区別されていない．このような区別を与えるためには曲線に長さを定義できればよいことがわかっている．曲線に長さを与えるためには接ベクトルに長さを定義してその積分とすればよく，リーマン計量という形で定義される．多様体の形を研究するためにはその多様体に最も適合した計量を考えればよいことになる．リーマン計量を多様体の上部構造と見ることで多様体上でリーマン計量を変形することが可能となる．特に 2 次元 3 次元の多様体の構造とその上部構造の解明に非常に役立っている．このような計量に対する等距離変換の群が多様体の対称性などを表現することとなるが，等距離変換群は多様体の構造を持ち，リー群となることが知られている．

多様体のベクトル場全体のなす線形空間には括弧積についてリー代数の構造が入るが，リー群の分類，多様体上のリー群の作用の研究，多様体上の平面場（分布）の研究などに威力を発揮する．これらは多少講義の範囲を超えるが，さらに進んだ研究につながるものである．

1.5 第 1 章の問題の解答

【問題 1.1.3 の解答】 位相多様体の定義を満たしているかを検証する．ハウスドルフ空間であることは，ユークリッド空間 $\boldsymbol{R}^3$（ハウスドルフ空間）の部分空間であることから従う．1 次元位相多様体であることは，任意の点の近傍として，直線と同相なものがとれることである（ユークリッド空間 $\boldsymbol{R}^n$ 内の点 $\boldsymbol{x}^0$ の δ 近傍 $\{\boldsymbol{x} \in \boldsymbol{R}^n \mid \|\boldsymbol{x} - \boldsymbol{x}^0\| < \delta\}$ は，$\boldsymbol{R}^n$ と同相である）．したがって，まず線分 C_a の内点 p は，$\boldsymbol{R}$ と同相な δ 近傍を持つ．δ として，$\min\{\|p-q\| \mid q \in C_b,\ C_b \neq C_a\}$ より小さいものをとればよい．点 P_a について，P_a がちょうど 2 つの線分 C_a, C_b の端点であるときは δ を $\min\{\|p-q\| \mid q \in C_c,\ C_c \neq C_a,\ C_c \neq C_b\}$ よりも小さくとれば P_a の δ 近傍は $\boldsymbol{R}$ と同相である．P_a が孤立点，1 つだけの線分の端点，3 つ以上の線分の端点であるときは，どんな近傍をとっても $\boldsymbol{R}$ と同相にならない．実際，P_a を端点とする線分の点のみからなる連結な近傍 U をとり，$U - \{P_a\}$ を考えるとその連結成分の数は，0 個，1 個，3 個以上となるが，1 次元ユークリッド空間の連結な区間からその内部の点をとり除くと連結成分の数は 2 となる．こうして，X が 1 次元位相多様体となる必要十分条件は，P_i が 2 つの線分の端点になることである．このとき，線分の個数と点の個数は等しい（実際にはいくつかの円周の直和と同相な図形となる）．

後半は，証明をつけて解答を与えるためには，ホモロジーあるいはホモトピーの知識が必要である．状況を考えると，次の 2 つの条件を満たすことが正しい答であることは納得できると思う．

条件の 1 つは，各線分がちょうど 2 つの三角形の境界となっていることである（そうでないと線分上の点で局所ユークリッド的とならない）．

もう 1 つの条件は，点 P_i は，三角形の頂点となっており，点 P_i を頂点とする三角形を $T_{i_1} = \triangle P_i P_{v_1} P_{w_1}, \ldots, T_{i_s} = \triangle P_i P_{v_s} P_{w_s}$ とするときに，線分 $P_{v_1}P_{w_1}$, $\ldots, P_{v_s}P_{w_s}$ の和集合が連結である（1 つの円周と同相になっている）ことである（そうでないと，P_i の近傍から P_i を除くと連結ではなくなり，局所ユークリッド的とならない）．

【問題 1.2.5 の解答】 (1)　$F = \begin{pmatrix} f_1 \\ f_2 \end{pmatrix}$ として，$DF = \begin{pmatrix} \dfrac{\partial f_1}{\partial x} & \dfrac{\partial f_1}{\partial y} & \dfrac{\partial f_1}{\partial z} \\ \dfrac{\partial f_2}{\partial x} & \dfrac{\partial f_2}{\partial y} & \dfrac{\partial f_2}{\partial z} \end{pmatrix} =$ $\begin{pmatrix} 3x^2 - z & 2y & -x \\ 0 & 0 & 1 \end{pmatrix}$（チェインルールを書くために，2 行 3 列の行列で書くほうがよい）．

(2)　滑らかな曲線ではなくなる可能性のある点を求め，その点の像を考えると (s, t) がその補集合にあることが条件である（この問の場合は，必要条件にもなっている）．

DF の $(2, 3)$ 成分は 1 だから，$\operatorname{rank} DF < 2$ と $3x^2 - z = 0$ かつ $2y = 0$ は同値．これは，$z = 3x^2$ かつ $y = 0$ であり，その像は，

$\left\{ \begin{pmatrix} s \\ t \end{pmatrix} = \begin{pmatrix} -2x^3 \\ 3x^2 \end{pmatrix} \;\middle|\; x \in \boldsymbol{R} \right\}$．これは $\left\{ (s, t) \in \boldsymbol{R}^2 \;\middle|\; \left(\dfrac{s}{2}\right)^2 = \left(\dfrac{t}{3}\right)^3 \right\}$ と同じ集合である．条件は $\left(\dfrac{s}{2}\right)^2 \neq \left(\dfrac{t}{3}\right)^3$　（$\left(\dfrac{s}{2}\right)^2 = \left(\dfrac{t}{3}\right)^3$ のとき，$s > 0$ ならば $F^{-1}(s, t)$ の点 $(-2^{-\frac{1}{3}} s^{\frac{1}{3}}, 0, t)$ において，1 点から 4 つの線分がでているものと同相で，局所ユークリッド的ではない．$s < 0$ ならば $F^{-1}(s, t)$ の点 $(2^{-\frac{1}{3}} |s|^{\frac{1}{3}}, 0, t)$ は孤立点で，局所的に $\boldsymbol{R}$ と同相ではない．また $F^{-1}(0, 0)$ は xy 平面の x 軸の負の方向に接して 2 つの枝が分かれている．これは局所的に $\boldsymbol{R}$ 上の $\boldsymbol{R}^2$ に値を持つ C^∞ 級関数のグラフとならないから，滑らかな曲線ではない）．

【問題 1.2.6 の解答】 滑らかな曲面ではなくなる可能性のある点を求める（この問の場合，そこで 2 次元多様体でなくなっている．その理由を考えることも大切である）．

(1)　C について，$f(x, y, z) = x^2 + y^2 - z^2$ とおくと，$Df = (2x, 2y, -2z)$ である．$(0, 0, 0)$ を除いて，$f(x, y, z) = 0$ は滑らかな曲面である．図形の $(0, 0, 0)$ の近傍から $(0, 0, 0)$ を除くと連結でなくなる．したがって，$(0, 0, 0)$ においては局所的

に 2 次元ユークリッド空間と同相ではない．C は滑らかな曲面ではない．

(2) X について，定義式の左辺から右辺を引いたものを $f(x,y,z) = g_1g_2g_3g_4 + z^2$, $g_1 = x^2+y^2-1$, $g_2 = (x+3)^2+y^2-1$, $g_3 = (x-3)^2+y^2-1$, $g_4 = x^2+y^2-25$ とおく．$f=0$ を満たす (x,y,z) の (x,y) の存在範囲は，$g_1g_2g_3g_4 \leqq 0$ の範囲であるから，半径 5 の円の周または内部で $(\pm 3, 0)$, $(0,0)$ を中心とする単位円の周または外側である．$Df = \left(\dfrac{\partial f}{\partial x}, \dfrac{\partial f}{\partial y}, \dfrac{\partial f}{\partial z}\right)$ について，

$$\begin{aligned}
\frac{\partial f}{\partial x} &= 2xg_2g_3g_4 + 2(x+3)g_1g_3g_4 + 2(x-3)g_1g_2g_4 + 2xg_1g_2g_3 \\
&= 2x(g_2g_3g_4 + g_1g_3g_4 + g_1g_2g_4 + g_1g_2g_3 - 36g_1g_4), \\
\frac{\partial f}{\partial y} &= 2y(g_2g_3g_4 + g_1g_3g_4 + g_1g_2g_4 + g_1g_2g_3), \\
\frac{\partial f}{\partial z} &= 2z
\end{aligned}$$

である．$z \neq 0$ のところでは滑らかな曲面になっているから，$z=0$ かつ $g_1g_2g_3g_4 = 0$ を満たす点において，$\dfrac{\partial f}{\partial x}$, $\dfrac{\partial f}{\partial y}$ がともに 0 になることがあるかどうかを考える．

$g_1 = 0$ を満たす点では，$g_2g_3g_4 \neq 0$ であり，この点で $\left(\dfrac{\partial f}{\partial x}, \dfrac{\partial f}{\partial y}\right) = 0$ とすると $(x,y) = 0$ となるが，これは $g_1 = 0$ を満たす点ではない．したがって，$g_1 = 0$ かつ $z = 0$ を満たす点においては滑らかな曲面である．

$g_4 = 0$ を満たす点では，$g_1g_2g_3 \neq 0$ であり，この点で $\left(\dfrac{\partial f}{\partial x}, \dfrac{\partial f}{\partial y}\right) = 0$ とすると $(x,y) = 0$ となるが，これは $g_4 = 0$ を満たす点ではない．$g_4 = 0$ かつ $z = 0$ を満たす点においては滑らかな曲面である．

$g_2 = 0$ を満たす点では，$g_1g_3g_4 \neq 0$ であるから，$\dfrac{\partial f}{\partial y} = 0$ とすると $y = 0$ となる．これを満たす点は $(-4,0,0)$ または $(-2,0,0)$ である．これらの点では，$\dfrac{\partial f}{\partial x} = -8g_1g_4\{(-7)^2 - 1 - 36\} = -8 \cdot 12g_1g_4$ または $\dfrac{\partial f}{\partial x} = -4g_1g_4\{(-5)^2 - 1 - 36\} = 4 \cdot 12g_1g_4$ となり，$\dfrac{\partial f}{\partial x}$ は 0 ではない．したがって，$g_2 = 0$ かつ $z = 0$ を満たす点においては滑らかな曲面である．

$g_3 = 0$ を満たす点では，$g_1g_2g_4 \neq 0$ であるから，$\dfrac{\partial f}{\partial y} = 0$ とすると $y = 0$ となる．これを満たす点は $(2,0,0)$ または $(4,0,0)$ である．これらの点では，$\dfrac{\partial f}{\partial x} = 4g_1g_4\{5^2 - 1 - 36\} = -4 \cdot 12g_1g_4$ または $\dfrac{\partial f}{\partial x} = 8g_1g_4\{7^2 - 1 - 36\} = 8 \cdot 12g_1g_4$ となり，$\dfrac{\partial f}{\partial x}$ は 0 ではない．したがって，$g_3 = 0$, $z = 0$ の点においては滑らかな曲面である．

したがって，X は滑らかな曲面である（種数 3 の向き付け可能な閉曲面と呼ば

れる．図 5.3（98 ページ）参照）．

(3)　Y について，定義式の左辺から右辺を引いたものを $f(x,y,z)=g_1g_2+z^2$, $g_1=(x+1)^2+y^2-1$, $g_2=(x-1)^2+y^2-1$ とすると，$f=0$ を満たす (x,y,z) の (x,y) の存在範囲は $(\pm 1,0)$ を中心とする単位円の周または内部である．

$$\begin{aligned}\frac{\partial f}{\partial x}&=2(x+1)g_2+2(x-1)g_1=2x(2x^2+2y^2)-2(4x)=2x(2x^2+2y^2-4),\\ \frac{\partial f}{\partial y}&=2y(g_2+g_1)=2y(2x^2+2y^2),\\ \frac{\partial f}{\partial z}&=2z\end{aligned}$$

$f=0$ かつ $Df=0$ とすると $(x,y,z)=(0,0,0)$ である．$(x,y,z)\neq(0,0,0)$ となる点で Y は滑らかな曲面であるが，$(0,0,0)$ の近傍で Y は $\boldsymbol{R}^2$ と同相ではない．なぜなら，Y の $(0,0,0)$ の近傍から $(0,0,0)$ を除くと連結ではない．

第2章 ユークリッド空間内の多様体

ユークリッド空間内の滑らかな曲線，曲面を一般化して，ユークリッド空間内の多様体を定義することができる．

2.1 簡単な例（基礎）

ユークリッド空間内の次の式を満たす点からなる図形を考えよう．

【例 2.1.1】（トーラス） $z^2+(\sqrt{x^2+y^2}-2)^2-1=0$　図 2.1 参照．

これは，xz 平面上の円を z 軸の周りに回転させて得られるトーラス (torus) と呼ばれる図形である．根号をはずして書けば，

$$(x^2+y^2+z^2)^2-10(x^2+y^2)+6z^2+9=0$$

という代数方程式の定める図形である．

この図形の表し方は，他にもある．

$$z=\pm\sqrt{1-\left(\sqrt{x^2+y^2}-2\right)^2}$$

ただし，(x,y) は $1\leqq\sqrt{x^2+y^2}\leqq 3$ を満たす．この場合，図形は右辺の 2 つの 2 変数関数のグラフとして表されている．この 2 変数関数は，$1<\sqrt{x^2+y^2}<3$ においては滑らかであるが，$\sqrt{x^2+y^2}$ が 1 または 3 のときには微分可能でない．また，次のように y について解くことができる．

$$y=\pm\sqrt{\left(2\pm\sqrt{1-z^2}\right)^2-x^2}$$

この右辺の 2 変数関数は，$|z|\leqq 1$, $|x|\leqq 2+\sqrt{1-z^2}$，または $|z|\leqq 1$, $|x|\leqq 2-\sqrt{1-z^2}$ で定義されており，図形は x, z を変数とする 4 つの 2 変数

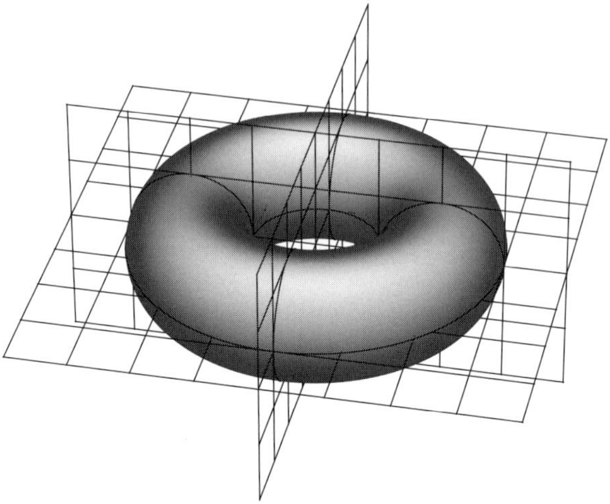

図 **2.1**　例 2.1.1. トーラス（網目の幅は 1，座標平面の方向を示している）．

関数のグラフとして表示される．それらの 2 変数関数は定義域の内部で滑らかである．x, y については対称な形をしているから，x について解いても同様である．重要なことは，この 3 通りの解き方をすると図形のどの点も，いずれかの滑らかな関数のグラフとなっていることである．

さらに，図形をパラメータで表すこともできる．すなわち，θ, φ を実数として，

$$\begin{aligned} x &= \cos\theta\,(2+\cos\varphi) \\ y &= \sin\theta\,(2+\cos\varphi) \\ z &= \sin\varphi \end{aligned}$$

と書かれる点の全体である．$(\theta+2m\pi, \varphi+2n\pi)$ $(m, n \in \boldsymbol{Z})$ は (θ, φ) と同じ点に対応する．ここで $\boldsymbol{Z}$ は整数全体の集合である．

滑らかな図形は，滑らかな関数のグラフの形に描かれる，滑らかな写像の像となる，また滑らかな関数が零となる点の全体として描かれる，というような性質を持つことが期待される．しかし，次の例で見るように，滑らかな関数というだけでは滑らかな図形とならない点も現れる．

【例 2.1.2】（カスプ）xy 平面上で，$x^3 - y^2 = 0$ で表される曲線は，$(0,0)$ で尖っ

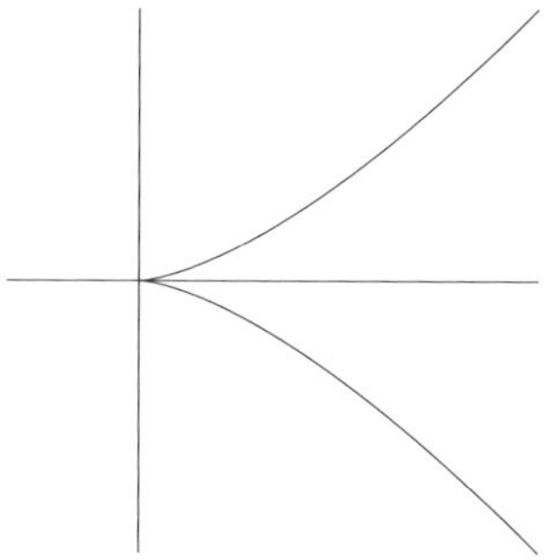

図 **2.2** 例 2.1.2. カスプ.

ている（図 2.2 参照）. $f(x,y)=x^3-y^2$ について, $\left(\dfrac{\partial f}{\partial x},\dfrac{\partial f}{\partial y}\right)=(3x^2,-2y)$ は $(x,y)=(0,0)$ で $(0,0)$ となっている. また, $y=\pm x^{\frac{3}{2}}$ あるいは $x=(y^2)^{\frac{1}{3}}$ というグラフの形に描かれるが, この関数 $(y^2)^{\frac{1}{3}}$ は 0 で微分可能ではない. パラメータで表示すると, $x=t^2, y=t^3$ となるが, パラメータについての微分は $t=0$ において 0 となる.

この例に見られるように, 滑らかな図形であることとそれを記述する関数や写像の微分が 0 にならないことには深い関係がある. これらの図形の表示の仕方は以下の節で見るように逆写像定理, 陰関数定理により, お互いに関係している.

2.1.1 曲線

ユークリッド空間 $\boldsymbol{R}^n$ 内の曲線とは区間 (a,b) からの連続写像であるという見方もある. この見方では, 滑らかな曲線は C^∞ 級の写像 $\varPhi:(a,b)\longrightarrow\boldsymbol{R}^n$ と考えることになる.

$\varPhi(t)$ を時刻 t における点の位置と見ると, t についての微分 $\dfrac{\mathrm{d}\varPhi}{\mathrm{d}t}(t)$ は時刻 t における速度ベクトル, t についての 2 階微分 $\dfrac{\mathrm{d}^2\varPhi}{\mathrm{d}t^2}(t)$ は時刻 t における加速度ベクトルを表し, これらを含めて滑らかに変化する運動を考えていることになる.

時刻 t_0 において速度ベクトル $\dfrac{\mathrm{d}\varPhi}{\mathrm{d}t}(t_0)$ が 0 ではないとき,

$$\varPhi(t_0)+(t-t_0)\frac{\mathrm{d}\varPhi}{\mathrm{d}t}(t_0)$$

はその瞬間 t_0 の速度ベクトルを保ったままの直線運動を表す．図形的にはこのようにパラメータ表示された直線は，曲線 $\Phi(t)$ の $\Phi(t_0)$ における接線を表している．

$\Phi(t)$ の第 i 成分を φ_i とする．$\dfrac{\mathrm{d}\Phi}{\mathrm{d}t}(t_0) = \left(\dfrac{\mathrm{d}\varphi_1}{\mathrm{d}t}, \dots, \dfrac{\mathrm{d}\varphi_n}{\mathrm{d}t}\right)$ が 0 ではないとき，1 つの成分 $\dfrac{\mathrm{d}\varphi_i}{\mathrm{d}t}(t_0)$ が 0 ではない．$\varphi_i(t_0) \in \boldsymbol{R}$ の近傍 V_i で定義された $t_0 \in \boldsymbol{R}$ の近傍に値を持つ φ_i の逆関数 τ_i があり，

$$\{\Phi(t) \mid t \in \tau_i(V_i)\} = \{\Phi(\tau_i(x_i)) \mid x_i \in V_i\}$$

となる．$\varphi_i(\tau(x_i)) = x_i$ であるから，この曲線は，V_i から $\boldsymbol{R}^{n-1}$ への C^∞ 級写像のグラフとなっている．

一方，$\dfrac{\mathrm{d}\Phi}{\mathrm{d}t}$ が 0 になることを許容すると，C^∞ 級の写像 $\Phi : (a,b) \longrightarrow \boldsymbol{R}^n$ の像 $\Phi((a,b))$ は必ずしも滑らかな図形にはならない．例 2.1.2 で述べたように，写像 $t \longmapsto (t^2, t^3)$ の像は $(0,0)$ においてカスプという尖った図形になっている．また，$\boldsymbol{R}^n$ の任意の連結な折れ線は C^∞ 級写像 $\boldsymbol{R} \longrightarrow \boldsymbol{R}^n$ の像として書くことができる（問題 3.7.1（66 ページ）参照）．

折れ曲がりがない滑らかな曲線を記述するには，その点でパラメータについて微分すると 0 ではないとすればよい．連続微分可能な写像 $\Phi : (a,b) \longrightarrow \boldsymbol{R}^n$ の微分 $\dfrac{\mathrm{d}\Phi}{\mathrm{d}t}$ は変化の方向を表すが，$\dfrac{\mathrm{d}\Phi}{\mathrm{d}t} \neq 0$ ならば微分の連続性から t が少し変化するときの $\Phi(t)$ の変化の方向がほぼ一定であることがわかり，ほぼ真っ直ぐであることが保証される．

滑らかな写像 $G : (a,b) \longrightarrow \boldsymbol{R}^{n-1}$ のグラフ $\{(t, G(t)) \in \boldsymbol{R}^n \mid t \in (a,b)\}$ は，微分の最初の成分は常に 1 で滑らかな曲線の性質を持つ．

また，2 変数関数 $f(x,y)$ についての陰関数定理も，そのグラフが滑らかな曲線であるような関数 $y = g(x)$ を与える．$\boldsymbol{R}^n$ の開集合から $\boldsymbol{R}^{n-1}$ への C^∞ 級写像 $F : \boldsymbol{R}^n \longrightarrow \boldsymbol{R}^{n-1}$ が陰関数定理の仮定を満たすときも同様である．

C^∞ 級の写像 $\Phi : (a,b) \longrightarrow \boldsymbol{R}^n$ が「滑らかな曲線」といいにくいもう 1 つの理由は，自己交叉がおこったり，曲線が稠密になったり，そこまでいかなくても曲線が自分自身に収束することもおこり得ることである．

このような折れ曲がりや交叉がない滑らかな曲線であるという性質を $\boldsymbol{R}^n$ の部分集合に対して表すためには，次のようにするとよい．

定理 2.1.3　$\boldsymbol{R}^n$ の部分集合 C について以下の性質が同値である．

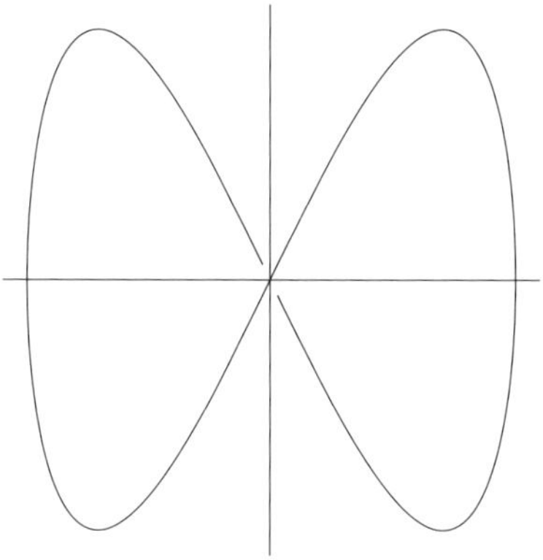

図 **2.3** 例 2.1.4.

- 陰関数表示

  すべての $\boldsymbol{x}^0 \in C$ に対し，ある近傍 U をとると，U 上で定義された C^∞ 級写像 $F : U \longrightarrow \boldsymbol{R}^{n-1}$ で，U 上でヤコビ行列 DF のランクが $n-1$ であるようなものがあって，$C \cap U = \{\boldsymbol{x} \in U \mid F(\boldsymbol{x}) = F(\boldsymbol{x}^0)\}$ となる．

- グラフ表示

  すべての $\boldsymbol{x}^0 = (x_1^0, \ldots, x_n^0) \in C$ に対し，ある近傍 U をとると，実数 x_i^0 の近傍 V_i 上で定義された $\boldsymbol{R}^{n-1} = \boldsymbol{R}^{i-1} \times \boldsymbol{R}^{n-i}$ に値をとる C^∞ 級写像 $G = (G_1, G_2)$ が存在して $C \cap U = \{(G_1(x_i), x_i, G_2(x_i)) \mid x_i \in V_i\}$ となる．

- パラメータ表示

  すべての $\boldsymbol{x}^0 \in C$ とその任意の近傍 U に対し，U に含まれるある近傍 V をとると，ある区間 (a, b) 上で定義された V に値を持つ C^∞ 級の単射 $\varPhi : (a, b) \longrightarrow V$ が存在して，すべての $t \in (a, b)$ に対し $\dfrac{\mathrm{d}\varPhi}{\mathrm{d}t} \neq 0$, $C \cap V = \{\varPhi(t) \mid t \in (a, b)\}$ となる．

証明は 2.2 節で与える．

最後のパラメータ表示が，パラメータについての微分が 0 ではないことを述べたものである．しかし，これだけが近傍のとり直しを行なっており，他よりも少し複雑な命題である．これは，曲線の位相とパラメータの位相が同

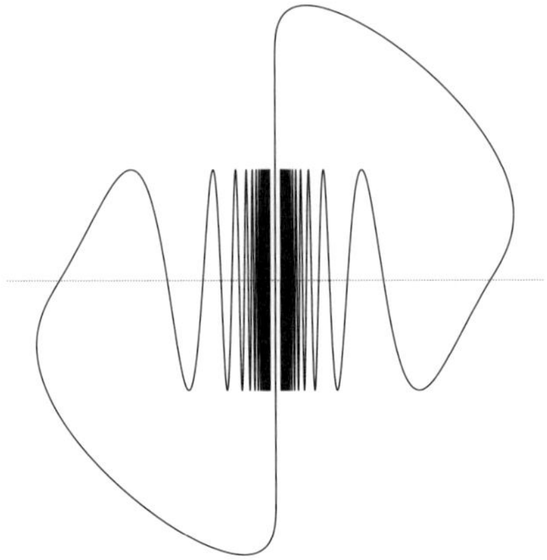

図 **2.4** 例 2.1.5.

じになることを要請するためである.

最後のパラメータ表示は C が連結のときにさらに次のように書かれる.

- 実数上の周期 $T \geqq 0$ の周期写像 $\Phi : \boldsymbol{R} \longrightarrow \boldsymbol{R}^n$ で，すべての t に対し $D\Phi \neq 0$ であり，$\Phi(t_1) = \Phi(t_2)$ ならば，$t_1 - t_2$ は T の整数倍となるものが存在して，$C = \{\Phi(t) \mid t \in \boldsymbol{R}\}$ となる．$T = 0$ のときには周期の条件は無条件に満たされる．さらに，$\boldsymbol{x} = \Phi(t)$ の任意の近傍 U に対し，それに含まれる W と開区間 (a, b) が存在して，$\Phi^{-1}(C \cap W) = \displaystyle\bigcup_{n \in \boldsymbol{Z}} (a + nT, b + nT)$ となる.

定理 2.1.3 で記述される図形では，次のような図形が排除されている.

【例 **2.1.4**】 $\{(\sin\theta, \sin 2\theta) \mid \theta \in (-\pi, \pi)\}$

図 2.3 に描いたこの図形は，$(-\pi, \pi)$ から $\boldsymbol{R}^2$ への C^∞ 級の単射の像である．このとき，$(0, 0)$ という点の近傍の逆像は，0 を含む区間以外に，$-\pi, \pi$ を端点とする開区間を含む．この図形は，$(0, 0)$ において局所ユークリッド的ではない.

【例 **2.1.5**】 図 2.4 参照.

$$\left\{\left(x, \sin\frac{2\pi}{x}\right) \in \boldsymbol{R}^2 \;\middle|\; x \in [-2, 0) \cup (0, 2]\right\}$$
$$\cup \{(0, y) \in \boldsymbol{R}^2 \mid y \in (-2, 2)\} \cup C_1 \cup C_2$$

ここで C_1 は $(2,0)$ の近傍から $(0,2)$ の近傍への図 2.4 にあるような滑らかな曲線で，他の部分と交わりを持たず，$(2,0)$ の近傍と $(0,2)$ の近傍で，滑らかな曲線の条件を満たすようにとったものであり，C_2 は C_1 と原点について対称な曲線である．この例では，点 $(0,0)$ のどのような近傍 V も，図形と無限個の成分で交わり，パラメータ表示の条件を満たさない．他の条件を満たさないことも同様である．

今後，C^∞ 級写像 $(a,b) \longrightarrow \boldsymbol{R}^n$ のことを滑らかな曲線と呼ぶことも多いので，定理 2.1.3 の意味での滑らかな曲線は **1 次元多様体**と呼ぶことにする．

ユークリッド空間の 1 次元多様体の各点においては，接線が自然に定義されている．$C \cap V = \{\varPhi(t) \mid t \in (a,b)\}$ というパラメータ表示からは，前に述べた，

$$\varPhi(t_0) + (t - t_0)\frac{\mathrm{d}\varPhi}{\mathrm{d}t}(t_0)$$

の形に書かれる．また，$C \cap U = \{\boldsymbol{x} \in U \mid F(\boldsymbol{x}) = F(\boldsymbol{x}^0)\}$ という陰関数表示からは $\{\boldsymbol{x}^0 + \boldsymbol{v} \mid DF_{(\boldsymbol{x}^0)}\boldsymbol{v} = 0\}$ のようになる．実際，これらの $F, \varPhi$ は $F(\varPhi(t)) = F(\boldsymbol{x}^0)$ を満たしている．したがって，$DF_{(\varPhi(t_0))}D\varPhi_{(t_0)} = \boldsymbol{0}$ となり，$DF_{(\varPhi(t_0))} = DF_{(\boldsymbol{x}^0)}$ のランクは $n-1$ であるから，

$$\ker DF_{(\varPhi(t_0))} = \{tD\varPhi_{(t_0)} \mid t \in \boldsymbol{R}\}$$

となる．

2.1.2 （超）曲面

3 次元ユークリッド空間内の曲面を一般化して，n 次元ユークリッド空間内で関数の等位面として定義されるものを考えよう．これは**超曲面**と呼ばれる．

定理 2.1.6 $\boldsymbol{R}^n$ の部分集合 S について以下の性質が同値である．

- 陰関数表示

  すべての $\boldsymbol{x}^0 \in S$ に対し，ある近傍 U をとると，U 上で定義された C^∞ 級関数 $f : U \longrightarrow \boldsymbol{R}$ で，U 上でヤコビ行列 $Df \neq 0$ であるようなものがあって，$S \cap U = \{\boldsymbol{x} \in U \mid f(\boldsymbol{x}) = f(\boldsymbol{x}^0)\}$ となる．

- グラフ表示

  すべての $\boldsymbol{x}^0 = (x_1^0, \ldots, x_n^0) \in S$ に対し，ある近傍 U をとると，i 番目の座標を除いた $n-1$ 次元ユークリッド空間 $\boldsymbol{R}^{n-1} = \boldsymbol{R}^{i-1} \times \boldsymbol{R}^{n-i}$ の点 $(x_1^0, \ldots, x_{i-1}^0, x_{i+1}^0, \ldots, x_n^0) = (\boldsymbol{x}_1^0, \boldsymbol{x}_2^0)$ の近傍 $V_i \subset \boldsymbol{R}^{i-1} \times \boldsymbol{R}^{n-i}$ 上で定義された実数値 C^∞ 級関数 $g = g(\boldsymbol{x}_1, \boldsymbol{x}_2)$ が存在して，$S \cap U = \{(\boldsymbol{x}_1, g(\boldsymbol{x}_1, \boldsymbol{x}_2), \boldsymbol{x}_2) \mid (\boldsymbol{x}_1, \boldsymbol{x}_2) \in V_i\}$ となる．

- パラメータ表示

  すべての $\boldsymbol{x}^0 \in S$ とその任意の近傍 U に対し，U に含まれるある近傍 V をとると，$n-1$ 次元ユークリッド空間の開球 W 上で定義された V に値を持つ C^∞ 級の単射 $\Phi : W \longrightarrow V$ で，すべての $\boldsymbol{u} \in W$ に対し $D\Phi$ のランクは $n-1$ であり，$S \cap V = \{\Phi(\boldsymbol{u}) \mid \boldsymbol{u} \in W\}$ となるものが存在する．

開球とは，$n-1$ 次元ユークリッド空間内の 1 点 $\boldsymbol{u}^0$ からの距離がある正定数 r より小さいような点の全体 $W = \{\boldsymbol{u} \in \boldsymbol{R}^{n-1} \mid \|\boldsymbol{u} - \boldsymbol{u}^0\| < r\}$ である．W を $n-1$ 次元ユークリッド空間の開集合とすると，例 2.1.4 のような図形も許してしまうことになるものが存在する．

W を開集合として記述しようとすると次のように書かれる．

- すべての $\boldsymbol{x}^0 \in S$ に対し，ある近傍 $U \subset \boldsymbol{R}^n$ をとると，$n-1$ 次元ユークリッド空間の開集合 W 上で定義された U に値を持つ C^∞ 級の単射 $\Phi : W \longrightarrow U$ で，すべての $\boldsymbol{u} \in W$ に対し $D\Phi$ のランクは $n-1$ であり，$\boldsymbol{u}^0 = \Phi^{-1}(\boldsymbol{x}^0)$ の任意の近傍 W' に対し，$\boldsymbol{x}^0 \in S \subset \boldsymbol{R}^n$ の近傍 $U' \subset \boldsymbol{R}^n$ をとると，$S \cap U' = \{\Phi(\boldsymbol{u}) \mid \boldsymbol{u} \in W'\}$ となるものが存在する．

これは，パラメータの空間 W の位相と，M 上の Φ によりパラメータ付けられた部分 $\Phi(W) \subset \boldsymbol{R}^n$ の位相が同じであることを述べているものである．位相空間論を学んでいれば，次のように書けばよい．

- すべての $\boldsymbol{x}^0 \in S$ に対し，ある近傍 $U \subset \boldsymbol{R}^n$ をとると，$n-1$ 次元ユークリッド空間の開集合 W 上で定義された U に値を持つ C^∞ 級の単射 $\Phi : W \longrightarrow U$ で，$\Phi(W)$ への同相写像となり，すべての $\boldsymbol{u} \in W$ に対し $D\Phi$ のランクは $n-1$ であり，$S \cap U = \{\Phi(\boldsymbol{u}) \mid \boldsymbol{u} \in W\}$ となるものが存在する．

定理の証明は 2.2 節で与える．

パラメータ表示されている超曲面 $S \cap V = \{\Phi(\boldsymbol{u}) \mid \boldsymbol{u} \in W\}$ の上には $\boldsymbol{v} = (v_1, \ldots, v_{n-1}) \in \boldsymbol{R}^{n-1}$ に対して，$\Phi(\boldsymbol{u}^0 + t\boldsymbol{v})$ $(t \in (-\varepsilon, \varepsilon))$ の形の曲線がある．この曲線の $\Phi(\boldsymbol{u}^0)$ における接ベクトルは，

$$D\Phi_{(\boldsymbol{u}^0)}\boldsymbol{v} = \Big(\sum_{j=1}^{n-1} \frac{\partial \varphi_1}{\partial u_j}(\boldsymbol{u}^0)\, v_j,\ \ldots,\ \sum_{j=1}^{n-1} \frac{\partial \varphi_n}{\partial u_j}(\boldsymbol{u}^0)\, v_j\Big)$$

となる．ここで $\varphi_i(\boldsymbol{u})$ は $\Phi(\boldsymbol{u})$ の第 i 成分である．この曲線の接線は $\{\boldsymbol{x}^0 + tD\Phi_{(\boldsymbol{u}^0)}\boldsymbol{v} \mid t \in \boldsymbol{R}\}$ であり，それらを集めると，接超平面 $\{\boldsymbol{x}^0 + D\Phi_{(\boldsymbol{u}^0)}\boldsymbol{v} \mid \boldsymbol{v} \in \boldsymbol{R}^{n-1}\}$ が得られる．

一方，$S \cap U = \{\boldsymbol{x} \in U \mid f(\boldsymbol{x}) = f(\boldsymbol{x}^0)\}$ のように陰関数表示されているとすると，同じ接超平面は $\{\boldsymbol{x}^0 + \boldsymbol{v} \mid Df_{(\boldsymbol{x}^0)}\,\boldsymbol{v} = 0\}$ とも書かれる．なぜなら，$f(\Phi(\boldsymbol{u})) = f(\boldsymbol{x}^0)$ だから，$Df_{(\Phi(\boldsymbol{u}^0))}D\Phi_{(\boldsymbol{u}^0)} = 0$ であるが，$D\Phi_{(\boldsymbol{u}^0)}$ のランクは $n-1$, $Df_{(\boldsymbol{x}^0)} = Df_{(\Phi(\boldsymbol{u}^0))} \neq 0$ だから，$\ker Df_{(\boldsymbol{x}^0)}$ は $n-1$ 次元で，

$$\{\boldsymbol{x}^0 + \boldsymbol{v} \mid Df_{(\boldsymbol{x}^0)}\boldsymbol{v} = 0\} = \{\boldsymbol{x}^0 + D\Phi_{(\boldsymbol{u}^0)}\boldsymbol{v} \mid \boldsymbol{v} \in \boldsymbol{R}^{n-1}\}$$

が得られる．

【例 2.1.7】 $\boldsymbol{R}^n$ の 2 次曲面 $Q = \Big\{(x_1, \ldots, x_n) \in \boldsymbol{R}^n \Bigm| \sum_{i,j=1}^{n} a_{ij}x_ix_j = b\Big\}$.

$a_{ij} = a_{ji}$, $\det(a_{ij}) \neq 0$, $b \neq 0$ とする．$f(x_1, \ldots, x_n) = \sum_{i,j=1}^{n} a_{ij}x_ix_j$ とおくと，

$$Df_{(x_1,\ldots,x_n)} = \Big(2\sum_{j=1}^{n} a_{1j}x_j, \ldots, 2\sum_{j=1}^{n} a_{nj}x_j\Big)$$

となる．これは $A = (a_{ij})$, $\boldsymbol{x} = (x_1, \ldots, x_n)$ とおくと，$2\boldsymbol{x}A$ である．$\det A \neq 0$ としたから，$Df_{(\boldsymbol{x})} = 0$ となる $\boldsymbol{x}$ は $\boldsymbol{x} = 0$ である．しかし，$f(0) = 0 \neq b$ だから，Q は $\boldsymbol{R}^n$ の超曲面である．$\boldsymbol{x}^0 \in Q$ における接超平面は，

$$\{\boldsymbol{x}^0 + \boldsymbol{v} \mid \boldsymbol{x}^0 A\, {}^t\boldsymbol{v} = 0\} = \{\boldsymbol{x}^0 + \boldsymbol{v} \mid \boldsymbol{x}^0 A\, {}^t(\boldsymbol{x}^0 + \boldsymbol{v}) = \boldsymbol{x}^0 A\, {}^t\boldsymbol{x}^0 = b\}$$

で与えられる．

Q の形は A の正の固有値の数，負の固有値の数（A の符号数）によって異なる．図 2.5 参照．A は対称行列だから直交行列 P により対角化される．P による $\boldsymbol{R}^n$ の座標変換を行なうと，新しい座標系 $(X_1, \ldots, X_n)$ で $Q =$

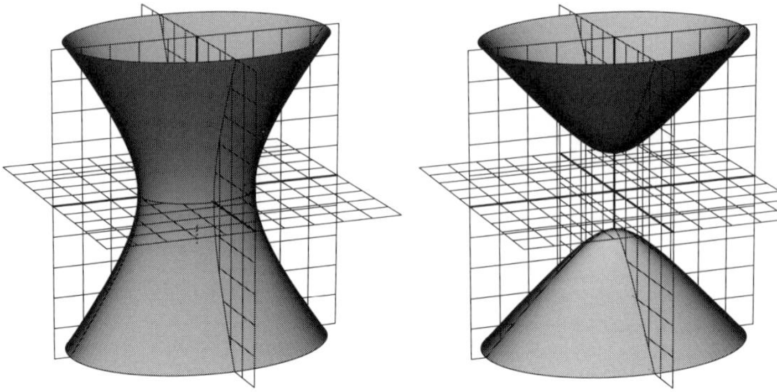

図 **2.5**　2 次曲面．一葉双曲面と二葉双曲面．

$\left\{(X_1,\ldots,X_n)\;\middle|\;\sum_{i=1}^{n}\lambda_i X_i^2=b\right\}$ のように書かれる．さらに $\sqrt{\left|\dfrac{\lambda_i}{b}\right|}\,X_i=Y_i$ として，座標系 $(Y_1,\ldots,Y_n)$ で $Q=\left\{(Y_1,\ldots,Y_n)\;\middle|\;\sum_{i=1}^{n}\mathrm{sign}(\lambda_i)Y_i^2=\mathrm{sign}(b)\right\}$ となる．ここで sign は符号 (± 1) を表す．

2.2　ユークリッド空間内の多様体

前節で考えた滑らかな曲線，滑らかな超曲面は，一般の次元の多様体の概念に統一される．

定理 2.2.1　$\boldsymbol{R}^n$ の部分集合 M について以下の性質は同値である．$p+q=n$ とする．

- 陰関数表示
  すべての $\boldsymbol{x}^0\in M$ に対し，ある近傍 U をとると，U 上で定義された C^∞ 級関数 $F:U\longrightarrow\boldsymbol{R}^q$ で，U 上でヤコビ行列 DF のランクが q であるようなものが存在し，$M\cap U=\{\boldsymbol{x}\in U\mid F(\boldsymbol{x})=F(\boldsymbol{x}^0)\}$ となる．
- グラフ表示
  すべての $\boldsymbol{x}^0=(x^0_1,\ldots,x^0_n)\in M$ に対し，ある近傍 U をとると，p 個の座標方向からなる p 次元ユークリッド空間 $\boldsymbol{R}^p$ の点 $(x^0_{i_1},\ldots,x^0_{i_p})$ の近傍 W 上で定義された，残りの q 個の座標方向からなる q 次元ユー

クリッド空間 $\boldsymbol{R}^q$ に値を持つ C^∞ 級写像 G が存在して,

$$M \cap U = \{(x_{i_1}, \dots, x_{i_p}, G(x_{i_1}, \dots, x_{i_p})) \mid (x_{i_1}, \dots, x_{i_p}) \in W\}$$

となる. ただし, 座標は $(x_{i_1}, \dots, x_{i_p})$, 残りの q 個の座標からなる $\boldsymbol{R}^q$ の順に並べ替えたと考える.

- パラメータ表示

  すべての $\boldsymbol{x}^0 \in M$ とその任意の近傍 U に対し, U に含まれるある近傍 V をとると, p 次元ユークリッド空間の開球 W 上で定義された V に値を持つ C^∞ 級の単射 $\Phi: W \longrightarrow V$ で, すべての $\boldsymbol{u} \in W$ に対し $D\Phi$ のランクは p であり, $M \cap V = \{\Phi(\boldsymbol{u}) \mid \boldsymbol{u} \in W\}$ となるものが存在する.

証明 グラフ表示が与えられたとき, 陰関数は $(x_{j_1}, \dots, x_{j_q})$ を残りの q 個の座標として, 写像 $F : (x_1, \dots, x_n) \longmapsto (x_{j_1}, \dots, x_{j_q}) - G(x_{i_1}, \dots, x_{i_p}) \in \boldsymbol{R}^q$ により与えられる $F = \begin{pmatrix} f_1 \\ \vdots \\ f_q \end{pmatrix}$ を考えると, $\begin{pmatrix} \dfrac{\partial f_1}{\partial x_{j_1}} & \cdots & \dfrac{\partial f_1}{\partial x_{j_q}} \\ \vdots & \ddots & \vdots \\ \dfrac{\partial f_q}{\partial x_{j_1}} & \cdots & \dfrac{\partial f_q}{\partial x_{j_q}} \end{pmatrix}$ は単位行列で, DF のランクは q であり, $M \cap U = F^{-1}(F(\boldsymbol{x}^0)) = F^{-1}(0)$ となる. ここで U はグラフ表示に現れる U である.

また, グラフ表示自体が特殊なパラメータ表示で,

$$\Phi(x_{i_1}, \dots, x_{i_p}) = (x_{i_1}, \dots, x_{i_p}, G(x_{i_1}, \dots, x_{i_p}))$$

としたものである. $\Phi = \begin{pmatrix} \varphi_1 \\ \vdots \\ \varphi_n \end{pmatrix}$ とすると, $\begin{pmatrix} \dfrac{\partial \varphi_{i_1}}{\partial x_{i_1}} & \cdots & \dfrac{\partial \varphi_{i_1}}{\partial x_{i_p}} \\ \vdots & \ddots & \vdots \\ \dfrac{\partial \varphi_{i_p}}{\partial x_{i_1}} & \cdots & \dfrac{\partial \varphi_{i_p}}{\partial x_{i_p}} \end{pmatrix}$ は単位行列で, $D\Phi$ のランクは p であり, $M \cap U = \{\Phi(\boldsymbol{u}) \mid \boldsymbol{u} \in W\}$ となる. ここでパラメータ表示の V は $W \ni (x^0_{i_1}, \dots, x^0_{i_p})$ の十分小さい開球近傍 W' と $\boldsymbol{R}^q$ の直積とグラフ表示に現れた U の共通部分 $(W' \times \boldsymbol{R}^q) \cap U$ にとればよい.

陰関数表示が与えられとき，グラフ表示ができることは陰関数定理 1.2.3（7 ページ）による．$\boldsymbol{R}^n$ の座標の順序を入れ替えて $\left(\dfrac{\partial f_i}{\partial x_j}\right)_{i=1,\dots,q;j=n-q+1,\dots,n}$ が正則であるとする．さらに，9 ページにおける証明のように $\widehat{F}$ の逆写像 G と $\boldsymbol{x}^0$ の近傍 $G(V)$ をとる．この近傍上では，$M \cap G(V) = \{(\boldsymbol{x}_1, g(\boldsymbol{x}_1)) \mid \boldsymbol{x}_1 \in W\}$ の形となる．

最後に，パラメータ表示が与えられたとき，n 行 p 列の行列 $D\Phi = \begin{pmatrix} \dfrac{\partial \varphi_1}{\partial u_1} & \cdots & \dfrac{\partial \varphi_1}{\partial u_p} \\ \vdots & \ddots & \vdots \\ \dfrac{\partial \varphi_n}{\partial u_1} & \cdots & \dfrac{\partial \varphi_n}{\partial u_p} \end{pmatrix}$ のランクは p である．このとき，座標 $x_1, \dots, x_n$ の順序を入れ替えて，$\begin{pmatrix} \dfrac{\partial \varphi_1}{\partial u_1} & \cdots & \dfrac{\partial \varphi_1}{\partial u_p} \\ \vdots & \ddots & \vdots \\ \dfrac{\partial \varphi_p}{\partial u_1} & \cdots & \dfrac{\partial \varphi_p}{\partial u_p} \end{pmatrix}$ が，正則であるとしてよい．$\Phi(\boldsymbol{u}^0) = \boldsymbol{x}^0$，$\Phi_1(\boldsymbol{u}) = (\varphi_1(\boldsymbol{u}), \dots, \varphi_p(\boldsymbol{u}))$ とすると，逆写像定理 1.2.1（6 ページ）により，$\Phi_1(\boldsymbol{u}^0) = (\varphi_1(\boldsymbol{u}^0), \dots, \varphi_p(\boldsymbol{u}^0)) = (x_1^0, \dots, x_p^0)$ の近傍 W_1 から，W に値を持つ C^∞ 級写像 H が存在し，$H \circ \Phi_1 = \mathrm{id}_{H(W_1)}$，$\Phi_1 \circ H = \mathrm{id}_{W_1}$ を満たしている．$\boldsymbol{x}_1 = (x_1, \dots, x_p)$，$\Phi_2(\boldsymbol{u}) = (\varphi_{p+1}(\boldsymbol{u}), \dots, \varphi_{p+q}(\boldsymbol{u}))$ $(p+q=n)$ として，

$$\Phi(H(\boldsymbol{x}_1)) = (\Phi_1(H(\boldsymbol{x}_1)), \Phi_2(H(\boldsymbol{x}_1))) = (\boldsymbol{x}_1, (\Phi_2 \circ H)(\boldsymbol{x}_1))$$

を得る．したがって，$(W_1 \times \boldsymbol{R}^q) \cap V$ において，グラフ表示を得る．■

この定理の仮定を満たす図形 M をユークリッド空間 $\boldsymbol{R}^n$ 内の p **次元部分多様体**と呼ぶ．$q = n - p$ を多様体 M の**余次元**と呼ぶ．

パラメータ表示は次の形でもよい．

- すべての $\boldsymbol{x}^0 \in M$ に対し，ある近傍 U をとると，p 次元ユークリッド空間の開集合 W 上で定義された U に値を持つ C^∞ 級の単射 $\Phi : W \longrightarrow U$ で，$\Phi(W)$ への同相写像で，すべての $\boldsymbol{u} \in W$ に対し $D\Phi$ のランクは p であり，$M \cap U = \{\Phi(\boldsymbol{u}) \mid \boldsymbol{u} \in W\}$ となるものが存在する．

$\Phi(W)$ への同相写像であることは，次と同値である．$\boldsymbol{u}^0 = \Phi^{-1}(\boldsymbol{x}^0)$ の任意の近傍 W' に対し，$\boldsymbol{x}^0 \in M$ の近傍 U' をとると，$M \cap U' = \{\Phi(\boldsymbol{u}) \mid \boldsymbol{u} \in W'\}$

となる．

ユークリッド空間 $\boldsymbol{R}^n$ の p 次元部分多様体の 1 点 $\boldsymbol{x}^0$ での接空間（40 ページ参照）を，$\boldsymbol{x}^0$ を通過する多様体上の曲線の接線の集まりと考えることができる．$\{\Phi(\boldsymbol{u}) \mid \boldsymbol{u} \in W\}$ というパラメータ表示で，

$$\{\boldsymbol{x}^0 + D\Phi_{(\boldsymbol{u}^0)}\boldsymbol{v} \mid \boldsymbol{v} \in \boldsymbol{R}^p\},$$

$M \cap U = \{\boldsymbol{x} \in U \mid F(\boldsymbol{x}) = F(\boldsymbol{x}^0)\}$ という陰関数表示で，

$$\{\boldsymbol{x}^0 + \boldsymbol{v} \mid DF_{(\boldsymbol{x}^0)}\boldsymbol{v} = 0\}$$

と書かれる．

【問題 2.2.2】　$\{\boldsymbol{x}^0 + D\Phi_{(\boldsymbol{u}^0)}\boldsymbol{v} \mid \boldsymbol{v} \in \boldsymbol{R}^p\} = \{\boldsymbol{x}^0 + \boldsymbol{v} \mid DF_{(\boldsymbol{x}^0)}\boldsymbol{v} = 0\}$ を示せ．解答例は 42 ページ．

2.3　逆写像定理，陰関数定理の意味

$m \times n$ 実行列 A は線形写像 $A : \boldsymbol{R}^n \longrightarrow \boldsymbol{R}^m$ を表す．A のランクが k のときには，$m \times m$ 正則行列 P, $n \times n$ 正則行列 Q で，$PAQ = \begin{pmatrix} \mathbf{1}_k & \mathbf{0}_{k,n-k} \\ \mathbf{0}_{m-k,k} & \mathbf{0}_{m-k,n-k} \end{pmatrix}$ と書くことができる．ここで $\mathbf{1}_k$ は単位行列，$\mathbf{0}_{\cdot,\cdot}$ は零行列である．さらに，$k = m$ のときには，$m \leqq n$ で，$n \times n$ 正則行列 Q によって，$AQ = \begin{pmatrix} \mathbf{1}_m & \mathbf{0}_{m,n-m} \end{pmatrix}$ と書くことができる．$k = n$ のときには，$m \geqq n$ で，$m \times m$ 正則行列 P によって，$PA = \begin{pmatrix} \mathbf{1}_n \\ \mathbf{0}_{m-n,n} \end{pmatrix}$ と書くことができる．これは線形写像は $\boldsymbol{R}^n$, $\boldsymbol{R}^m$ の座標のとり方を替えるといくつかの座標成分への射影，またはいくつかの座標方向への埋め込みとなっていることを示している．

$\boldsymbol{R}^n$ の開集合 U, V に対し，C^r 級写像 $F : U \longrightarrow V$ が，C^r 級の逆写像 $G : V \longrightarrow U$ を持つとする．すなわち，F, G が $G \circ F = \mathrm{id}_U$, $F \circ G = \mathrm{id}_V$ を満たすとする．このとき，F を C^r **級微分同相**（**写像**）と呼ぶ．

逆写像定理は，$\boldsymbol{R}^n$ の開集合 U から $\boldsymbol{R}^n$ への C^r 級写像 F が，$\boldsymbol{x}^0$ において $DF_{(\boldsymbol{x}^0)}$ が正則行列となれば，F は $\boldsymbol{x}^0$ の近傍 U_1 から $F(\boldsymbol{x}^0)$ の近傍 V_1 への C^r 級微分同相写像であることを述べている．

このような C^r 級微分同相写像は，行列における正則行列の役割を C^r 級写像において，ある近傍に制限された形で担うことになる．逆写像定理，陰関数定理の意味は，ここにあると見ることもできる．

すなわち, $\boldsymbol{R}^n$ の開集合 U 上で定義された $\boldsymbol{R}^m$ に値を持つ写像 $F : U \longrightarrow \boldsymbol{R}^m$ を考える．

$n \leqq m$ で，$\boldsymbol{x}^0 \in U$ に対し，ヤコビ行列 $DF_{(\boldsymbol{x}^0)}$ のランクが n であるとする．これはパラメータ表示におけるヤコビ行列の条件を満たしているということである．$F = \begin{pmatrix} f_1 \\ \vdots \\ f_m \end{pmatrix}$ とすると，グラフ表示を導いたときと同様にして，$\boldsymbol{R}^m$ の座標の順序をとり替えて，$\boldsymbol{x}^0$ において $\left(\dfrac{\partial f_i}{\partial x_j}\right)_{i=1,\dots n;j=1,\dots,n}$ が正則としてよい．$F(\boldsymbol{x}) = (F_1(\boldsymbol{x}), F_2(\boldsymbol{x})) \in \boldsymbol{R}^n \times \boldsymbol{R}^{m-n}$ としよう．このとき，$(f_1(\boldsymbol{x}^0), \dots, f_n(\boldsymbol{x}^0)) = \boldsymbol{y}_1^0 \in \boldsymbol{R}^n$ の近傍 W で定義された写像 $G : W \longrightarrow \boldsymbol{R}^n$ によって, $F(G(\boldsymbol{y}_1)) = (\boldsymbol{y}_1, F_2(G(\boldsymbol{y}_1)))$ となる．ここで, $F(\boldsymbol{x}^0) = F(G(\boldsymbol{y}_1^0)) = \boldsymbol{y}^0$ の近傍 $W \times \boldsymbol{R}^{m-n} \subset \boldsymbol{R}^m$ で次のように定義される写像 $H : W \times \boldsymbol{R}^{m-n} \longrightarrow W \times \boldsymbol{R}^{m-n}$ を考える．

$$H(\boldsymbol{y}_1, \boldsymbol{y}_2) = (\boldsymbol{y}_1, \boldsymbol{y}_2 - F_2(G(\boldsymbol{y}_1)))$$

H の逆写像 H^{-1} は $H^{-1}(\boldsymbol{y}_1, \boldsymbol{y}_2) = (\boldsymbol{y}_1, \boldsymbol{y}_2 + F_2(G(\boldsymbol{y}_1)))$ であるから，H は C^r 級微分同相写像であり，$(H \circ F \circ G)(\boldsymbol{y}_1) = (\boldsymbol{y}_1, 0)$ を満たす．さらに，$\widehat{G} : W \times \boldsymbol{R}^{m-n} \longrightarrow \boldsymbol{R}^n \times \boldsymbol{R}^{m-n}$ を $\widehat{G}(\boldsymbol{y}_1, \boldsymbol{y}_2) = (G(\boldsymbol{y}_1), \boldsymbol{y}_2)$ で定義すると，$\widehat{G}$ は $W \times \boldsymbol{R}^{m-n}$ から $G(W) \times \boldsymbol{R}^{m-n}$ への微分同相写像である．$(\widehat{G} \circ H \circ F \circ G)(\boldsymbol{y}_1) = (G(\boldsymbol{y}_1), 0)$ であるから，$\boldsymbol{x} \in G(W)$ に対し，$(\widehat{G} \circ H \circ F)(\boldsymbol{x}) = (\boldsymbol{x}, 0)$ となる．すなわち，$n \leqq m$ で $\boldsymbol{x}^0 \in U$ に対し，ヤコビ行列 $DF_{(\boldsymbol{x}^0)}$ のランクが n であるとすると，$F(\boldsymbol{x}^0)$ の近傍で定義された微分同相写像 P があって，$\boldsymbol{x}^0$ の近傍で $(P \circ F)(\boldsymbol{x}) = (\boldsymbol{x}, 0)$ となる．

$n \geqq m$ で，$\boldsymbol{x}^0 \in U$ に対し，ヤコビ行列 $DF_{(\boldsymbol{x}^0)}$ のランクが m であるとする．これは陰関数定理のヤコビ行列の条件を満たしているということである．$F = \begin{pmatrix} f_1 \\ \vdots \\ f_m \end{pmatrix}$ とすると，陰関数定理を導いたときと同様にして，$\boldsymbol{R}^n$ の座標の順序をとり替えて，$\boldsymbol{x}^0$ において $\left(\dfrac{\partial f_i}{\partial x_j}\right)_{i=1,\ldots,m;j=n-m+1,\ldots,n}$ が正則としてよい．陰関数定理の導き方は，$\widehat{F}: U \longrightarrow \boldsymbol{R}^n$ を $\widehat{F}(\boldsymbol{x}_1, \boldsymbol{x}_2) = (\boldsymbol{x}_1, F(\boldsymbol{x}_1, \boldsymbol{x}_2))$ で定義して，$(\boldsymbol{x}_1^0, F(\boldsymbol{x}^0))$ の近傍 V で定義される逆写像 $G: V \longrightarrow U$ を使うものであった．$\widehat{F} \circ G = \mathrm{id}_V$ は，

$$\big(G_1(\boldsymbol{y}_1, \boldsymbol{y}_2), F\big(G_1(\boldsymbol{y}_1, \boldsymbol{y}_2), G_2(\boldsymbol{y}_1, \boldsymbol{y}_2)\big)\big) = (\boldsymbol{y}_1, \boldsymbol{y}_2)$$

と書かれるのであった．この $\boldsymbol{R}^m$ 成分を見ると，

$$F\big(G_1(\boldsymbol{y}_1, \boldsymbol{y}_2), G_2(\boldsymbol{y}_1, \boldsymbol{y}_2)\big) = \boldsymbol{y}_2$$

となることがわかる．

すなわち，$n \geqq m$ で，$\boldsymbol{x}^0 \in U$ に対し，ヤコビ行列 $DF_{(\boldsymbol{x}^0)}$ のランクが m であるとすると，$\boldsymbol{x}^0$ の近傍で定義された微分同相写像 Q^{-1} があって，$\boldsymbol{x}^0$ の近傍で $(\widehat{F} \circ Q)(\boldsymbol{y}_1, \boldsymbol{y}_2) = (0, \boldsymbol{y}_2)$ となる．$\boldsymbol{R}^{n-m}$ 成分と $\boldsymbol{R}^m$ 成分とを逆に書けば，$(\widehat{F} \circ Q)(\boldsymbol{y}_2, \boldsymbol{y}_1) = (\boldsymbol{y}_2, 0)$ となる．

微分同相という言葉を用いると，ユークリッド空間 $\boldsymbol{R}^n$ 内の p 次元多様体 M は次のように定義されるといってよい．

- M の各点 $\boldsymbol{x}^0$ に対し，ある近傍 U から n 次元ユークリッド空間 $\boldsymbol{R}^n$ の開集合 V への微分同相写像 $F: U \longrightarrow V$ で，

$$F(M \cap U) = \{(y_1, \ldots, y_n) \in V \mid (y_{p+1}, \ldots, y_n) = (0, \ldots, 0)\}$$

  となるようなものが存在する．

2.4 多様体上の関数，多様体からの写像

ユークリッド空間内の多様体は前節までで定義された．多様体の上で解析を行なうためには，その多様体上で定義された関数の扱いを考える必要がある．そのときには，局所的なパラメータを用いて考える．

【例題 2.4.1】 $S^2 = \{(x_1, x_2, x_3) \in \boldsymbol{R}^3 \mid x_1^2 + x_2^2 + x_3^2 = 1\}$ 上の関数 f を

$$f(x_1, x_2, x_3) = x_1^2 + 2x_2^2 + 3x_3^2$$

で定める．$f(x_1, x_2, x_3)$ はどのような値をとるか．また，実数 y に対し $f^{-1}(y)$

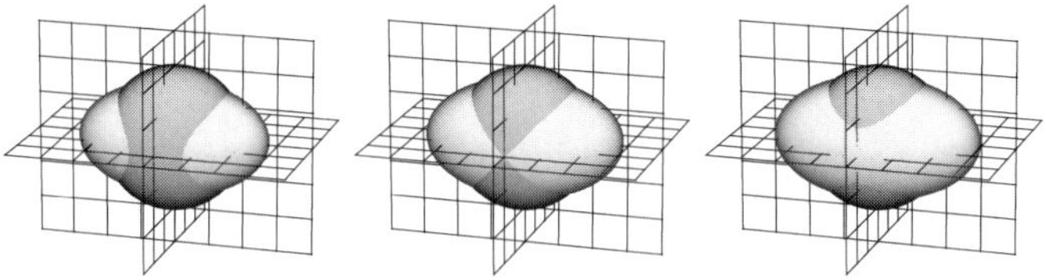

図 **2.6** 例題 2.4.1 の $f(x_1, x_2, x_3)$ の等位面（楕円面）と球面.

はどのような図形であるかを論ぜよ.

【解】 これは図形的には，球面 S^2 と楕円面 $f(x_1, x_2, x_3) = y$ の位置関係を考えることである．楕円面が $\sqrt{y}$ に比例して変化するときの位置関係で特殊なのは，$(0, 0, \pm 1)$ で接するとき，$(0, \pm 1, 0)$ で接するとき，$(\pm 1, 0, 0)$ で接するときの 3 つの場合である．このようなときの接点のまわりがどうなっているかは，パラメータをとることによりわかる．

実際，S^2 の $x_1 \neq 0$ の部分においては，S^2 のグラフ表示で，(x_2, x_3) をパラメータにとることができ，$x_1 > 0$ の半球面と $x_1 < 0$ の半球面があるが，

$$f = x_1^2 + 2x_2^2 + 3x_3^2 = 1 + x_2^2 + 2x_3^2$$

と書かれる．この関数は，$(x_2, x_3) = (0, 0)$ で最小値 1 をとり，$1 < y < 2$ のとき，(x_2, x_3) 座標における単位円板に含まれる楕円 $x_2^2 + 2x_3^2 = y - 1$ 上で y をとる．

S^2 の $x_2 \neq 0$ の部分においては，S^2 のグラフ表示で，(x_1, x_3) をパラメータにとることができ，$x_2 > 0$ の半球面と $x_2 < 0$ の半球面があるが，

$$f = x_1^2 + 2x_2^2 + 3x_3^2 = 2 - x_1^2 + x_3^2$$

と書かれる．この関数は，$(x_1, x_3) = (0, 0)$ で鞍点を持ち，そこでの値は 2 である．パラメータ (x_1, x_3) について，$y = 2$ の点は単位円板内の直線 $x_3 = \pm x_1$ であり，$x_2 = 0$ の円の上でつながって S^2 上の直交する 2 つの大円の和集合である．パラメータ (x_1, x_3) については，$1 < y < 2, 2 < y < 3$ に対して，双曲線の単位円板内の部分が $f^{-1}(y)$ として現れる．

S^2 の $x_3 \neq 0$ の部分においては，S^2 のグラフ表示で，(x_1, x_2) をパラメータにとることができ，$x_1 > 0$ の半球面と $x_1 < 0$ の半球面があるが，

$$f = x_1^2 + 2x_2^2 + 3x_3^2 = 3 - 2x_1^2 - x_2^2$$

と書かれる．この関数は，$(x_1, x_2) = (0, 0)$ で最大値 3 をとり，$2 < y < 3$ のとき，

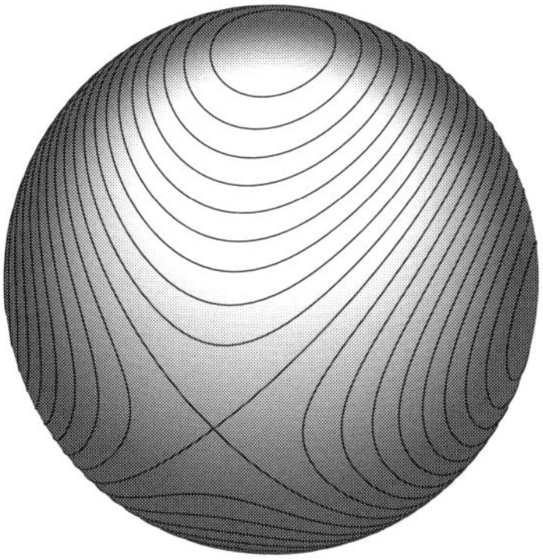

図 **2.7** 例題 2.4.1 の等位線.

(x_1, x_2) 座標における単位円板に含まれる楕円 $2x_1^2 + x_2^2 = 3 - y$ 上で y をとる.

これらをまとめると，$f(x_1, x_2, x_3)$ の値域は $[1, 3]$ であり，$f^{-1}(1), f^{-1}(3)$ は 2 点からなる集合，$f^{-1}(y)$ $(1 < y < 2, 2 < y < 3)$ は 2 つの円の直和と同相な集合，$f^{-1}(2)$ は S^2 上の直交する 2 つの大円（球面上の球面と同じ半径の円）の和集合である.

この例題からわかるように，多様体上の関数の極大，極小の判定のためには，局所座標を使うのが適当である．多様体がユークリッド空間内にあることは，このような問題を扱うときには役には立っていないのである.

2.5 直線，超平面との関係

ユークリッド空間内の多様体と直線や超平面の関係を考える.

ユークリッド空間の直線は，$\{\boldsymbol{x}^0 + t\boldsymbol{v}^0 \in \boldsymbol{R}^n \mid t \in \boldsymbol{R}\}$ のように，直線上の 1 点 $\boldsymbol{x}^0$ と直線の方向を与えるベクトル $\boldsymbol{v}^0 \neq 0$ により表される.

しかし，多様体と直線や超平面の関係を調べるには，1 つの直線や超平面ではなく，それと平行な直線や超平面の族を考えるほうが自然である.

ユークリッド空間の超平面は，0 でない線形形式 $L : \boldsymbol{R}^n \longrightarrow \boldsymbol{R}$ と $a \in \boldsymbol{R}$ によって，$\{\boldsymbol{x} \in \boldsymbol{R}^n \mid L\boldsymbol{x} = a\}$ のように表される．異なる a に対する超平面は平行である.

ユークリッド空間の直線を，ランクが $n-1$ の線形写像 $A : \boldsymbol{R}^n \longrightarrow \boldsymbol{R}^{n-1}$

と $\boldsymbol{y} \in \boldsymbol{R}^{n-1}$ によって，$\{\boldsymbol{x} \in \boldsymbol{R}^n \mid A\boldsymbol{x} = \boldsymbol{y}\}$ のように表すこともできる．異なる $\boldsymbol{y}$ に対する直線は平行である．

平面上の2次曲線に対して，直線は交点を持つ場合と持たない場合があり，交点を持つ場合には，接する場合と2点で交わる場合がある．与えられた直線に平行な直線全体を考えると，直線のほとんどは交わらないか，2点で交わり，直線を平行に動かすとその間に，接する直線がある．

滑らかな曲線は $\Phi(t)$ のようなパラメータを持ち，$\dfrac{\mathrm{d}\Phi}{\mathrm{d}t}(t) \neq 0$ を満たしている．これは，ある点の運動の軌跡とも考えられる．このとき $\Phi(t_0)$ を通り，速度ベクトルにあたる $\dfrac{\mathrm{d}\Phi}{\mathrm{d}t}(t_0)$ 方向のベクトルを持つ直線がこの滑らかな曲線の $\Phi(t_0)$ における接線というものである．

線形写像 $A : \boldsymbol{R}^n \longrightarrow \boldsymbol{R}^{n-1}$ のランクが $n-1$ であるとする．線形写像 $A : \boldsymbol{R}^n \longrightarrow \boldsymbol{R}^{n-1}$ による $\boldsymbol{R}^{n-1}$ の点の逆像として与えられる平行な直線族と超曲面 S との位置関係を考えることは，線形写像 $A : \boldsymbol{R}^n \longrightarrow \boldsymbol{R}^{n-1}$ と，超曲面を局所的にパラメータ表示する写像 $\Phi : W \longrightarrow \boldsymbol{R}^n$ の関係を考えることである．最も重要な場合は，$\boldsymbol{u}^0 \in W$ で，$A \circ \Phi : W \longrightarrow \boldsymbol{R}^{n-1}$ が逆写像定理の仮定を満たす，すなわち，$A \circ D\Phi_{(\boldsymbol{u}^0)}$ が可逆な場合である．このときは，この直線族は，$\boldsymbol{x}^0 = \Phi(\boldsymbol{u}^0)$ の近傍で，S に突き刺さっている．このとき直線族は超曲面 S と**横断的**であるという．S のパラメータの空間として A の像の $\boldsymbol{R}^n$ の開集合をとることができる．

これが成り立たない場合，$\boldsymbol{u}^0$ において，$A \circ D\Phi_{(\boldsymbol{u}^0)}$ のランクが $n-2$ 以下であるが，それは $D\Phi_{(\boldsymbol{u}^0)}$ の像が $\ker A$ を含むことによっておこる．このようなときに，直線 $A^{-1}(A(\boldsymbol{x}^0))$ は，$\boldsymbol{x}^0$ において S に接するという．逆に $\ker A$ が $D\Phi_{(\boldsymbol{u}^0)}$ の像に含まれれば，$A \circ D\Phi_{(\boldsymbol{u}^0)}$ のランクが $n-2$ 以下となる．そこで，$D\Phi_{(\boldsymbol{u}^0)}$ の像を S の $\boldsymbol{x}^0$ における**接超平面**あるいは**接空間**と呼ぶ．

これは一般の部分多様体に対してもそのまま一般化される．M が $\boldsymbol{R}^n$ 内の p 次元の部分多様体であるとする．上のような線形写像 $A : \boldsymbol{R}^n \longrightarrow \boldsymbol{R}^{n-1}$ に対し，$A \circ D\Phi_{(\boldsymbol{u}^0)}$ のランクが p かどうかを考える．ランクが p であれば，$A \circ \Phi$ の像は $\boldsymbol{R}^{n-1}$ の多様体の条件の一部を満たしている．

これが成り立たない場合，$\boldsymbol{u}^0$ において，$A \circ D\Phi_{(\boldsymbol{u}^0)}$ のランクが $p-1$ 以下であるが，それは $D\Phi_{(\boldsymbol{u}^0)}$ の像が $\ker A$ を含むことによっておこる．このようなときに，直線 $A^{-1}(A(\boldsymbol{x}^0))$ は $\boldsymbol{x}^0$ において，M に接するという．そこで，

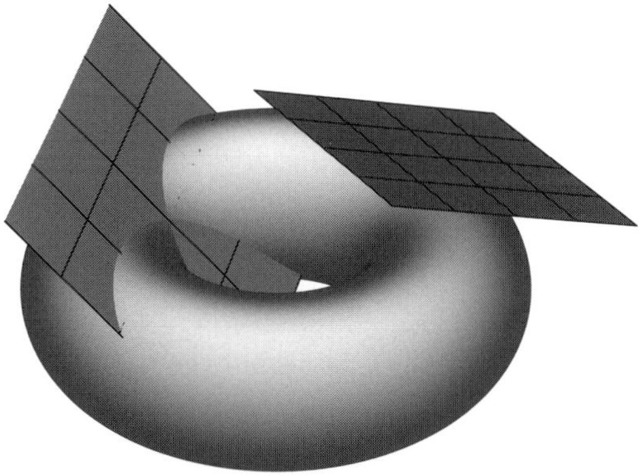

図 **2.8** トーラスの接平面.

$D\Phi_{(\boldsymbol{u}^0)}$ の像を M の $\boldsymbol{x}^0$ における**接空間**と呼ぶ.

線形形式 $L:\boldsymbol{R}^n \longrightarrow \boldsymbol{R}$ との関係で記述することもできる．$L\circ D\Phi_{(\boldsymbol{u}^0)}$ のランクが 1 かどうかを考える．ランクが 1 であれば，$\boldsymbol{x}^0$ の近くで陰関数定理の仮定を満たすから，L の値が $L(\boldsymbol{x}^0)$ と等しい点は $n-1$ 次元の多様体の条件を満たす.

ランクが 0 になるのは，$\ker L$ が $D\Phi_{(\boldsymbol{u}^0)}$ の像を含むときにおこる．特に超曲面の場合 $\ker L$ は $D\Phi_{(\boldsymbol{u}^0)}$ と一致している．$L^{-1}(L(\boldsymbol{x}^0))$ を超曲面の接超平面と呼んだのである．超曲面が局所的に $f:U\longrightarrow \boldsymbol{R}$ で陰関数表示されていれば，$\boldsymbol{x}^0$ における接超平面を与える L としては，

$$\boldsymbol{x} \longmapsto \sum_{j=1}^{n} \frac{\partial f}{\partial x_j}(\boldsymbol{x}^0)\, x_j$$

をとることができ，

$$\left\{\boldsymbol{x}\in \boldsymbol{R}^n \;\middle|\; \sum_{j=1}^{n} \frac{\partial f}{\partial x_j}(\boldsymbol{x}^0)\,(x_j - x_j^0) = 0\right\}$$

となる.

超曲面に限らず，一般の多様体の場合も $L^{-1}(L(\boldsymbol{x}^0))$ は $\boldsymbol{x}^0$ で M に接するといってもよい．この超平面をどのようにとっても，$D\Phi_{(\boldsymbol{u}^0)}$ の像を含み，$L\circ D\Phi_{(\boldsymbol{u}^0)}$ のランクが 0 になるような L についての共通部分は，$D\Phi_{(\boldsymbol{u}^0)}$ の像と一致する．これを M の $\boldsymbol{x}^0$ における接空間と呼んだのである.

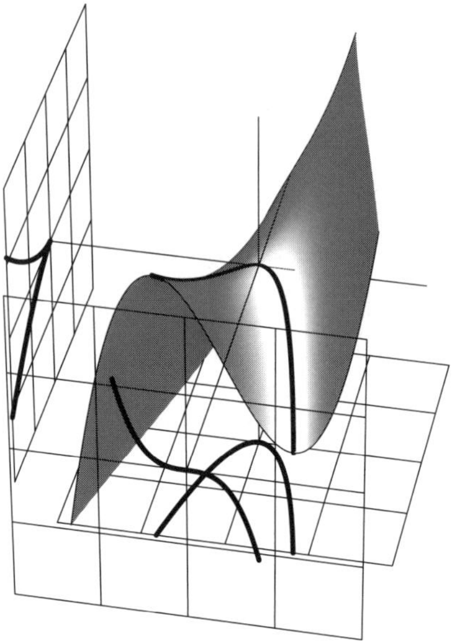

図 **2.9**　問題 2.5.1.

図 2.8 はトーラスの接平面の様子を示したものである．

【問題 2.5.1】　$\boldsymbol{R}^3$ 内の曲面 $z = x^3 + xy$ 上の点 (x_0, y_0, z_0) における接平面の方程式を求めよ．この接平面が x 軸に平行になるような点 (x_0, y_0, z_0) の全体はどのような図形となるか．x 軸を含む平面も x 軸と平行と考える．その図形の xy 平面への正射影，xz 平面への正射影，yz 平面への正射影の満たす方程式を求めよ．解答例は 43 ページ．

2.6　第 2 章の問題の解答

【問題 2.2.2 の解答】 これは，線形写像のランクの定義，ker の次元，それらの関係がわかっていればすぐにできる．$F(\Phi(\boldsymbol{u})) = F(\boldsymbol{x}^0)$ だから，チェインルール（例題 1.2.8 （11 ページ））から $DF_{(\Phi(\boldsymbol{u}^0))} D\Phi_{(\boldsymbol{u}^0)} = \mathbf{0}$ である．したがって，$\mathrm{im}\, D\Phi_{(\boldsymbol{u}^0)} \subset \ker DF_{(\Phi(\boldsymbol{u}^0))}$ である．$D\Phi_{(\boldsymbol{u}^0)}$ のランクは p，$DF_{(\boldsymbol{x}^0)} = DF_{(\Phi(\boldsymbol{u}^0))}$ のランクは q だから，$\ker DF_{(\boldsymbol{x}^0)}$ は $n-q = p$ 次元で，$\mathrm{im}\, D\Phi_{(\boldsymbol{u}^0)} = \ker DF_{(\Phi(\boldsymbol{u}^0))}$ が得られる．これを $\boldsymbol{x}^0$ だけ平行移動したものが，求める等式である．

【問題 2.5.1 の解答】 (x_0, y_0, z_0) $(z_0 = x_0^3 + x_0 y_0)$ における $f(x,y,z) = z - x^3 - xy$ のヤコビ行列は $(-3x_0^2 - y_0, -x_0, 1)$ である．したがって，

$$(-3x_0^2 - y_0)x + (-x_0)y + z = (-3x_0^2 - y_0)x_0 + (-x_0)y_0 + z_0$$

が接平面の方程式である．(x_0, y_0) だけで表せば，

$$(-3x_0^2 - y_0)x + (-x_0)y + z = -2x_0^3 - y_0 x_0$$

この平面が x 軸と平行であるのは，$-3x_0^2 - y_0 = 0$ のときである．これは曲線 $\{(x_0, -3x_0^2, -2x_0^3) \mid x_0 \in \boldsymbol{R}\}$ 上の点である．この曲線は，x 軸上の yz 平面に値を持つ関数のグラフの形をしているから，滑らかな曲線である．

この図形の，xy 平面への正射影，xz 平面への正射影，yz 平面への正射影は，それぞれ，

$$\{(x_0, -3x_0^2) \mid x_0 \in \boldsymbol{R}\},\ \{(x_0, -2x_0^3) \mid x_0 \in \boldsymbol{R}\},\ \{(-3x_0^2, -2x_0^3) \mid x_0 \in \boldsymbol{R}\}$$

であり，それぞれ，方程式

$$y = -3x^2,\ z = -2x^3,\ \left(\frac{y}{3}\right)^3 + \left(\frac{z}{2}\right)^2 = 0$$

によって定められている．

問題 1.2.5 (2) の解答（20 ページ）にも同じカスプ（図 2.2）が現れている．

第3章 多様体の定義

前章において，ユークリッド空間内の多様体上の関数を考えるときも，ユークリッド空間内の多様体と線形部分空間の位置関係を考えるときも，多様体のパラメータ表示が重要であることを見た．

M を $\boldsymbol{R}^n$ 内の p 次元多様体とする．$\boldsymbol{x}^0 \in M \subset \boldsymbol{R}^n$ の近傍 U について，2通りのパラメータ表示が与えられていたとする．$M \cap U = \{\Phi(\boldsymbol{u}) \mid \boldsymbol{u} \in W_1\}$, $M \cap U = \{\Psi(\boldsymbol{u}) \mid \boldsymbol{u} \in W_2\}$ とする．$\boldsymbol{x}^0 = \Phi(\boldsymbol{u}_1^0) = \Psi(\boldsymbol{u}_2^0)$ とすると，$\Psi^{-1} \circ \Phi$ は $\boldsymbol{u}_1^0$ を含む $\boldsymbol{R}^p$ の開集合 W_1 から $\boldsymbol{u}_2^0$ を含む $\boldsymbol{R}^p$ の開集合 W_2 への写像であるが，これは C^∞ 級である．

実際，グラフ表示を考え，$\boldsymbol{R}^n$ の座標の順序を入れ替えて，$M \cap U = \{(x_1, \ldots, x_p, G(x_1, \ldots, x_p)) \mid (x_1, \ldots, x_p) \in W_0\}$ と書かれているとしよう．このとき，$D\Psi$ のヤコビ行列 $\left(\dfrac{\partial \psi_i}{\partial x_j}\right)_{i=1,\ldots,n; j=1,\ldots,p}$ のうち，$\left(\dfrac{\partial \psi_i}{\partial x_j}\right)_{i=1,\ldots,p; j=1,\ldots,p}$ は正則行列である．すなわち，$A : \boldsymbol{R}^n \longrightarrow \boldsymbol{R}^p$ を最初の p 個の成分への射影とすると，$A \circ \Psi$ は，逆写像定理 1.2.1（6 ページ）の仮定を満たす．したがって，逆写像定理で定義される逆写像 $(A \circ \Psi)^{-1} : W_0 \longrightarrow W_2$ は C^∞ 級である．$\Psi^{-1} \circ \Phi = (A \circ \Psi)^{-1} \circ A \circ \Phi$ であり，$A \circ \Phi$, $(A \circ \Psi)^{-1}$ は C^∞ 級だから $\Psi^{-1} \circ \Phi$ は C^∞ 級の写像となる．

ここで，$\Psi^{-1} \circ \Phi$ が C^∞ 級であることは，多様体 M が $\boldsymbol{R}^n$ 内にあることを仮定しなくとも書き表すことのできる命題である．この性質が，解析が行なえることの本質であるという認識が，微分可能多様体の定義を与える契機となった．

3.1 微分可能多様体の定義

定義 3.1.1 M が n 次元（微分可能）多様体であるとは，M がハウスドルフ空間であり，次のような開近傍 U_i（の集合）と U_i から n 次元ユークリッド空間の開集合への同相写像 $\varphi_i : U_i \longrightarrow \varphi_i(U_i) \subset \boldsymbol{R}^n$ （の集合）が存在することである．

- $\bigcup_i U_i = M$,
- $U_i \cap U_j \neq \emptyset$ のとき，

$$\varphi_i \circ ({\varphi_j}^{-1} | \varphi_j(U_i \cap U_j)) : \varphi_j(U_i \cap U_j) \longrightarrow \varphi_i(U_i \cap U_j)$$

が C^∞ 級である．

(U_i, φ_i) を局所座標あるいは座標近傍，その集まり $\{(U_i, \varphi_i)\}$ を局所座標系あるいは座標近傍系，

$$\varphi_i \circ ({\varphi_j}^{-1} | \varphi_j(U_i \cap U_j)) = \varphi_i \circ (\varphi_j | U_i \cap U_j)^{-1} : \varphi_j(U_i \cap U_j) \longrightarrow \varphi_i(U_i \cap U_j)$$

を座標変換と呼ぶ．

注意 3.1.2 $r \geqq 1$ に対して，上の C^∞ を C^r に替えたものが C^r 級多様体の定義

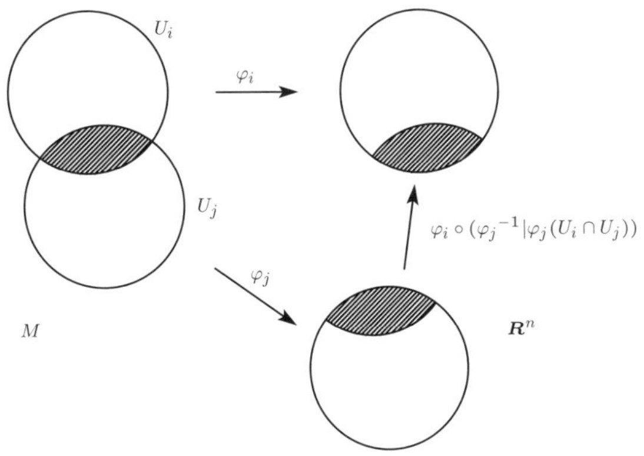

図 3.1 多様体の座標変換．

となる．C^∞ 級の多様体を滑らかな多様体とも呼ぶ．$r=0$ ならば位相多様体の定義 1.1.1（2 ページ）と一致する．一般に多様体というときには C^∞ 級多様体を指す．

注意 3.1.3 通常は，M は上に定義した多様体に対し同値となる次の条件の 1 つを満たすとする（これは M が連結ならば，パラコンパクトと呼ばれる性質とも同値となる．パラコンパクトの定義については [松島] を参照のこと）．

- M は第 2 可算公理を満たす．すなわち，可算個の開集合からなる族があってどのような開集合もその部分族の和集合となる．
- M の稠密な可算部分集合が存在し (可分であり), M は距離付け可能である．
- M は σ コンパクトである．すなわち，M はコンパクト部分集合の可算増大列の和集合である．

本書では多様体は常にこの条件を満たすとする．

【例 3.1.4】 ユークリッド空間内の多様体といってこれまで議論してきたものは，微分可能多様体である．ユークリッド空間は，もちろんハウスドルフ空間であるから，部分空間として，ユークリッド空間内の多様体はハウスドルフ空間である．座標変換が C^∞ 級であることは上に述べたとおりである．また，ユークリッド空間は第 2 可算公理を満たすから，部分空間として，ユークリッド空間内の多様体も第 2 可算公理を満たす．

【例 3.1.5】 例 2.1.7（31 ページ）の 2 次曲面の座標近傍系のとり方の 1 つは次のようにして与えられる．

2 次曲面が座標 $(X_1, \ldots, X_n)$ で $Q = \left\{\displaystyle\sum_{i=1}^{n} \lambda_i X_i^2 = b\right\}$ のように書かれているとするとき，$U_i^\pm = Q \cap \{\pm X_i > 0\}$ として，

$$\varphi_i^\pm(X_1, \ldots, X_n) = (X_1, \ldots, X_{i-1}, X_{i+1}, \ldots, X_n)$$

とする．$\displaystyle\bigcup_{\sigma=\pm}\bigcup_{i=1}^{n} U_i^\sigma = Q$ であり，$\varphi_i^\pm(U_i^\pm)$ の点 $(X_1, \ldots, X_{i-1}, X_{i+1}, \ldots, X_n)$ に対し，$X_i = \pm\sqrt{\dfrac{1}{\lambda_i}(b - \displaystyle\sum_{j\neq i} \lambda_j X_j^2)}$ として，$U_i^\pm$ の点 $(X_1, \ldots, X_{i-1}, X_i, X_{i+1}, \ldots, X_n)$ が対応する．したがって $\varphi_i^\pm$ は同相写像であるが，式の形から，$i, j \in \{1, \ldots, n\}, \sigma, \tau \in \{+, -\}$ に対して，$\varphi_i^\sigma \circ (\varphi_j^\tau)^{-1} : \varphi_j^\tau(U_i^\sigma \cap U_j^\tau) \longrightarrow$

$\varphi_i^\tau(U_i^\sigma \cap U_j^\tau)$ が C^∞ 級であることがわかる．こうして $\{(U_i^\sigma, \varphi_i^\sigma)\}_{i-1,\dots,n;\sigma=\pm}$ が座標近傍系となる．

【例 3.1.6】 n_1 次元多様体 M_1，n_2 次元多様体 M_2 が与えられると，それらの直積空間 (direct product) $M_1 \times M_2$ は自然に $n_1 + n_2$ 次元多様体となる．$n_1 = n_2 = n$ ならば，それらの直和空間 (disjoint union)$M_1 \sqcup M_2$ も n 次元多様体となる．ただし，**直積空間の位相**は M_1, M_2 の開集合 U_1, U_2 の直積 $U_1 \times U_2$ の任意個の和集合を開集合とすることで定まり，**直和空間の位相**は M_1, M_2 の開集合 U_1, U_2 の直和 $U_1 \sqcup U_2$ を開集合とすることで定まる．

3.2 商空間（基礎）

多様体上に 1 つの同値関係を与えたときに，その商空間が多様体になるためには，同値関係が非常に強い条件を満たす必要がある．ユークリッド空間内の多様体から出発しても，商空間はそのユークリッド空間の中に存在するものではない．しかし，重要な多様体には，商空間としての定義が最も自然であるものが多い．

位相空間 X とその上の同値関係 $\sim$ に対し，**商空間** $X/\sim$ **の位相**は，**射影**（プロジェクション，projection）を $p : X \longrightarrow X/\sim$ として，$V \subset X/\sim$ が開集合であることを $p^{-1}(V) \subset X$ が開集合であることとして定義する．その結果，射影 $p : X \longrightarrow X/\sim$ は連続であり，連続写像 $f : X \longrightarrow Y$ が同値類を 1 点に写すとき，誘導される写像 $\underline{f} : X/\sim \longrightarrow Y$ は連続である．

【例 3.2.1】 n を正の整数として，$S^n = \{\boldsymbol{x} \in \boldsymbol{R}^{n+1} \mid \|\boldsymbol{x}\| = 1\}$ とする．これは，ユークリッド空間内の多様体として定義され，多様体である．S^n 上の点 $\boldsymbol{x}$ に対して，$-\boldsymbol{x}$ をその**対蹠**（たいせき）**点**と呼ぶ．$\{\boldsymbol{x}, -\boldsymbol{x}\}$ を同値類とする同値関係を考える．その商空間を $\boldsymbol{R}P^n$ と書く．$\boldsymbol{R}P^n$ は n 次元多様体となる．

S^n の局所座標系 $\{U_i^\pm, \varphi_i^\pm\}_{i=0,\dots,n}$ を例 3.1.5 とは異なる形で，

$$U_i^\pm = \{(x_0, \dots, x_n) \in S^n \subset \boldsymbol{R}^{n+1} \mid \pm x_i > 0\},$$
$$\varphi_i^\pm(x_0, \dots, x_n) = \left(\frac{x_0}{x_i}, \dots, \frac{x_{i-1}}{x_i}, \frac{x_{i+1}}{x_i}, \dots, \frac{x_n}{x_i}\right)$$

と定義する．これは，$U_i^\pm$ 上連続である．逆写像は，

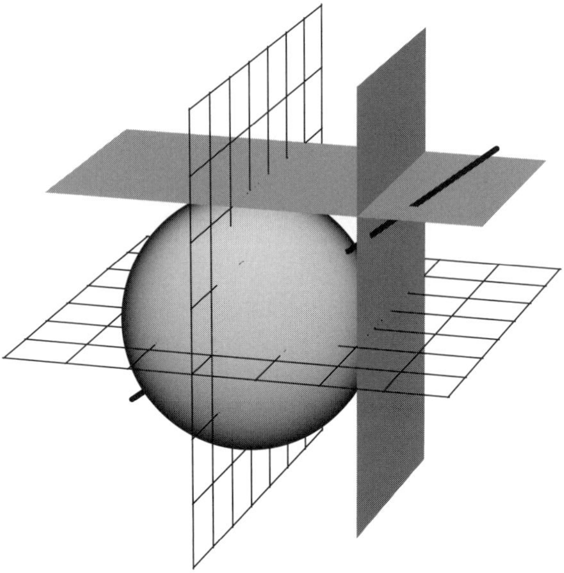

図 **3.2**　例 3.2.1 の $\varphi_i^{\pm}$.

$$\Delta_i = \sqrt{y_0^2 + \cdots + y_{i-1}^2 + y_{i+1}^2 + \cdots + y_n^2 + 1}$$

として,

$$\begin{aligned}&(\varphi_i^{\pm})^{-1}(y_0, \ldots, y_{i-1}, y_{i+1}, \ldots, y_n)\\ &= \left(\pm\frac{y_0}{\Delta_i}, \ldots, \pm\frac{y_{i-1}}{\Delta_i}, \pm\frac{1}{\Delta_i}, \pm\frac{y_{i+1}}{\Delta_i}, \ldots, \pm\frac{y_n}{\Delta_i}\right)\end{aligned}$$

である．これも連続で，$\varphi_i^{\pm}$ は $U_i^{\pm}$ から $\boldsymbol{R}^n$ への同相写像である．

$\tau, \sigma \in \{+, -\}$ として，$\varphi_j^{\tau}(U_i^{\sigma} \cap U_j^{\tau}) \longrightarrow \varphi_i^{\sigma}(U_i^{\sigma} \cap U_j^{\tau})$ は,

$$\begin{aligned}&\{(y_0, \ldots, y_{j-1}, y_{j+1}, \ldots, y_n) \in \boldsymbol{R}^n \mid \sigma\tau y_i > 0\}\\ &\qquad \longrightarrow \{(y_0, \ldots, y_{i-1}, y_{i+1}, \ldots, y_n) \in \boldsymbol{R}^n \mid \sigma\tau y_j > 0\}\end{aligned}$$

という写像で，$i < j$ ならば以下のように計算される（$i > j$ でも同様である）．

$$\begin{aligned}&\varphi_i^{\sigma}((\varphi_j^{\tau})^{-1}(y_0, \ldots, y_{j-1}, y_{j+1}, \ldots, y_n))\\ &= \varphi_i^{\sigma}\left(\tau\frac{y_0}{\Delta_j}, \ldots, \tau\frac{y_{j-1}}{\Delta_j}, \tau\frac{1}{\Delta_j}, \tau\frac{y_{j+1}}{\Delta_j}, \ldots, \tau\frac{y_n}{\Delta_j}\right)\\ &= \left(\frac{y_0}{y_i}, \ldots, \frac{y_{i-1}}{y_i}, \frac{y_{i+1}}{y_i}, \ldots, \frac{y_{j-1}}{y_i}, \frac{1}{y_i}, \frac{y_{j+1}}{y_i}, \ldots, \frac{y_n}{y_i}\right)\end{aligned}$$

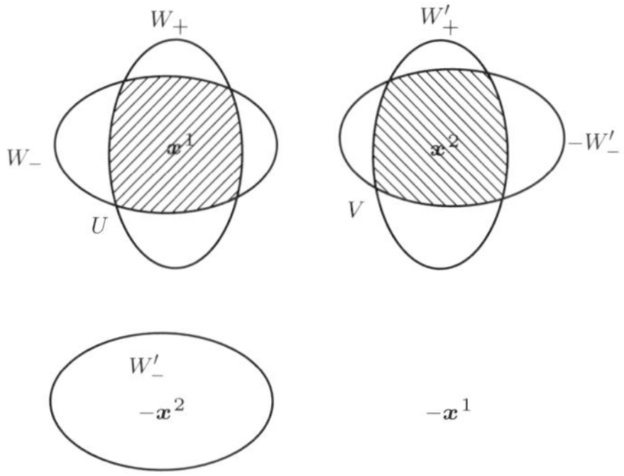

図 **3.3** 例 3.2.1. $\boldsymbol{R}P^n$ のハウスドルフ性.

これは，C^∞ 級の写像である．したがって，S^n は n 次元多様体である．

さて，多様体を定義する写像 $\varphi_i^\pm$ は $\{\boldsymbol{x}, -\boldsymbol{x}\}$ で同じ値を持つ．したがって，$V_i = \{[\boldsymbol{x}] \in \boldsymbol{R}P^n \mid x_i \neq 0\}$ とし，$\varphi_i([\boldsymbol{x}]) = \varphi_i^\pm(\boldsymbol{x})$ とおくと，φ_i は定義され連続である．ここで $[\boldsymbol{x}]$ は $\boldsymbol{x}$ を含む（代表元とする）同値類である．φ_i の逆写像 ${\varphi_i}^{-1}$ については，S^n の点として，$\pm$ を除いて定まるから，$\boldsymbol{R}P^n$ の点として定まる．$\boldsymbol{y}_i = (y_0, \ldots, y_{i-1}, y_{i+1}, \ldots, y_n)$ に対し，${\varphi_i}^{-1}(\boldsymbol{y}_i) = \{(\varphi_i^+)^{-1}(\boldsymbol{y}_i), (\varphi_i^-)^{-1}(\boldsymbol{y}_i)\}$ であり，${\varphi_i}^{-1} = p\circ(\varphi_i^+)^{-1} = p\circ(\varphi_i^-)^{-1}$ であるから，${\varphi_i}^{-1}$ は連続であり，φ_i は同相となる．ただし，$p : S^n \longrightarrow \boldsymbol{R}P^n$ は $p(\boldsymbol{x}) = [\boldsymbol{x}] = \{\boldsymbol{x}, -\boldsymbol{x}\}$ で定義される同値類への射影である．

座標変換 $\varphi_i\circ{\varphi_j}^{-1} : \varphi_j(V_i \cap V_j) \longrightarrow \varphi_i(V_i \cap V_j)$ は，

$$\begin{aligned}&\{(y_0, \ldots, y_{j-1}, y_{j+1}, \ldots, y_n) \in \boldsymbol{R}^n \mid y_i \neq 0\}\\&\qquad \longrightarrow \{(y_0, \ldots, y_{i-1}, y_{i+1}, \ldots, y_n) \in \boldsymbol{R}^n \mid y_j \neq 0\}\end{aligned}$$

という写像で，上と同じ式で定義され，これは C^∞ 級である．

問題は $\boldsymbol{R}P^n$ がハウスドルフ空間かどうかである．商空間はハウスドルフ空間になるとは限らないので，これはチェックが必要である．

ところが，$\boldsymbol{R}P^n$ 上で $[\boldsymbol{x}^1] \neq [\boldsymbol{x}^2]$ とすると，S^n 上で $\boldsymbol{x}^1 \neq \pm\boldsymbol{x}^2$ である．S^n はハウスドルフ空間であるから，$\boldsymbol{x}^1, \boldsymbol{x}^2$ に対し，開集合 W_+, W'_+ で $\boldsymbol{x}^1 \in W_+$，$\boldsymbol{x}^2 \in W'_+$, $W_+ \cap W'_+ = \emptyset$ を満たすものが存在する．また，開集合 W_-, W'_- で $\boldsymbol{x}^1 \in W_-$, $-\boldsymbol{x}^2 \in W'_-$, $W_- \cap W'_- = \emptyset$ を満たすものも存在する．このとき，$U = W_+ \cap W_-$, $V = W'_+ \cap -W'_-$ を考えると，$\boldsymbol{x}_1 \in U$, $\boldsymbol{x}_2 \in V$ であ

るから，$[\boldsymbol{x}_1] \in [U]$, $[\boldsymbol{x}_2] \in [V]$ である．ここで，部分集合 $A \subset S^n$ に対し，$-A = \{-\boldsymbol{x} \mid \boldsymbol{x} \in A\}$ としている．図 3.3 参照．$p^{-1}([U]) = U \cup -U$ だから $[U]$ は $\boldsymbol{R}P^n$ の開集合であり，同様に，$p^{-1}([V]) = V \cup -V$ だから $[V]$ も $\boldsymbol{R}P^n$ の開集合である．

$$U \cap V \subset W_+ \cap W'_+ = \emptyset, \quad U \cap -V \subset W_- \cap W'_- = \emptyset,$$
$$-U \cap V = -(U \cap -V) = \emptyset, \quad -U \cap -V = -(U \cap V) = \emptyset$$

となるから，$p^{-1}([U] \cap [V]) = (U \cup -U) \cap (V \cup -V) = \emptyset$，したがって，$[U] \cap [V] = \emptyset$ で $\boldsymbol{R}P^n$ はハウスドルフ空間となる．

上の例の面白いところは $\boldsymbol{x} \in S^n$ に対して，対蹠点 $-\boldsymbol{x}$ を対応させる写像 F は連続で，$F \circ F = \mathrm{id}_{S^n}$ を満たすことである．id_{S^n} は S^n の恒等写像である．したがって F の逆写像は F 自身で，F は S^n の同相写像である．$\{\mathrm{id}_{S^n}, F\}$ は写像の結合について群をなし，$\boldsymbol{Z}/2\boldsymbol{Z}$ と同型である．群については，例えば [桂] 参照．

3.3 変換群

一般に位相空間 X の同相写像の集合 $G = \{f_i \mid i \in I\}$ が，写像の結合，逆写像をとる操作について閉じているときに，G を**位相空間 X の変換群**という．群の構造だけをとり出した群を $\underline{G}$ とするとき，**群 $\underline{G}$ が位相空間 X に作用する**という．S^n の $\{\mathrm{id}_{S^n}, F\}$ の場合，この言い方では，$\boldsymbol{Z}/2\boldsymbol{Z}$ が S^n に作用しているということである．

位相空間 X の変換群 $G = \{f_i \mid i \in I\}$ に対し，X 上の同値関係を，$x, y \in X$ に対し，

$$x \sim y \iff G \text{ のある元 } f_i \text{ に対し，} f_i(x) = y$$

となることと定義する．G が群をなすことから同値関係であることが確かめられる．この同値類の集合を X/G と書く．$\boldsymbol{R}P^n = S^n/\{\mathrm{id}_{S^n}, F\}$ となる．$\boldsymbol{R}P^n$ がハウスドルフ空間となったことは，ハウスドルフ空間の**有限変換群** F について X/F はハウスドルフ空間となる，と一般化することができる．

定理 3.3.1 ハウスドルフ空間の有限変換群 F について X/F はハウスドルフ空間となる．

証明 $F=\{f_1=\mathrm{id}_X, f_2, \dots, f_n\}$ とする．$[x]\neq[y]\in X/F$，すなわち，

$$\{f_i(x) \mid f_i\in F\}\cap\{f_i(y) \mid f_i\in F\}=\emptyset$$

とする．$x=f_1(x)$ と $f_i(y)$ に対し，開集合 U_i, V_i で，$x\in U_i$, $f_i(y)\in V_i$, $U_i\cap V_i=\emptyset$ を満たすものが存在する．有限個の開集合の共通部分 $U=\bigcap_i U_i$ は x の開近傍，また，f_i は同相写像であるから，${f_i}^{-1}(V_i)$ は y の開近傍で有限個の開集合の共通部分 $V=\bigcap_i {f_i}^{-1}(V_i)$ は y の開近傍となる．$f_i(U)\cap f_j(V)$ に対し，${f_i}^{-1}(f_i(U)\cap f_j(V))=U\cap({f_i}^{-1}\circ f_j)(V)$ であるが，${f_i}^{-1}\circ f_j=f_k$ とすると，$({f_i}^{-1}\circ f_j)(V)=f_k(V)\subset V_k, U\subset U_k$ だから，${f_i}^{-1}(f_i(U)\cap f_j(V))\subset U_k\cap V_k=\emptyset$. さて，$p: X\longrightarrow X/F$ を射影とすると $p^{-1}(p(U))=\bigcup_i f_i(U)$ だから，$p(U)$ は $[x]$ を含む開集合である．同様に，$p^{-1}(p(V))=\bigcup_j f_j(V)$ だから，$p(V)$ は $[y]$ を含む開集合である．

$$p^{-1}(p(U)\cap p(V))=\Big(\bigcup_i f_i(U)\Big)\cap\Big(\bigcup_j f_j(V)\Big)=\emptyset$$

だから，$p(U)\cap p(V)=\emptyset$ である． ■

ハウスドルフ空間 X の無限変換群 G に対しては，通常は，X/G はハウスドルフ空間にはならない．

【例題 3.3.2】 xy 平面 $\boldsymbol{R}^2$ から原点を除いた位相空間を Z とする．Z の x 軸に平行な直線の連結成分のなす空間を Y とする．

Y の各点 y に対し，開区間と同相な近傍が存在することを示せ．また，位相空間 Y はハウスドルフ空間ではないことを示せ．

【解】 Y には商位相が入っている．$p_Y: Z\longrightarrow Y$ を射影として，商空間に入っている位相は次のようなものである．射影は連続だから，連続写像 $\boldsymbol{R}\longrightarrow Z$ と射影を結合したものは連続である．$Z\longrightarrow\boldsymbol{R}$ が連続写像で，同値類の元を同じ点に写すものは商空間からの連続写像になる．以下は，図に描いて説明するとほとんど自明なことであるが，念のために証明する．

$p: Z\longrightarrow\boldsymbol{R}$ を $p(x,y)=y$ により定義する．p は連続写像であり，同値類の元を同じ点に写すから，連続写像 $\underline{p}: Y\longrightarrow\boldsymbol{R}$ を引き起こす．$f_\pm(y)=(\pm1,y)$ により，写像 $f_\pm:\boldsymbol{R}\longrightarrow Z$ を定義する．連続写像 $p_Y\circ f_\pm:\boldsymbol{R}\longrightarrow Y$ に対して，

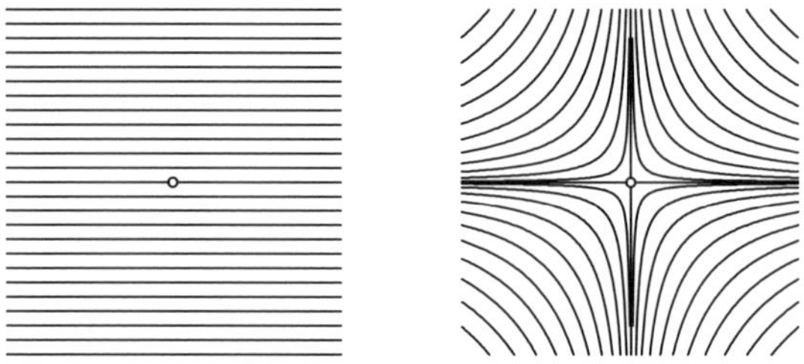

図 **3.4**　例題 3.3.2（左），問題 3.3.3（右）．

$Y_\pm = (p_Y \circ f_\pm)(\boldsymbol{R})$ とおくと，$(p_Y \circ f_\pm) \circ (\underline{p}|Y_\pm) = \mathrm{id}_{Y_\pm}$, $(\underline{p}|Y_\pm) \circ (p_Y \circ f_\pm) = \mathrm{id}_{\boldsymbol{R}}$ だから $Y_\pm$ は $\boldsymbol{R}$ と同相である．したがって，Y の各点 y に対し，開区間と同相な近傍（Y_+ または Y_-）が存在する．

$y_- = p_Y(\{(x,0) \mid x < 0\})$, $y_+ = p_Y(\{(x,0) \mid x > 0\})$ とすると，$y_\pm \in Y_\pm$ となるが，$y_\pm$ の近傍 $V_\pm$ に対して，$V_\pm \cap Y_\pm$ も $y_\pm$ の近傍である．同相写像 $\underline{p}|Y_\pm : Y_\pm \longrightarrow \boldsymbol{R}$ で写した $(\underline{p}|Y_\pm)(V_\pm \cap Y_\pm)$ は $0 \in \boldsymbol{R}$ の近傍で，$0 \in U \subset (\underline{p}|Y_+)(V_+) \cap (\underline{p}|Y_-)(V_-)$ をとれば，$x \in U \setminus \{0\}$ に対して，$f_+(x)$, $f_-(x)$ は，同値な点であり，

$$(V_+ \cap Y_+) \cap (V_- \cap Y_-) \supset (p_Y \circ f_\pm)(U \setminus \{0\}) \neq \emptyset$$

となる．

この例題の空間 Y は 2 直線 $\{-1,1\} \times \boldsymbol{R}$ の商空間と見ることができる．$\{(\pm 1, y)\}$ を $y \neq 0$ ならば同値とするものである．同値類は 1 点または 2 点からなるが，群作用による同値関係ではない．

【問題 3.3.3】　$Z = \boldsymbol{R}^2 \setminus \{(0,0)\}$ 上の関数 $f(x,y) = xy$ の等位線の連結成分のなす空間を X とする．X の各点 x に対し，開区間と同相な近傍が存在することを示せ．また，位相空間 X はハウスドルフ空間ではないことを示せ．解答例は 67 ページ．

【問題 3.3.4】　xy 平面 $\boldsymbol{R}^2$ から原点を除いた位相空間を Z とする．$a > 1$ とし，$A = \begin{pmatrix} a & 0 \\ 0 & a^{-1} \end{pmatrix}$ とおく．$\boldsymbol{z}_1, \boldsymbol{z}_2 \in \boldsymbol{R}^2$ が同値であることをある整数 n に対し，$A^n \boldsymbol{z}_1 = \boldsymbol{z}_2$ とする（これは同値関係になる）．S をこの同値関係で定義される商空間とすると，S の各点に対し，$\boldsymbol{R}^2$ と同相な近傍が存在することを示せ．また，位相空間 S はハウスドルフ空間ではないことを示せ．解答例は 68 ページ．

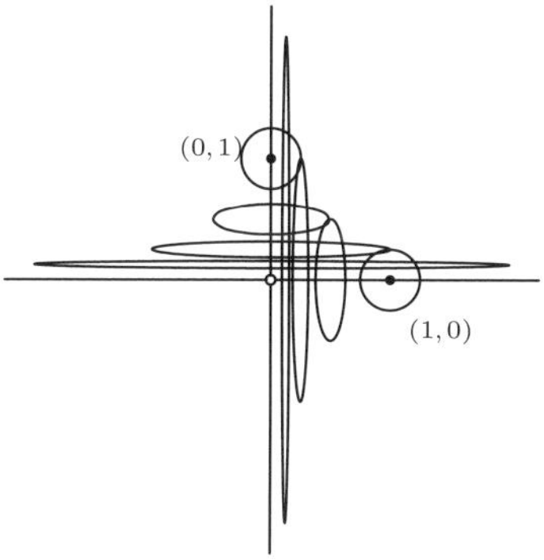

図 **3.5** 問題 3.3.4 の分離されない点の近傍の交わり．

【例 **3.3.5**】 実数直線 $\boldsymbol{R}$ 上の同値関係 $\sim$ を，「$x_1,\,x_2 \in \boldsymbol{R}$ が同値 $x_1 \sim x_2$ とは，$x_1 - x_2 \in \boldsymbol{Z}$ となること」と定義する．$\boldsymbol{R}/\!\sim$ は円周 S^1 ($\subset \boldsymbol{R}^2$) と同相な多様体となる．

まず，$\boldsymbol{R}/\!\sim$ が円周 S^1 と同相であることを示す．射影を $p:\boldsymbol{R}\longrightarrow \boldsymbol{R}/\!\sim$ とする．$p([0,1]) = \boldsymbol{R}/\!\sim$ であるから，$\boldsymbol{R}/\!\sim$ はコンパクト集合の連続写像による像としてコンパクトになる．$h:\boldsymbol{R}\longrightarrow S^1$ を $h(x) = (\cos 2\pi x, \sin 2\pi x)$ と定義する．h は連続で，整数 n に対し $h(x+n) = h(x)$ であるから，連続写像 $\underline{h}:\boldsymbol{R}/\!\sim\,\longrightarrow S^1$ が定義される．$\boldsymbol{z} \in S^1 \subset \boldsymbol{R}^2$ に対し，$\boldsymbol{z} = (\cos 2\pi x, \sin 2\pi x)$ を満たす x の同値類は一意的に定まる．したがって，$\underline{h}$ は単射である．このとき，「コンパクト空間 X からハウスドルフ空間 Y への連続な全単射 h は同相写像である」（54 ページ参照）から，$\underline{h}$ は同相写像である．

これにより，$\boldsymbol{R}/\!\sim$ がハウスドルフ空間であることがわかる．

座標近傍系を定義するために，$x \in \boldsymbol{R}$ が代表する点 $[x] \in \boldsymbol{R}/\!\sim$ に対し，区間 $I_x = \left(x - \dfrac{1}{4}, x + \dfrac{1}{4}\right)$ を考える．$p(I_x)$ 上の点 $[y]$ に対し，$[y]$ を代表する I_x の点を対応させる写像を s_x とする．1 つの同値類と I_x は高々 1 点で交わるから，s_x は定義される．I_x の開集合 U に対し，U は $\boldsymbol{R}$ の開集合で，$p^{-1}({s_x}^{-1}(U)) = \displaystyle\bigcup_{n\in\boldsymbol{Z}}\{x+n \mid x \in U\}$ は開集合だから，s_x は連続である．$(p|I_x)\circ s_x = \mathrm{id}_{p(I_x)}$, $s_x\circ(p|I_x) = \mathrm{id}_{I_x}$ だから，s_x は $p(I_x)$ から $I_x \subset \boldsymbol{R}$ への同相写像である．

$\{(p(I_x), s_x)\}_{x\in\boldsymbol{R}}$ が，座標近傍系となることを確かめることができる．$p(I_{x_1}) \cap p(I_{x_2}) \neq \emptyset$ とする．$y_1 \in I_{x_1}$, $y_2 \in I_{x_2}$ が $p(y_1) = p(y_2)$ を満た

せば，$y_1 - y_2 = n(y_1, y_2) \in \boldsymbol{Z}$ である．$p(y'_1) = p(y'_2)$ を満たす $y'_1 \in I_{x_1}$, $y'_2 \in I_{x_2}$ に対し，$|y_1 - y'_1| < \dfrac{1}{2}$, $|y_2 - y'_2| < \dfrac{1}{2}$ だから，

$$n(y_1, y_2) - 1 < n(y'_1, y'_2) < n(y_1, y_2) + 1$$

となり，$n(y'_1, y'_2) = n(y_1, y_2)$ がわかる．したがって，この整数 n により，

$$s_{x_1} \circ {s_{x_2}}^{-1} : s_{x_2}(p(I_{x_1}) \cap p(I_{x_2})) \longrightarrow s_{x_1}(p(I_{x_1}) \cap p(I_{x_2}))$$

は，$s_{x_1} \circ {s_{x_2}}^{-1}(y) = y + n$ となり，これは C^∞ 級である．

ここでは，$x_2 - x_1 \in \boldsymbol{Z}$ ならば $\boldsymbol{R}/\sim$ の座標近傍 $(p(I_{x_1}), s_{x_1})$, $(p(I_{x_2}), s_{x_2})$ について，$p(I_{x_1}) = p(I_{x_2})$ である．このように，同じ近傍に対し，座標関数がたくさんあってもよい．

こうして $\boldsymbol{R}/\sim$ は微分可能多様体の構造を持つことがわかった．座標関数 s_x は $\boldsymbol{R} \longrightarrow \boldsymbol{R}/\sim$ の性質から自然に定まるもので，自然な微分可能多様体の構造と考えてよいであろう．

同値関係は整数のなす加法群 $\boldsymbol{Z}$ の標準的な作用によるものと理解できるので円周を $\boldsymbol{R}/\boldsymbol{Z}$ と表記することも多い．

念のため，「コンパクト空間 X からハウスドルフ空間 Y への連続な全単射 h は同相写像である」ことを示す．開集合 U の像 $h(U)$ が開集合であることをいえばよいが，$X \setminus U$ は閉集合で，X はコンパクトだから，$X \setminus U$ はコンパクト集合である．したがって連続写像による像 $h(X \setminus U)$ はコンパクト集合である．Y はハウスドルフ集合だから，コンパクト集合は閉集合であるが，h は全単射であるから，$h(X \setminus U) = Y - h(U)$ となり，$Y - h(U)$ が閉集合であることから，$h(U)$ は開集合となる．

$\boldsymbol{R}/\sim$ がハウスドルフ空間であることを "直接" 示すのは，やや面倒である．比較的うまい示し方は，$\boldsymbol{R}/\sim$ の 2 点 $[x]$, $[y]$ $([x] \neq [y])$ に対し，$\boldsymbol{R}/\sim$ 上の実数値連続関数 f で，$f([x]) \neq f([y])$ となるものをつくることである．

これは，ハウスドルフという性質が「任意の 2 点が**開集合で分離される**」といわれるのに対し，「任意の 2 点が**関数で分離される**」という性質である．$\left\{[z] \;\middle|\; f([z]) < \dfrac{f([x]) + f([y])}{2}\right\}$, $\left\{[z] \;\middle|\; f([z]) > \dfrac{f([x]) + f([y])}{2}\right\}$ が 2 点を分離する開集合となる．

$\boldsymbol{R}/\sim$ の点 $[x]$ に対し，$d_{[x]}([y]) = \min\{|y - x + n| \mid n \in \boldsymbol{Z}\}$ と定義す

る．$\boldsymbol{R}$ 上で $\min\{|y+n| \mid n \in \boldsymbol{Z}\}$ は整数上で 0，整数 $+\frac{1}{2}$ 上で $\frac{1}{2}$ をとる折れ線をグラフに持ち連続な関数である．したがって，それを平行移動した $\min\{|y-x+n| \mid n \in \boldsymbol{Z}\}$ も x を固定すると y についての連続関数で，y の同値類上で同じ値を持つから，$d_{[x]} : \boldsymbol{R}/\!\sim\ \longrightarrow \boldsymbol{R}$ は連続関数として定義される．$d_{[x]}([y]) = 0 \iff [x] = [y]$ だから，$\boldsymbol{R}/\!\sim$ の 2 点 $[x], [y]$ ($[x] \neq [y]$) に対し，$d_{[x]}([y]) \neq d_{[x]}([x])$ となる（もちろん関数 $f_{[x]}([y]) = \cos(2\pi(x-y))$ を使ってもよい）．

このような考え方で例 3.2.1 で扱った $\boldsymbol{RP}^n$ を考え直すことができる．

【例題 3.3.6】 $\boldsymbol{R}^{n+1} \setminus \{0\}$ 上の同値関係 $\sim$ を

$$\boldsymbol{x}_1 \sim \boldsymbol{x}_2 \iff \lambda \boldsymbol{x}_1 = \boldsymbol{x}_2 \text{ となる } \lambda \in \boldsymbol{R}^\times = \boldsymbol{R} \setminus \{0\} \text{ が存在する}$$

で定義する．

(1) $(\boldsymbol{R}^{n+1} \setminus \{0\})/\!\sim$ はハウスドルフ空間であることを示せ．

(2) $(\boldsymbol{R}^{n+1} \setminus \{0\})/\!\sim$ は多様体であることを示せ．

【解】 (1) $[\boldsymbol{x}_1] \neq [\boldsymbol{x}_2]$ のときに，この 2 点が関数で分離されることを示す．$\boldsymbol{R}^{n+1} \setminus \{0\}$ 上の連続関数 $f^{[\boldsymbol{x}_1]}$ を $f^{[\boldsymbol{x}_1]}(\boldsymbol{x}_2) = \dfrac{|\boldsymbol{x}_1 \bullet \boldsymbol{x}_2|}{\|\boldsymbol{x}_1\|\,\|\boldsymbol{x}_2\|}$ とおく．$f^{[\boldsymbol{x}_1]}$ は $[\boldsymbol{x}_1]$ の代表元 $\boldsymbol{x}_1$ のとり方によらない．また，$f^{[\boldsymbol{x}_1]}$ は $\boldsymbol{x}_2$ の同値類上同じ値となるから，連続関数 $\underline{f}^{[\boldsymbol{x}_1]} : (\boldsymbol{R}^{n+1} \setminus \{0\})/\!\sim\ \longrightarrow \boldsymbol{R}$ を定義する．

コーシー・シュワルツの不等式 $|\boldsymbol{x}_1 \bullet \boldsymbol{x}_2| \leqq \|\boldsymbol{x}_1\|\,\|\boldsymbol{x}_2\|$ により，$\underline{f}^{[\boldsymbol{x}_1]}([\boldsymbol{x}_2]) \leqq 1$ であるが，コーシー・シュワルツの不等式において等号が成り立つときには，$\boldsymbol{x}_1 = \lambda \boldsymbol{x}_2$ となる $\lambda \in \boldsymbol{R}^\times$ が存在するから，$\underline{f}^{[\boldsymbol{x}_1]}([\boldsymbol{x}_2]) = 1$ ならば $[\boldsymbol{x}_2] = [\boldsymbol{x}_1]$ である．したがって，$[\boldsymbol{x}_1] \neq [\boldsymbol{x}_2]$ のときに，この 2 点は連続関数 $\underline{f}^{[\boldsymbol{x}_1]}$ で分離される．

(2) $V_i = \{[\boldsymbol{x}] \in (\boldsymbol{R}^{n+1} \setminus \{0\})/\!\sim\ \mid x_i \neq 0\}$ とし，

$$\varphi_i([x_0, \ldots, x_n]) = \left(\frac{x_0}{x_i}, \ldots, \frac{x_{i-1}}{x_i}, \frac{x_{i+1}}{x_i}, \ldots, \frac{x_n}{x_i}\right)$$

とする．上式の右辺は，$\{\boldsymbol{x} \in \boldsymbol{R}^{n+1} \mid x_i \neq 0\}$ からの連続写像で，同値類上で同じ値を持つから，V_i 上の連続写像となる．$\iota_i : \boldsymbol{R}^n \longrightarrow \boldsymbol{R}^{n+1} \setminus \{0\}$ を，

$$\iota_i(x_0, \ldots, x_{i-1}, x_{i+1}, \ldots, x_n) = (x_0, \ldots, x_{i-1}, 1, x_{i+1}, \ldots, x_n)$$

と定義すると，$\varphi_i \circ (p \circ \iota_i) = \mathrm{id}_{\boldsymbol{R}^n}$, $(p \circ \iota_i) \circ \varphi_i = \mathrm{id}_{V_i}$ となるから，φ_i は同相写像である．

座標変換 $\varphi_i \circ {\varphi_j}^{-1} : \varphi_j(V_i \cap V_j) \longrightarrow \varphi_i(V_i \cap V_j)$ は,

$$\{(y_0, \dots, y_{j-1}, y_{j+1}, \dots, y_n) \in \boldsymbol{R}^n \mid y_i \neq 0\} \longrightarrow \{(y_0, \dots, y_{i-1}, y_{i+1}, \dots, y_n) \in \boldsymbol{R}^n \mid y_j \neq 0\}$$

という写像で $i < j$ ならば以下のように計算される（$i > j$ でも同様である）.

$$(\varphi_i \circ {\varphi_j}^{-1})(y_0, \dots, y_{j-1}, y_{j+1}, \dots, y_n) = \Big(\frac{y_0}{y_i}, \dots, \frac{y_{i-1}}{y_i}, \frac{y_{i+1}}{y_i}, \dots, \frac{y_{j-1}}{y_i}, \frac{1}{y_i}, \frac{y_{j+1}}{y_i}, \dots, \frac{y_n}{y_i}\Big)$$

これは，C^∞ 級の写像である．したがって，$(\boldsymbol{R}^{n+1} \setminus \{0\})/\!\sim$ は n 次元多様体である．

これは例 3.2.1 ですでに現れた $\boldsymbol{R}P^n = S^n/\{\pm 1\}$ と同じ多様体である．座標変換の形がわかりやすいのでこちらが通常の定義として使われる．$\boldsymbol{R}$ の乗法群 $\boldsymbol{R}^\times$ の作用による商空間として，$\boldsymbol{R}P^n = (\boldsymbol{R}^{n+1} \setminus \{0\})/\boldsymbol{R}^\times$ というように書くこともある．$\boldsymbol{R}P^n$ は n **次元実射影空間**と呼ばれる．$\boldsymbol{R}^n$ の $n-1$ 次元超平面とそれに含まれない直線は 1 点で交わるか平行であるが，$\boldsymbol{R}^n$ を $V_0 \subset \boldsymbol{R}P^n$ と同一視すると $\boldsymbol{R}P^n$ 内では必ず 1 点で交わることになる．

【問題 3.3.7】　$\boldsymbol{C}^{n+1} \setminus \{0\}$ 上の同値関係 $\sim$ を

$$\boldsymbol{x}_1 \sim \boldsymbol{x}_2 \Longleftrightarrow \lambda \boldsymbol{x}_1 = \boldsymbol{x}_2 \text{となる } \lambda \in \boldsymbol{C}^\times \text{ が存在する}$$

で定義する．

(1)　$(\boldsymbol{C}^{n+1} \setminus \{0\})/\!\sim$ はハウスドルフ空間であることを示せ．

(2)　$(\boldsymbol{C}^{n+1} \setminus \{0\})/\!\sim$ は実 $2n$ 次元多様体であることを示せ．

解答例は 68 ページ．

これは $\boldsymbol{C}P^n$ と書かれる複素 n 次元（実 $2n$ 次元）多様体で，n **次元複素射影空間**と呼ばれる．$\boldsymbol{C}P^n = (\boldsymbol{C}^{n+1} \setminus \{0\})/\boldsymbol{C}^\times$ のように書くこともある．

3.4　C^r 級多様体の間の C^s 級写像，微分同相写像

1.2 節（6 ページ）でユークリッド空間の間の写像が C^r 級であることを定義した．その定義には，座標の概念が必要であった．多様体には，全体の座標は定義されていないが，局所的な座標が定義されている．これを用いて C^r 級多様体の間の C^s 級の写像 $(s \leqq r)$ を考えることができる．

定義 3.4.1 C^r 級多様体 M_1, M_2 を考える．$s \leqq r$ に対し，写像 $F: M_1 \longrightarrow M_2$ が C^s 級であるとは，$F(x) \in M_2$ のまわりの座標近傍 (V, ψ), $F^{-1}(V)$ に含まれる $x \in M_1$ のまわりの座標近傍 (U, φ) に対して，$\psi \circ F \circ \varphi^{-1} : \varphi(U) \longrightarrow \psi(V)$ が C^s 級となることである．

$\psi \circ F \circ \varphi^{-1}$ が C^s 級ならば，$F(x) \in M_2$ のまわりの座標近傍を (V_1, ψ_1), $F^{-1}(V_1)$ に含まれる $x \in M_1$ のまわりの座標近傍を (U_1, φ_1) にとり替えても，${\psi_1} \circ F \circ {\varphi_1}^{-1} : \varphi_1(U_1 \cap U) \longrightarrow \psi_1(V_1)$ は，

$$\begin{aligned} \psi_1 \circ F \circ {\varphi_1}^{-1} &= \psi_1 \circ (\psi^{-1} \circ \psi) \circ F \circ (\varphi^{-1} \circ \varphi) \circ {\varphi_1}^{-1} \\ &= (\psi_1 \circ \psi^{-1}) \circ (\psi \circ F \circ \varphi^{-1}) \circ (\varphi \circ {\varphi_1}^{-1}) \end{aligned}$$

のように計算され，C^r 級，C^s 級，C^r 級の写像の合成となるから，C^s 級となる（例題 1.2.9（12 ページ）参照）．したがって，上の定義は，そのような U, V が存在するとしても，任意の U, V に対して成立するとしても同値である．

位相空間を比較するときには，連続写像を用いる．同相な 2 つの位相空間は，連続写像に対して同じ性質を持つ．

C^∞ 級多様体を比較するときには，C^∞ 級写像を用いるのが自然である．

定義 3.4.2 C^∞ 級写像 $F_1: M_1 \longrightarrow M_2$, $F_2 : M_2 \longrightarrow M_1$ で $F_1 \circ F_2 = \mathrm{id}_{M_2}$, $F_2 \circ F_1 = \mathrm{id}_{M_1}$ が成立するときに，F_1 (F_2) を（C^∞ 級）**微分同相**（**写像**）と呼ぶ．

C^s 級微分同相写像も同様に定義される．C^r 級微分同相な 2 つの多様体は，C^s 級写像 $(s \leqq r)$ に対して同じ性質を持つ．

【例 3.4.3】 (1) $F(\theta) = (\cos 2\pi\theta, \sin 2\pi\theta)$ で定義される $F: \boldsymbol{R}/\boldsymbol{Z} \longrightarrow S^1$ は微分同相写像である．

(2) 例 2.1.1（23 ページ）で扱った

$$\boldsymbol{R}^2/(2\pi\boldsymbol{Z})^2 \longrightarrow \{(x, y, z) \in \boldsymbol{R}^3 \mid z^2 + (\sqrt{x^2 + y^2} - 2)^2 - 1 = 0\}$$

は微分同相写像である．

【問題 3.4.4】 複素射影直線 $\boldsymbol{C}P^1 = (\boldsymbol{C}^2 \setminus \{0\})/\boldsymbol{C}^\times$ と，（2 次元）球面 $S^2 = \{(x_1, x_2, x_3) \in \boldsymbol{R}^3 \mid {x_1}^2 + {x_2}^2 + {x_3}^2 = 1\}$ は微分同相であることを示

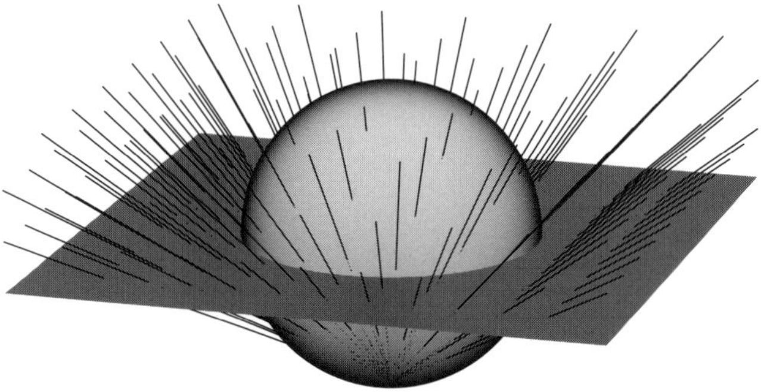

図 **3.6** 問題 3.4.4 のステレオグラフ射影 p_-.

せ.

ヒント：S^2 について，$(0,0,1)$ からのステレオグラフ射影 (stereographic projection) p_+ および $(0,0,-1)$ からのステレオグラフ射影 p_- により，座標近傍系を定義し，問題 3.3.7 の $\boldsymbol{C}P^1$ の座標近傍系と比較する．ただし，$p_\pm : S^2 \setminus \{(0,0,\pm1)\} \longrightarrow \boldsymbol{R}^2 = \boldsymbol{R}^2 \times \{0\}$ は $(0,0,\pm1)$, $\boldsymbol{x}$, $(p_\pm(\boldsymbol{x}),0)$ が同一直線上にあることにより定義される．解答例は 69 ページ.
(*)　（暇なときに考える問題）ステレオグラフ射影は S^2 上の円を $\boldsymbol{R}^2$ の円または直線に写すことを示せ.

【問題 3.4.5】　次の写像 $F : \boldsymbol{R}^4 \longrightarrow \boldsymbol{R}^{3\times3}$ を考える.

$$\begin{pmatrix} x_1 \\ x_2 \\ x_3 \\ x_4 \end{pmatrix} \longmapsto \begin{pmatrix} x_1^2+x_2^2-x_3^2-x_4^2 & 2(x_2x_3-x_1x_4) & 2(x_1x_3+x_2x_4) \\ 2(x_2x_3+x_1x_4) & x_1^2-x_2^2+x_3^2-x_4^2 & 2(-x_1x_2+x_3x_4) \\ 2(-x_1x_3+x_2x_4) & 2(x_1x_2+x_3x_4) & x_1^2-x_2^2-x_3^2+x_4^2 \end{pmatrix}$$

$\boldsymbol{x} \neq 0$ において DF のランクは 4 であることを示せ．また，$S^3 = \{\boldsymbol{x} \in \boldsymbol{R}^4 \mid \|\boldsymbol{x}\| = 1\}$ に対して $F(S^3) = SO(3)$ を示せ．ここで $SO(3)$ は 3 次特殊直交群である．さらに，$F(\boldsymbol{x}) = F(-\boldsymbol{x})$ だから，F は $\underline{F} : \boldsymbol{R}P^3 \longrightarrow SO(3)$ を引き起こすが，$\underline{F}$ は微分同相写像であることを示せ．解答例は 70 ページ.

注意 3.4.6　上の問題 3.4.5 は，そのままでは少し難問である．この問題の背景は次のようなものである．ハミルトンの 4 元数 $q = x_1 + x_2\mathbf{i} + x_3\mathbf{j} + x_4\mathbf{k}$ ($\mathbf{i}^2 = \mathbf{j}^2 = -1$, $\mathbf{k} = \mathbf{ij} = -\mathbf{ji}$) に対し，$\overline{q} = x_1 - x_2\mathbf{i} - x_3\mathbf{j} - x_4\mathbf{k}$ とおくと，$q\overline{q} = \|\boldsymbol{x}\|^2$ となる．し

たがって，$S^3 = \{q \mid q\overline{q} = 1\}$ は，（非可換な）乗法群をなす．$y = y_2\mathbf{i} + y_3\mathbf{j} + y_4\mathbf{k}$ に対し，$\overline{q_1 q_2} = \overline{q_2}\,\overline{q_1}$ だから，$\overline{qy\overline{q}} = q\overline{y}\,\overline{q} = -qy\overline{q}$ である．よって，$y \longmapsto qy\overline{q}$ は $S^2 = \{y_2\mathbf{i} + y_3\mathbf{j} + y_4\mathbf{k} \mid y_2^2 + y_3^2 + y_4^2 = 1\}$ を線形に S^2 に写す．したがって，$y \longmapsto qy\overline{q}$ は 3 次直交群 $O(3)$ の元を定めるが，それを計算したものが問題 3.4.5 の F である．F は群の準同型であり，$SO(3)$ への全射であることは，$F(\cos\theta + \sin\theta\mathbf{i})$, $F(\cos\theta + \sin\theta\mathbf{j})$, $F(\cos\theta + \sin\theta\mathbf{k})$ が各座標軸のまわりの角度 2θ の回転となることからわかる．このことから $D(F|S^3)$ のランクが 3 であることもわかる．また 2 対 1 の写像であることは，$q \in S^3$ に対し，任意の $y \in S^2$ に対し $qy\overline{q} = y$ ならば，$qy = yq$ であり，y として，$\mathbf{i}, \mathbf{j}, \mathbf{k}$ をとれば，$q = x_1 + x_2\mathbf{i} + x_3\mathbf{j} + x_4\mathbf{k}$ について $x_2 = x_3 = x_4 = 0$ を得て $q = \pm 1$ となる．

C^r 級多様体 M の自分自身への微分同相写像を考える．

【例 3.4.7】 (1) n 次元球面 S^n の対蹠点写像 $\boldsymbol{x} \longmapsto -\boldsymbol{x}$ は，微分同相写像である．

(2) 実数直線 $\boldsymbol{R}$ あるいは n 次元ユークリッド空間 $\boldsymbol{R}^n$ の平行移動は，微分同相写像である．

(3) 線形写像 $A : \boldsymbol{R}^n \longrightarrow \boldsymbol{R}^n$ は $\det A \neq 0$ ならば，微分同相写像である．

C^∞ 級多様体 M の C^∞ 級微分同相写像の集合 $G = \{f_i\}_{i \in I}$ が，写像の結合，逆写像をとる操作について閉じているときに，G を多様体 M の **C^∞ 級変換群**という．群の構造だけをとり出した群を $\underline{G}$ とするとき，群 $\underline{G}$ が多様体 M に **C^∞ 級に**，あるいは**滑らかに作用**するという．

群 G の**作用**は写像 $G \times M \longrightarrow M$ で，$(g, x) \longmapsto g \cdot x$ と書くとき，$x \longmapsto g \cdot x$ は C^∞ 級写像で，$1 \cdot x = x$, $(g_1 g_2) \cdot x = g_1 \cdot (g_2 \cdot x)$ を満たすものと定義することもできる．$x \longmapsto g \cdot x$ の逆写像は，$x \longmapsto g^{-1} \cdot x$ であり，$x \longmapsto g \cdot x$ は微分同相写像となる（$K = \{g \in G \mid \forall x \in M,\ g \cdot x = x\}$ として，K が単位元のみからなるときに作用は**効果的**であるという．一般には G の作用は効果的でないこともあり得る．K は G の正規部分群で，商の群 G/K が，上に挙げた X の変換群の $\underline{G}$ にあたる）．

多様体 M の変換群 $G = \{f_i\}$ に対して，商空間 M/G が考えられるが，M の各点 x に対し，x の近傍 U で，$\{f_i(U)\}_{i \in I}$ が交わらない，すなわち，$f_i(U) \cap f_j(U) \neq \emptyset$ ならば $f_i = f_j$ となるという性質があると，M/G の各点 y

に対し，y のまわりの座標近傍 V，同相写像 $\psi: V \longrightarrow \psi(V) \subset \boldsymbol{R}^n$ が存在する．さらに，座標変換も C^∞ 級となる．

実際，y の代表元 x に対して，$\{f_i(U)\}_{i\in I}$ が交わらない近傍 U をとる．U に含まれる x の座標近傍と U を置き換えて，(U,φ) を座標近傍とする．$p: M \longrightarrow M/G$ を射影として，$V = p(U)$ を考え，V の各点 v に対し，U に属する代表元 u を対応させる写像を s とする．$s: V \longrightarrow U$ は連続である．なぜならば，U の開集合 W に対し，

$$p^{-1}(s^{-1}(W)) = \bigcup_{i\in I} f_i(W)$$

となるが，f_i は（微分）同相写像であるから，$f_i(W)$ は開集合で，$p^{-1}(s^{-1}(W))$ は開集合であり，$s^{-1}(W)$ は M/G の開集合である．$s\circ p = \mathrm{id}_U, p\circ s = \mathrm{id}_V$ だから，s は同相写像である．

さて，$\psi = \varphi\circ s$ とすれば，$\psi: V \longrightarrow \psi(V) \subset \boldsymbol{R}^n$ は同相写像である．これを M/G の座標近傍にとることを考える．上のような座標近傍 $(U_1,\varphi_1), (U_2,\varphi_2)$ に対して，$p(U_1) = V_1$, $p(U_2) = V_2$, $s_1: V_1 \longrightarrow U_1$, $s_2: V_2 \longrightarrow U_2$ として，$\psi_1 = \varphi_1\circ s_1, \psi_2 = \varphi_2\circ s_2$ とすると $\psi_1\circ{\psi_2}^{-1}: \psi_2(V_1\cap V_2) \longrightarrow \psi_1(V_1\cap V_2)$ は，

$$\psi_1\circ{\psi_2}^{-1} = (\varphi_1\circ s_1)\circ(\varphi_2\circ s_2)^{-1} = \varphi_1\circ(s_1\circ p)\circ{\varphi_2}^{-1}$$

と計算され，$s_1\circ p: U_2\cap p^{-1}(V_1) \longrightarrow U_1$ は定義域が開集合の直和 $U_2\cap p^{-1}(V_1)$ $= \bigsqcup_{i\in I} U_2\cap f_i(U_1)$ に書かれ，$s_1\circ p|U_2\cap f_i(U_1) = {f_i}^{-1}$ となる．${f_i}^{-1}$ は C^∞ 級写像，すなわち，$\varphi_1\circ{f_i}^{-1}\circ{\varphi_2}^{-1}$ が C^∞ 級写像だから，$\varphi_1\circ(s_1\circ p)\circ{\varphi_2}^{-1}$ も C^∞ 級写像である．したがって，座標変換は C^∞ 級であることがわかる．

問題は，再び，M/G がハウスドルフ空間かどうかである．問題 3.3.4 のように，一般の C^∞ 級変換群 G に対しては，判定が難しい問題である．

G が多様体の C^∞ 級有限変換群 F のときは，定理 3.3.1 によって M/F がハウスドルフ空間であることが保証されている．またこのときには，M の各点 x に対し，$\{f_i(x)\}_{i\in I}$ が異なる点からなるとき，x の近傍 U で，$\{f_i(U)\}_{i\in I}$ が交わらない開集合からなるようなものがあることがわかるから，次の定理が成立する．

定理 3.4.8 $F = \{f_i\}_{i\in I}$ を n 次元多様体 M の C^∞ 級有限変換群とし，$f_i \in F$

が M のある点 x に対し $f_i(x) = x$ を満たすならば，$f_i = \mathrm{id}$ であるとする．このとき，M/F は n 次元 C^∞ 級多様体となる．

【例 3.4.9】　レンズ空間．$S^3 = \{(z_1, z_2) \in \boldsymbol{C}^2 \mid |z_1|^2 + |z_2|^2 = 1\}$ とする．p, q を互いに素な正整数とし，$f_k : S^3 \longrightarrow S^3$ を $f_k : (z_1, z_2) \longmapsto (e^{2\pi i \frac{k}{p}} z_1, e^{2\pi i \frac{kq}{p}} z_2)$ で定義する．f_k は（線形写像の制限で）C^∞ 級の写像である．$f_i \circ f_j = f_{i+j}$，$f_0 = \mathrm{id} = f_p$ であって，$\{f_0, \ldots, f_{p-1}\}$ が S^3 の C^∞ 級有限変換群となる．これは，$\boldsymbol{Z}/p\boldsymbol{Z}$ の S^3 への作用でもある．上の定理の仮定を満たすので，S^3/F は 3 次元多様体となる．これは，レンズ空間 $L_{p,q}$ と呼ばれる．$L_{2,1}$ は 3 次元射影空間 $\boldsymbol{R}P^3$ と同じものである．

3.5　座標変換

多様体の定義において最も重要なものは，座標近傍系であるが，そこに現れる座標変換から多様体を構成することもできる．これは，ファイバー束，ベクトル束の全空間を多様体と考えるときに必要になる．

【例題 3.5.1】　n 次元 C^∞ 級多様体 M の座標近傍系 $\{(U_i, \varphi_i)\}_{i \in I}$ について，座標変換 $\gamma_{ij} : \varphi_j(U_i \cap U_j) \longrightarrow \varphi_i(U_i \cap U_j)$ は $\gamma_{ij} = \varphi_i \circ (\varphi_j | U_i \cap U_j)^{-1}$ で定義される．$\varphi_k(U_i \cap U_j \cap U_k)$ 上で，$\gamma_{ij} \circ \gamma_{jk} = \gamma_{ik}$ を満たすことを示せ．

【解】　$\boldsymbol{x} \in \varphi_k(U_i \cap U_j \cap U_k)$ に対し，$\gamma_{jk}(\boldsymbol{x}) = (\varphi_j \circ (\varphi_k | U_i \cap U_j \cap U_k)^{-1})(\boldsymbol{x}) \in \varphi_j(U_i \cap U_j \cap U_k)$ だから，$\gamma_{ij}(\gamma_{jk}(\boldsymbol{x}))$ は定義され，

$$\begin{aligned} \gamma_{ij}(\gamma_{jk}(\boldsymbol{x})) &= (\varphi_i \circ (\varphi_j | U_i \cap U_j)^{-1})((\varphi_j \circ (\varphi_k | U_i \cap U_j \cap U_k)^{-1})(\boldsymbol{x})) \\ &= (\varphi_i \circ (\varphi_k | U_i \cap U_j \cap U_k)^{-1})(\boldsymbol{x}) = \gamma_{ik}(\boldsymbol{x}) \end{aligned}$$

となる．

$V_i = \varphi_i(U_i) \subset \boldsymbol{R}^n$ とおく．γ_{ii} を V_i の恒等写像 id_{V_i} と定義する．また $V_{ij} = \varphi_j(U_i \cap U_j) \subset V_j$, $V_{ji} = \varphi_i(U_i \cap U_j) \subset V_i$ とおくと，$\gamma_{ij} : V_{ij} \longrightarrow V_{ji}$ は $\boldsymbol{R}^n$ の開集合の間の微分同相写像である．ここでは添え字の順序に注意が必要である．例題 3.5.1 の関係式は，$V_{ik} \cap V_{jk} \xrightarrow{\gamma_{jk}} V_{ij} \cap V_{kj} \xrightarrow{\gamma_{ij}} V_{ji} \cap V_{ki}$ の結合が $V_{ik} \cap V_{jk} \xrightarrow{\gamma_{ik}} V_{ji} \cap V_{ki}$ に等しいというものである．さらに

$V_{ii} = V_i$ とおくと，関係式は i, j, k のうちの 2 つが等しい場合にも成立している．

一般に V_i を $\boldsymbol{R}^n$ の開集合とする．$\{V_i\}_{i\in I}$ の直和 $\displaystyle\coprod_{i\in I} V_i$ は，

$$\coprod_{i\in I} V_i = \bigcup_{i\in I} V_i \times \{i\} \subset \boldsymbol{R}^n \times I$$

と定義される．ただし，$\boldsymbol{R}^n$ にはユークリッド空間としての位相，添え字の集合 I には離散位相を入れ，$\displaystyle\coprod_{i\in I} V_i$ には $\boldsymbol{R}^n \times I$ の直積位相から誘導された位相を考える（一般の位相空間 $(V_i, \mathcal{O}_i)$（$\mathcal{O}_i$ は V_i の開集合全体の集合）に対して直和は集合 $\displaystyle\coprod_{i\in I} V_i$ の開集合の集合を $\{\bigcup_{i\in I} U_i \mid U_i \in \mathcal{O}_i\}$ として定まる）．

【例題 3.5.2】 $V_i \subset \boldsymbol{R}^n$, $V_{ji} \subset V_i = V_{ii}$ を開集合，$\gamma_{ij} : V_{ij} \longrightarrow V_{ji}$ を C^∞ 級写像で，$\gamma_{ii} = \mathrm{id}_{V_i}$, $\gamma_{jk}(V_{ik} \cap V_{jk}) = V_{ij} \cap V_{kj}$ かつ $V_{ik} \cap V_{jk}$ 上で，$\gamma_{ij} \circ \gamma_{jk} = \gamma_{ik}$ を満たすとする．

(1) このとき $\displaystyle\coprod_{i\in I} V_i$ 上の，次の関係 $\sim$ は同値関係であることを示せ．

$$\boldsymbol{x}_i \in V_i, \boldsymbol{x}_j \in V_j \text{ に対し，} \boldsymbol{x}_i \sim \boldsymbol{x}_j \iff \boldsymbol{x}_j \in V_{ij} \subset V_j \text{ かつ } \boldsymbol{x}_i = \gamma_{ij}(\boldsymbol{x}_j)$$

(2) $X = \left(\displaystyle\coprod_{i\in I} V_i\right)/\sim$ を商空間とする．X がハウスドルフ空間であると仮定すると，X は n 次元 C^∞ 級多様体となることを示せ．

(3) n 次元 C^∞ 級多様体 M の座標近傍系 $\{(U_i, \varphi_i)\}_{i\in I}$ から例題 3.5.1 で定義した $V_i = \varphi_i(U_i)$, $V_{ij} = \varphi_j(U_i \cap U_j)$ について，(2) で構成した X は M と微分同相であることを示せ．

【解】 (1) 反射律は，$\gamma_{ii} = \mathrm{id}_{V_i}$ から従う．対称律は，$\gamma_{ij} \circ \gamma_{jk} = \gamma_{ik}$ について，$i = k$ とすると，定義域に注意して $\gamma_{ij} \circ \gamma_{ji} = \mathrm{id}_{V_{ji}}$，同様に $\gamma_{ji} \circ \gamma_{ij} = \mathrm{id}_{V_{ij}}$ となる．したがって，$\gamma_{ji} = {\gamma_{ij}}^{-1}$ であり，対称律が従う．推移律は，$V_{ik} \cap V_{jk}$ 上で，$\gamma_{ij} \circ \gamma_{jk} = \gamma_{ik}$ と $\gamma_{jk}(V_{ik} \cap V_{jk}) = V_{ij} \cap V_{kj}$ からわかる．

(2) $p : \displaystyle\coprod_{i\in I} V_i \longrightarrow X$ を射影とする．p は V_i から $p(V_i)$ への同相写像である．実際，$y \in p(V_i)$ に対し，$\boldsymbol{x} \in V_i$ で y の代表元となるものを $s_i(y)$ とすると，V_i の 2 点が同値ならば (1) により同じ点になるから，s_i は定義される．s_i が連続であることは，V_i の開集合 W に対し，${s_i}^{-1}(W)$ が開集合，商位相の定義から，$p^{-1}({s_i}^{-1}(W)) \subset \displaystyle\coprod_{i\in I} V_i$ が開集合であることを確かめればよいが，

$$p^{-1}({s_i}^{-1}(W)) = p^{-1}(p(W)) = \bigcup_{j \in I} \gamma_{ji}(W \cap V_{ji})$$

となり，W は $\bigsqcup_{i \in I} V_i$ の開集合，$W \cap V_{ji}$ も開集合，$\gamma_{ji} : V_{ji} \longrightarrow V_{ij}$ は開集合の間の同相写像であるから $\gamma_{ji}(W \cap V_{ji})$ も開集合で，その和集合として $p^{-1}({s_i}^{-1}(W))$ は開集合となる．$p \circ s_i = \mathrm{id}_{p(V_i)}$, $s_i \circ p = \mathrm{id}_{V_i}$ だから，s_i は同相写像である．

X の座標近傍系を $\{(p(V_i), s_i)\}_{i \in I}$ とする．ただし，$s_i : p(V_i) \longrightarrow V_i \subset \boldsymbol{R}^n$ と考える．このとき，$s_j(p(V_i) \cap p(V_j)) = V_{ij} \subset V_j$, $s_i(p(V_i) \cap p(V_j)) = V_{ji} \subset V_i$ であり，$s_i \circ {s_j}^{-1} = \gamma_{ij}$ は C^∞ 級である．X はハウスドルフ空間と仮定したから，X は C^∞ 級多様体となる．

(3) 例題 3.5.1 では M の座標近傍系 $\{(U_i, \varphi_i)\}_{i \in I}$ に対し，$V_i = \varphi_i(U_i)$, $V_{ij} = \varphi_j(U_i \cap U_j)$, $\gamma_{ij} = \varphi_i \circ (\varphi_j | U_i \cap U_j)^{-1} : V_{ij} \longrightarrow V_{ji}$ とした．$\iota : \bigsqcup_{i \in I} V_i \longrightarrow M$ を $\boldsymbol{x}_i \in V_i$ に対し，$\iota(\boldsymbol{x}_i) = {\varphi_i}^{-1}(\boldsymbol{x}_i)$ と定義すると，$\boldsymbol{x}_i \in V_{ji}$ に対し，$\iota(\gamma_{ji}(\boldsymbol{x}_i)) = \iota(\boldsymbol{x}_i)$ となるから，連続写像 $\underline{\iota} : X \longrightarrow M$ が定義される．M の座標近傍 (U_i, φ_i) に対し，$p \circ \varphi_i : U_i \longrightarrow p(V_i)$ は，同相写像の結合で同相写像である．$\underline{\iota} \circ (p \circ \varphi_i) = \mathrm{id}_{U_i}$, $(p \circ \varphi_i) \circ (\underline{\iota} | p(V_i)) = \mathrm{id}_{p(V_i)}$ であるから，$p \circ \varphi_i$ は，$\underline{\iota}$ の逆写像を定義しており，$\underline{\iota}^{-1}$ は連続である．したがって，M と X は同相で X はハウスドルフ空間である．

M の座標近傍系 $\{(U_i, \varphi_i)\}_{i \in I}$, X の座標近傍系 $\{(p(V_i), s_i)\}_{i \in I}$ について $\varphi_i \circ \underline{\iota} \circ {s_i}^{-1} = \mathrm{id}_{V_i}$, $s_i \circ \underline{\iota}^{-1} \circ {\varphi_i}^{-1} = \mathrm{id}_{V_i}$ だから，$\underline{\iota}$ は微分同相写像である．

商空間がハウスドルフ空間であることを示すのは必ずしも容易ではないが，次の問題のような空間 E においては，ハウスドルフ空間であることが容易にわかる．E は B 上の**ファイバー**を F とする**ファイバー束**と呼ばれる．

【問題 3.5.3】 位相空間 E, B の間に連続写像 $p : E \longrightarrow B$ があって，次の条件を満たすとする．ある位相空間 F があって，B の各点 b に対し，b の開近傍 U_b を選べば，同相写像 $h : p^{-1}(U_b) \longrightarrow U_b \times F$ で，$\mathrm{pr}_1 \circ h = p$ を満たすものが存在する．ここで，pr_1 は第 1 成分への射影 $U_b \times F \longrightarrow U_b$ である．B, F がハウスドルフ空間であると仮定すると，E もハウスドルフ空間となることを示せ．解答例は 71 ページ．

3.6　向き付け（展開）

定義 3.6.1　多様体 M の座標近傍系 (U_i, φ_i) に対し，$\gamma_{ij} : \varphi_j(U_i \cap U_j) \longrightarrow \varphi_i(U_i \cap U_j)$ を座標変換とする．γ_{ij} のヤコビ行列式がすべて正であるような座標近傍系が存在するとき多様体は**向き付けを持つ**という．

連結多様体 M の座標近傍系 (U_i, φ_i) に対し，$V_i = \varphi_i(U_i), V_{ji} = \varphi_i(U_i \cap U_j)$ として，$\gamma_{ij} : V_{ij} \longrightarrow V_{ji}$ を座標変換とする．$V_{i_+} \sqcup V_{i_-}$ を 2 つの V_i の直和として，

$$V_{i_\sigma j_\tau} = \{\boldsymbol{x}_j \in V_{j_\tau} \mid \boldsymbol{x}_j \in V_{ij},\ \mathrm{sign}(\det(D\gamma_{ij})_{(\boldsymbol{x}_j)})\tau = \sigma\}$$

と定義する．ただし，$\mathrm{sign}(\det(D\gamma_{ij})_{(\boldsymbol{x}_j)})$ は行列式の符号 (± 1) である．$V_{i_+ j_\tau}$，$V_{i_- j_\tau}$ は V_{j_τ} の交わりを持たない開集合で，$V_{i_+ j_\tau} \sqcup V_{i_- j_\tau} = V_{ij} \subset V_{j_\tau}$ となる．$\gamma_{i_\sigma j_\tau} : V_{i_\sigma j_\tau} \longrightarrow V_{j_\tau i_\sigma}$ を $\gamma_{i_\sigma j_\tau} = \gamma_{ij}|V_{i_\sigma j_\tau}$ とおく．このとき，$\gamma_{j_\tau k_\delta}(V_{i_\sigma k_\delta} \cap V_{j_\tau k_\delta}) = V_{i_\sigma j_\tau} \cap V_{k_\delta j_\tau}$ であり，$V_{i_\sigma k_\delta} \cap V_{j_\tau k_\delta}$ 上で $\gamma_{i_\sigma j_\tau} \circ \gamma_{j_\tau k_\delta} = \gamma_{i_\sigma k_\delta}$ が成立する．

ここで，$\displaystyle\bigsqcup_{i,\sigma} V_{i_\sigma}$ 上の同値関係を，

$$V_{j_\tau} \ni \boldsymbol{x}_{j_\tau} \sim \boldsymbol{x}_{i_\sigma} \in V_{i_\sigma} \iff \gamma_{i_\sigma j_\tau}(\boldsymbol{x}_{j_\tau}) = \boldsymbol{x}_{i_\sigma}$$

で定義する．商空間 $\widehat{M} = \Big(\displaystyle\bigsqcup_{i,\sigma} V_{i_\sigma}\Big)/\sim$ について $M \cong \Big(\displaystyle\bigsqcup_{i} V_i\Big)/\sim$ への写像

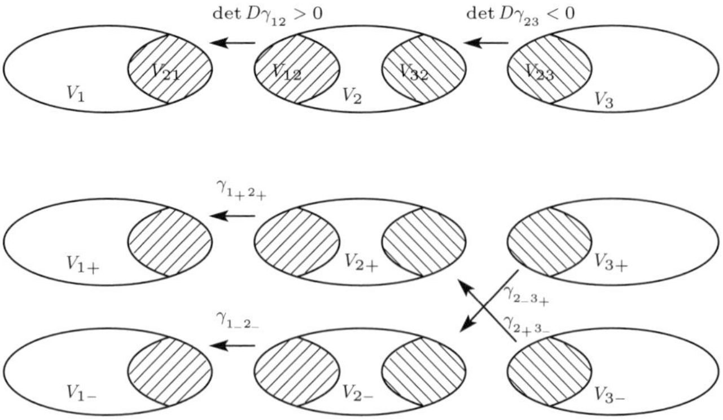

図 3.7　$\widehat{M}$ の構成．

$P : \widehat{M} \longrightarrow M$ が得られるが，$P^{-1}(p_M(V_i)) = V_{i_+} \sqcup V_{i_-} \approx V_i \times \{-1, +1\}$ であるから，問題 3.5.3 の結果により，$\widehat{M}$ はハウスドルフ空間で，n 次元多様体となる．

$\widehat{M}$ 自体は常に向き付けを持つ多様体である．なぜなら，V_{i_-} への座標近傍の替わりに，$\bar{\iota} : \boldsymbol{R}^n \longrightarrow \boldsymbol{R}^n$ を $\boldsymbol{R}^n$ の向きを逆転する写像 $\bar{\iota}(x_1, x_2, \ldots, x_n) = (-x_1, x_2, \ldots, x_n)$ を座標関数に結合して，$\bar{\iota}(V_{i_-})$ への座標近傍をとる．こうすると，$\bar{\iota}\circ\gamma_{i_-j_-}\circ\bar{\iota}$, $\bar{\iota}\circ\gamma_{i_-j_+}$, $\gamma_{i_+j_-}\circ\bar{\iota}$, $\gamma_{i_+j_+}$ を座標変換にする座標近傍系をとることができるが，この座標変換のヤコビ行列式は常に正となるからである．

$\widehat{M} \cong M \times \{\pm 1\}$ となることと，γ_{ij} のヤコビ行列式がすべて正であるような座標近傍系が存在することは同値である．このとき多様体は向き付けを持つという．実際，γ_{ij} のヤコビ行列式がすべて正のとき，$V_{i_+j_+} = V_{ij} = V_{i_-j_-}$, $V_{i_+j_-} = \emptyset = V_{i_-j_+}$ となり，$\widehat{M} \cong M \times \{\pm 1\}$ である．逆に，$\widehat{M} \cong M \times \{\pm 1\}$ とすると，$\widehat{M}$ は向き付けを持つから，その成分として M は，向き付けを持つ．

M が向き付けを持たない連結な多様体とするとき，$\widehat{M}$ は連結な向き付けを持つ多様体となる．$P : \widehat{M} \longrightarrow M$ において，$P^{-1}(y)$ の 2 点を入れ替える写像 $F : \widehat{M} \longrightarrow \widehat{M}$ は，向き付けを反対にする微分同相写像となる．

【例 3.6.2】 n 次元球面 S^n は向き付け可能な多様体である．偶数次元の実射影空間 $\boldsymbol{R}P^{2n}$ は向き付け可能ではない $2n$ 次元多様体である．$M = \boldsymbol{R}P^{2n}$ に対する $\widehat{M}$ は例 3.2.1 の構成で現れた球面 S^{2n} である．同値関係を定義する写像 $\boldsymbol{x} \longmapsto -\boldsymbol{x}$ は S^{2n} の向きを反対にする．一方，奇数次元の実射影空間 $\boldsymbol{R}P^{2n+1}$ は向き付け可能である．奇数次元球面上では，$\boldsymbol{x} \longmapsto -\boldsymbol{x}$ は向きを保つ．

【例 3.6.3】 図 3.8 のような形をした図形を（開いた）メビウス・バンドと呼ぶ．例えば，

$$M = \{(2 + r\cos\theta)\cos 2\theta, (2 + r\cos\theta)\sin 2\theta, r\sin\theta) \mid r \in (-1, 1),\ \theta \in \boldsymbol{R}\}$$

のように 3 次元ユークリッド空間の部分多様体としてパラメータ表示が与えられる．(r, θ) と $((-1)^n r, \theta + n\pi)$ $(n \in \boldsymbol{Z})$ は同じ点に写る．したがって，これらを同値とする同値関係 $\sim$ によって，$((-1, 1) \times \boldsymbol{R})/\!\sim$ と定義することもできる．メビウス・バンドは 2 次元多様体であり，向き付け可能ではない．この M に対して，$\widehat{M}$ は $(-1, 1) \times \boldsymbol{R}/2\pi\boldsymbol{Z} \cong (-1, 1) \times S^1$ と微分同相である．

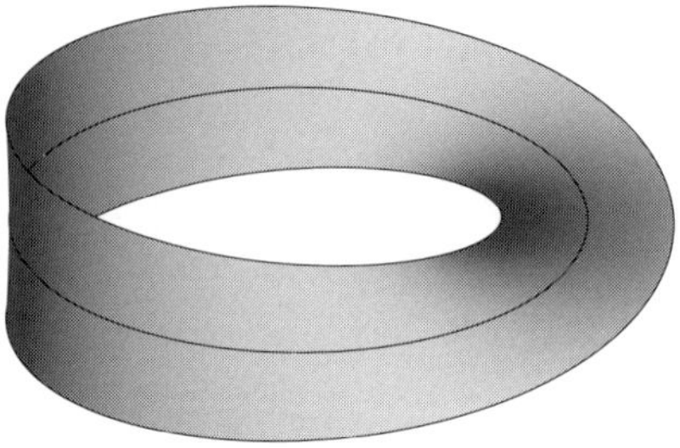

図 **3.8**　例 3.6.3. メビウス・バンド.

実射影平面 $\boldsymbol{R}P^2$ から1点を除くと M と微分同相となる.

3.7　C^∞ 級写像の存在について

C^∞ 級多様体 M, N に対し，M から N への C^∞ 級写像全体を $C^\infty(M,N)$ と書く．問題は $C^\infty(M,N)$ が，十分たくさんの元を持つことを示すことと，それが示されたときに，$C^\infty(M,N)$ に入るトポロジーを考察することである．

$\boldsymbol{R}$ の開区間 (a,b) から N への C^∞ 級写像を N 上の曲線と呼ぶが，これは $C^\infty((a,b),N)$ の元である．$C^\infty(\boldsymbol{R},N)$ の元を構成することは，N の座標近傍に値を持つ (a,b) からの写像をつくればよく，容易である．

一方，$\boldsymbol{R}$ への C^∞ 級写像 $M \longrightarrow \boldsymbol{R}$ を M 上の関数と呼ぶが，これは $C^\infty(M,\boldsymbol{R})$ の元である．$C^\infty(M,\boldsymbol{R})$ は $C^\infty(M)$ とも書かれる．この関数の集合が多くの元を持つことが，多様体論が存立するための基盤の1つである．実際，M がユークリッド空間内の多様体とすると，包含写像 $M \longrightarrow \boldsymbol{R}^n$ 自体が C^∞ 級写像である．またユークリッド空間上の C^∞ 級関数の M への制限も M 上の C^∞ 級関数であり，$C^\infty(M)$ は非常に多くの元を持つことになる．特に，$\boldsymbol{R}^n$ の座標を M に制限したものは C^∞ 級の関数である．

次の関数は，後で M 上の C^∞ 級関数を構成するために用いられる．

【問題 3.7.1】　(1)　$n \geqq 0$ を整数とするとき，$\displaystyle\lim_{x\searrow 0}\frac{1}{x^n}e^{-\frac{1}{x}} = 0$ を示せ（ただし，$x \searrow 0$ は $x>0$ が 0 に近づくことを表す．$y>0$ のとき，$e^y > \dfrac{y^n}{n!}$ を使っ

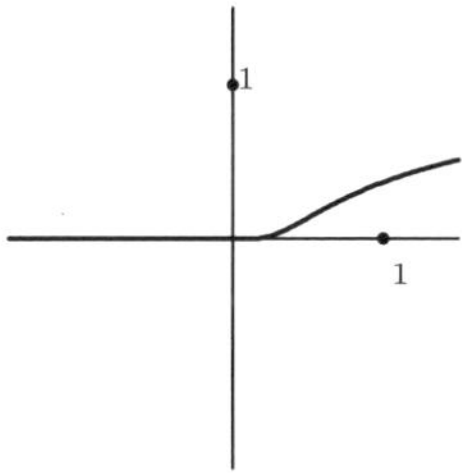

図 **3.9** 問題 3.7.1 の $e^{-\frac{1}{x}}$ のグラフ.

てもよい).

(2) 連続関数 $f:[0,\infty)\longrightarrow \boldsymbol{R}$ が，$(0,\infty)$ で微分可能かつ導関数 $f'(x)$ が $(0,\infty)$ で連続とする．$\displaystyle\lim_{x\searrow 0} f'(x)$ が存在するならば，$\displaystyle\lim_{x\searrow 0}\frac{f(x)-f(0)}{x}$ は存在し，$\displaystyle\lim_{x\searrow 0} f'(x)$ に等しいことを示せ（平均値の定理）.

(3) 関数 $\rho:\boldsymbol{R}\longrightarrow\boldsymbol{R}$ を $\rho(x)=\begin{cases} e^{-\frac{1}{x}} & (x>0)\\ 0 & (x\leqq 0)\end{cases}$ で定義すると，ρ は C^∞ 級であることを示せ（ρ の m 回微分した式の形が (1) の形の式の 1 次結合となることを示す).

(4) C^∞ 級の単射 $f:\boldsymbol{R}\longrightarrow\boldsymbol{R}^2$ で，$f(\boldsymbol{R}_{>0})=\boldsymbol{R}_{>0}\times\{0\}$, $f(\boldsymbol{R}_{<0})=\{0\}\times\boldsymbol{R}_{<0}$ を満たすものを構成せよ（同じように $\boldsymbol{R}^n$ の連結な折れ線は $\boldsymbol{R}$ からの C^∞ 級写像の像となる）．解答例は 72 ページ.

3.8 第 3 章の問題の解答

【問題 3.3.3 の解答】 $f(x,y)$ の等位線の連結成分は，直角双曲線の成分または x 軸，y 軸の正の部分，負の部分である．$p_X:Z\to X$ を射影とする．f が誘導する写像を $\underline{f}:\underline{X}\to\boldsymbol{R}$ とする．$g_\pm(x)=(x,\pm1)$, $h_\pm(x)=(\pm1,x)$ と定義する．$(p_X\circ g_\pm)(\boldsymbol{R})$, $(p_X\circ h_\pm)(\boldsymbol{R})$ 上に $\pm\underline{f}$ を制限した写像を考えると，$p_X\circ g_\pm$, $p_X\circ h_\pm$ の逆写像となり，$(p_X\circ g_\pm)(\boldsymbol{R})$, $(p_X\circ h_\pm)(\boldsymbol{R})$ は $\boldsymbol{R}$ と同相である．したがって，X の各点 x に対し，開区間と同相な近傍が存在する．

$p_X(1,0)$, $p_X(0,1)$ のように 1 つの象限をはさむ軸の同値類は，開集合で分離できない（$p_X(1,0)$, $p_X(-1,0)$ は分離できる)．実際，$p_X(1,0)\in V_1$, $p_X(0,1)\in V_2$ に対して，$V_1\cap(p_X\circ h_+)(\boldsymbol{R})$, $V_2\cap(p_X\circ g_+)(\boldsymbol{R})$ はそれぞれ $p_X(1,0)$, $p_X(0,1)$ の近傍で，これらを $\underline{f}$ で写した像は，$0\in\boldsymbol{R}$ の近傍 U を含む．$x\in U\cap\{x>0\}$ を

とると，$g_+(x)$, $h_+(x)$ は同値であり，

$$
\begin{aligned}
&(V_1 \cap (p_X \circ h_+)(\boldsymbol{R})) \cap (V_2 \cap (p_X \circ g_+)(\boldsymbol{R})) \\
&\qquad \supset (p_X \circ h_+)(U \cap \{x > 0\}) \cap (p_X \circ g_+)(U \cap \{x > 0\}) \neq \emptyset
\end{aligned}
$$

となる．

【問題 3.3.4 の解答】 これは，$\boldsymbol{Z}$ の Z 上への自由な作用による商空間の問題である．$p_S : Z \longrightarrow S$ を射影とする．(x, y) の同値類を $[(x, y)] \in S$ とする．$(x, y) \in Z$ に対し，$x \neq 0$ ならば，$\dfrac{1}{\sqrt{a}}x$, $\sqrt{a}x$ を両端とする開区間 I を考え，$I \times \boldsymbol{R} \subset Z$ を考える．i を包含写像とする（$y \neq 0$ ならば x, y を入れ替えて同様に考える）．$W = (p_S \circ i)(I \times \boldsymbol{R})$ $(\subset S)$ 上で，$I \times \boldsymbol{R}$ に属する代表元を対応させる写像を s とする．$I \times \boldsymbol{R}$ と各同値類は高々 1 点で交わるから s は定義されている．s が連続であることは，$I \times \boldsymbol{R}$ の開集合 U は Z の開集合で，${p_S}^{-1}(s^{-1}(U)) = \displaystyle\bigcup_{n \in \boldsymbol{Z}} A^n(U)$ が Z の開集合となることからわかる．$s \circ (p_S \circ i) = \mathrm{id}_{I \times \boldsymbol{R}}$ であり，$(p_S \circ i) \circ s = \mathrm{id}_W$ であるから，W と $I \times \boldsymbol{R}$ は同相である．$[\boldsymbol{x}] \in W$ で，$I \times \boldsymbol{R}$ は $\boldsymbol{R}^2$ と同相であるから，S の各点 $[\boldsymbol{x}]$ に対し，$\boldsymbol{R}^2$ と同相な近傍が存在する．

次に，$[(1, 0)]$ の近傍 V_1 と $[(0, 1)]$ の近傍 V_2 が必ず交わることを示す．上にとったような $[(1, 0)]$ の近傍 W_1 と，x と y を入れ替えてとった $[(0, 1)]$ の近傍 W_2 をとる．$s_1 : W_1 \longrightarrow I_1 \times \boldsymbol{R}$, $s_2 : W_2 \longrightarrow \boldsymbol{R} \times I_2$ を同相写像とする．I_1, I_2 は，それぞれ x 軸上，y 軸上の開区間 $\left(\dfrac{1}{\sqrt{a}}, \sqrt{a}\right)$ である．

$s_1(V_1 \cap W_1)$ は $I_1 \times \boldsymbol{R}$ の $(1, 0)$ の近傍，$s_2(V_2 \cap W_2)$ は $\boldsymbol{R} \times I_2$ の $(0, 1)$ の近傍である．したがって $(1 - \varepsilon, 1 + \varepsilon) \times (-\varepsilon, \varepsilon) \subset s_1(V_1 \cap W_1)$, $(-\varepsilon, \varepsilon) \times (1 - \varepsilon, 1 + \varepsilon) \subset s_2(V_2 \cap W_2)$ となる $\varepsilon > 0$ が存在する．$a^n < \varepsilon$ となる n をとると，$(1, a^n) \in {p_S}^{-1}(V_1)$, $(a^n, 1) \in {p_S}^{-1}(V_2)$ となるが，これらは同値な点であるから，$V_1 \cap V_2 \neq \emptyset$ となる．

【問題 3.3.7 の解答】 (1) $[\boldsymbol{x}_1] \neq [\boldsymbol{x}_2]$ のときに，この 2 点が，関数で分離されることを示す．$\boldsymbol{C}^{n+1} \setminus \{0\}$ 上の連続関数 $f^{[\boldsymbol{x}_1]}$ を $f^{[\boldsymbol{x}_1]}(\boldsymbol{x}_2) = \dfrac{|\boldsymbol{x}_1 \bullet \boldsymbol{x}_2|}{\|\boldsymbol{x}_1\|\,\|\boldsymbol{x}_2\|}$ とおく．$f^{[\boldsymbol{x}_1]}$ は $[\boldsymbol{x}_1]$ の代表元 $\boldsymbol{x}_1$ のとり方によらない．また，$f^{[\boldsymbol{x}_1]}$ は $\boldsymbol{x}_2$ の同値類上同じ値となるから，連続関数 $\underline{f}^{[\boldsymbol{x}_1]} : (\boldsymbol{C}^{n+1} \setminus \{0\})/\!\sim\, \longrightarrow \boldsymbol{R}$ を定義する．

コーシー・シュワルツの不等式 $|\boldsymbol{x}_1 \bullet \boldsymbol{x}_2| \leqq \|\boldsymbol{x}_1\|\,\|\boldsymbol{x}_2\|$ により，$\underline{f}^{[\boldsymbol{x}_1]}([\boldsymbol{x}_2]) \leqq 1$ であるが，コーシー・シュワルツの不等式において等号が成り立つときには，$\boldsymbol{x}_1 = \lambda \boldsymbol{x}_2$ となる $\lambda \in \boldsymbol{C}^{\times}$ が存在するから，$\underline{f}^{[\boldsymbol{x}_1]}([\boldsymbol{x}_2]) = 1$ ならば $[\boldsymbol{x}_2] = [\boldsymbol{x}_1]$ である．したがって，$[\boldsymbol{x}_1] \neq [\boldsymbol{x}_2]$ のときに，この 2 点は連続関数 $\underline{f}^{[\boldsymbol{x}_1]}$ で分離される．

(2) $V_i = \{[\boldsymbol{x}] \in (\boldsymbol{C}^{n+1} \setminus \{0\})/\!\sim \ \mid x_i \neq 0\}$ とし,

$$\varphi_i([x_0, \dots, x_n]) = \Big(\frac{x_0}{x_i}, \dots, \frac{x_{i-1}}{x_i}, \frac{x_{i+1}}{x_i}, \dots, \frac{x_n}{x_i}\Big)$$

とする．上の式の右辺は，$\{\boldsymbol{x} \in \boldsymbol{C}^{n+1} \mid x_i \neq 0\}$ からの連続写像で，同値類上で同じ値を持つから，V_i 上の連続写像となる．ι_i を

$$\iota_i(x_0, \dots, x_{i-1}, x_{i+1}, \dots, x_n) = (x_0, \dots, x_{i-1}, 1, x_{i+1}, \dots, x_n)$$

と定義すると，$\varphi_i \circ (p \circ \iota_i) = \mathrm{id}_{\boldsymbol{C}^n}$, $(p \circ \iota_i) \circ \varphi_i = \mathrm{id}_{V_i}$ となるから，φ_i は同相写像である．

座標変換 $\varphi_i \circ {\varphi_j}^{-1} : \varphi_j(V_i \cap V_j) \longrightarrow \varphi_i(V_i \cap V_j)$ は,

$$\begin{aligned} &\{(y_0, \dots, y_{j-1}, y_{j+1}, \dots, y_n) \in \boldsymbol{C}^n \mid y_i \neq 0\} \\ &\quad \longrightarrow \{(y_0, \dots, y_{i-1}, y_{i+1}, \dots, y_n) \in \boldsymbol{C}^n \mid y_j \neq 0\} \end{aligned}$$

という写像で $i < j$ ならば以下のように計算される（$i > j$ でも同様である).

$$\begin{aligned} &(\varphi_i \circ {\varphi_j}^{-1})(y_0, \dots, y_{j-1}, y_{j+1}, \dots, y_n) \\ &= \Big(\frac{y_0}{y_i}, \dots, \frac{y_{i-1}}{y_i}, \frac{y_{i+1}}{y_i}, \dots, \frac{y_{j-1}}{y_i}, \frac{1}{y_i}, \frac{y_{j+1}}{y_i}, \dots, \frac{y_n}{y_i}\Big) \end{aligned}$$

これは, $\boldsymbol{C}^n$ を $\boldsymbol{R}^{2n}$ と考えたとき, 0 でない複素数による割り算は C^∞ 級写像となるので, C^∞ 級の写像である．したがって, $(\boldsymbol{C}^{n+1} \setminus \{0\})/\!\sim$ は $2n$ 次元多様体である．

【問題 3.4.4 の解答】 $p_\pm : S^2 \setminus \{(0,0,\pm 1)\} \longrightarrow \boldsymbol{R}^2 = \boldsymbol{R}^2 \times \{0\}$ は，$p_\pm(x_1, x_2, x_3) = \Big(\dfrac{x_1}{1 \mp x_3}, \dfrac{x_2}{1 \mp x_3}\Big)$ と書かれる．

$$(p_\pm)^{-1}(y_1, y_2) = \Big(\frac{2y_1}{{y_1}^2 + {y_2}^2 + 1}, \frac{2y_1}{{y_1}^2 + {y_2}^2 + 1}, \pm \frac{{y_1}^2 + {y_2}^2 - 1}{{y_1}^2 + {y_2}^2 + 1}\Big)$$

である．したがって，$(y_1, y_2) \neq (0, 0)$ に対し,

$$(p_- \circ {p_+}^{-1})(y_1, y_2) = \Big(\frac{y_1}{{y_1}^2 + {y_2}^2}, \frac{y_2}{{y_1}^2 + {y_2}^2}\Big)$$

である．

一方，$\boldsymbol{C}P^1$ に対しては，問題 3.3.7 により，$\varphi_i : V_i \longrightarrow \boldsymbol{C}$ $(i = 0, 1)$ があり，$z \neq 0$ に対し，$(\varphi_1 \circ {\varphi_0}^{-1})(z) = \dfrac{1}{z}$ である．

$\bar{\iota} : \boldsymbol{R}^2 \longrightarrow \boldsymbol{R}^2$ を $\bar{\iota}(x, y) = (x, -y)$ とし，S^2 に対して，p_- の替わりに $\bar{\iota} \circ p_-$ を使った座標近傍系 $\{(S^2 \setminus \{(0,0,1)\}, p_+), (S^2 \setminus \{(0,0,-1)\}, \bar{\iota} \circ p_-)\}$ を考える．このとき,

$$((\bar{\iota}\circ p_-)\circ {p_+}^{-1})(y_1,y_2) = \left(\frac{y_1}{{y_1}^2+{y_2}^2}, -\frac{y_2}{{y_1}^2+{y_2}^2}\right)$$

は，$z = y_1 + y_2\sqrt{-1}$ としたときに，$(\varphi_1\circ{\varphi_0}^{-1})(z) = \dfrac{1}{z}$ と一致する．したがって，ステレオグラフ射影による座標近傍系によって多様体と見た S^2 は，$\boldsymbol{CP}^1$ と微分同相である．

念のために付け加えると，$p_\pm$ は $\{(x_1,x_2,x_3)\in\boldsymbol{R}^3 \mid x_3\neq\pm1\}$ 上で定義された $\boldsymbol{R}^2$ への C^∞ 級写像であり，$(p_\pm)^{-1} : \boldsymbol{R}^2 \longrightarrow S^2 \subset \boldsymbol{R}^3$ として C^∞ 級写像である．したがって $p_\pm\circ(p_\pm)^{-1} = \mathrm{id}_{\boldsymbol{R}^2}$ だから，そのヤコビ行列をチェインルールで計算すると $Dp_\pm D(p_\pm)^{-1} = \mathbf{1}$ となるから，$(p_\pm)^{-1}$ のヤコビ行列のランクは 2 である．したがって，$(p_\pm)^{-1}$ は S^2 を $\boldsymbol{R}^3$ 内の多様体と見たときのパラメータ表示を与えている．

【問題 3.4.5 の解答】 $(x_1,x_2,x_3,x_4)\neq 0$ のとき，

$$\frac{\partial F}{\partial x_1} = 2\begin{pmatrix} x_1 & -x_4 & x_3 \\ x_4 & x_1 & -x_2 \\ -x_3 & x_2 & x_1 \end{pmatrix}, \quad \frac{\partial F}{\partial x_2} = 2\begin{pmatrix} x_2 & x_3 & x_4 \\ x_3 & -x_2 & -x_1 \\ x_4 & x_1 & -x_2 \end{pmatrix},$$

$$\frac{\partial F}{\partial x_3} = 2\begin{pmatrix} -x_3 & x_2 & x_1 \\ x_2 & x_3 & x_4 \\ -x_1 & x_4 & -x_3 \end{pmatrix}, \quad \frac{\partial F}{\partial x_4} = 2\begin{pmatrix} -x_4 & -x_1 & x_2 \\ x_1 & -x_4 & x_3 \\ x_2 & x_3 & x_4 \end{pmatrix}$$

が 1 次独立であることを示す．$a_1\dfrac{\partial F}{\partial x_1}+a_2\dfrac{\partial F}{\partial x_2}+a_3\dfrac{\partial F}{\partial x_3}+a_4\dfrac{\partial F}{\partial x_4} = 0$ とすると，(a_1,a_2,a_3,a_4) は次のベクトルと直交する

$$\begin{array}{ccc} (x_1,x_2,-x_3,-x_4), & (-x_4,x_3,x_2,-x_1), & (x_3,x_4,x_1,x_2), \\ (x_4,x_3,x_2,x_1), & (x_1,-x_2,x_3,-x_4), & (-x_2,-x_1,x_4,x_3), \\ (-x_3,x_4,-x_1,x_2), & (x_2,x_1,x_4,x_3), & (x_1,-x_2,-x_3,x_4) \end{array}$$

各行，各列のベクトルは直交している．1 行目の 3 つのベクトルと直交することから，(a_1,a_2,a_3,a_4) は $(x_2,-x_1,x_4,-x_3)$ と平行である．同様に，2 行目，3 行目と直交する条件は $(x_3,-x_4,-x_1,x_2)$, $(x_4,x_3,-x_2,-x_1)$ と平行であることである．一方，1 列目，2 列目，3 列目と直交する条件は，$(x_2,-x_1,-x_4,x_3)$, $(x_3,x_4,-x_1,-x_2)$, $(x_4,-x_3,x_2,-x_1)$ と平行なことである．これらの条件を満たす (a_1,a_2,a_3,a_4) は 0 に限る．

さて，${}^tF(\boldsymbol{x})\,F(\boldsymbol{x}) = \|\boldsymbol{x}\|^4\begin{pmatrix} 1 & 0 & 0 \\ 0 & 1 & 0 \\ 0 & 0 & 1 \end{pmatrix}$ がわかる．また，$\boldsymbol{R}^4\setminus\{0\}$ は連結だか

ら，$\det F(\boldsymbol{x}) > 0$ である．したがって $F(S^3) \subset SO(3)$ である．全射であることを示す．

$(a_{ij}) \in SO(3)$ に対し，$x_1^2 + x_2^2 + x_3^2 + x_4^2 = 1$ だから，F の定義式から，

$$x_1^2 = \frac{1 + a_{11} + a_{22} + a_{33}}{4}, \quad x_2^2 = \frac{1 + a_{11} - a_{22} - a_{33}}{4},$$
$$x_3^2 = \frac{1 - a_{11} + a_{22} - a_{33}}{4}, \quad x_4^2 = \frac{1 - a_{11} - a_{22} + a_{33}}{4}$$

である．ここで $A = (a_{ij}) \in SO(3)$ の固有値は，$\lambda, \overline{\lambda}, 1$ $(\lambda\overline{\lambda} = 1)$ であるから，A のトレース $\operatorname{tr} A \geqq -1$ である．また，A の 2 つの行または列の符号を同時に替えても $SO(3)$ の元であるから上の式により，$|x_1|, |x_2|, |x_3|, |x_4|$ は定まる．F の定義式から，

$$x_2x_3 = \frac{a_{12} + a_{21}}{4}, \quad x_3x_4 = \frac{a_{32} + a_{23}}{4}, \quad x_2x_4 = \frac{a_{13} + a_{31}}{4},$$
$$x_1x_2 = \frac{a_{32} - a_{23}}{4}, \quad x_1x_4 = \frac{a_{21} - a_{12}}{4}, \quad x_1x_3 = \frac{a_{13} - a_{31}}{4},$$

となる x_i を定める必要がある．ここで，x_i の絶対値は定まっているから，上の式の符号にしたがって x_i の正負を定めればちょうど 2 つの $\pm\boldsymbol{x}$ が定まる．

このとき，符号は合っているが，x_ix_j の絶対値が矛盾しないかどうかを確かめる必要がある．それは以下のようになされる．

$(a_{ij}) \in SO(3)$ の元の逆行列は，その転置行列であるから，(a_{ij}) の余因子行列式達は a_{ij} と一致する．とくに $\{i, j, k\} = \{1, 2, 3\}$ に対し，$a_{ii}a_{jj} - a_{ij}a_{ji} = a_{kk}$ である．また，$a_{ii}^2 + a_{jj}^2 + a_{ij}^2 + a_{ji}^2 = 2 - a_{ik}^2 - a_{jk}^2 = 1 + a_{kk}^2$ である．したがって，

$$\begin{aligned}(a_{ij} \pm a_{ji})^2 &= a_{ij}^2 + a_{ji}^2 \pm 2a_{ij}a_{ji} \\ &= 1 + a_{kk}^2 - a_{ii}^2 - a_{jj}^2 \pm 2(a_{ii}a_{jj} - a_{kk}) \\ &= (1 \mp a_{kk})^2 - (a_{ii} \mp a_{jj})^2\end{aligned}$$

したがって，A の対角成分が定まると，$|a_{ij} \pm a_{ji}|$ が定まる．これが $|x_ix_j|$ を与えていることが確かめられる．

以上で $SO(3)$ の各点に対し，$\boldsymbol{R}P^3$ の 1 点が対応することがわかった．逆写像 $SO(3) \longrightarrow \boldsymbol{R}P^3$ は，逆写像定理から C^∞ 級写像であり，$\underline{F} : \boldsymbol{R}P^3 \longrightarrow SO(3)$ は微分同相写像となる．

【問題 3.5.3 の解答】 $x_1, x_2 \in E$ に対し，$p(x_1) \neq p(x_2)$ とすると，B はハウスドルフ空間だから，開集合 U_1, U_2 で，$p(x_1) \in U_1$, $p(x_2) \in U_2$, $U_1 \cap U_2 = \emptyset$ となるものがある．p は連続写像だから，$p^{-1}(U_1), p^{-1}(U_2)$ は E の開集合で，$x_1 \in p^{-1}(U_1)$,

$x_2 \in p^{-1}(U_2)$, $p^{-1}(U_1) \cap p^{-1}(U_2) = \emptyset$ となる．

$x_1, x_2 \in E$ に対し，$p(x_1) = p(x_2) = b$ とすると，仮定により与えられる開近傍 U_b を選べば，同相写像 $h : p^{-1}(U_b) \longrightarrow U_b \times F$ で，$\mathrm{pr}_1 \circ h = p$ を満たすものがある．$x_1 \neq x_2$ であるから，$\mathrm{pr}_2(h(x_1)) \neq \mathrm{pr}_2(h(x_2)) \in F$ である．F はハウスドルフ空間だから，F の開集合 V_1, V_2 で，$\mathrm{pr}_2(h(x_1)) \in V_1$, $\mathrm{pr}_2(h(x_2)) \in V_2$, $V_1 \cap V_2 = \emptyset$ となるものがとれる．

$h^{-1}(U_b \times V_1)$, $h^{-1}(U_b \times V_2)$ は E の開集合であり，$x_1 \in h^{-1}(U_b \times V_1)$, $x_2 \in h^{-1}(U_b \times V_2)$, $h^{-1}(U_b \times V_1) \cap h^{-1}(U_b \times V_2) = \emptyset$ を満たす．

【問題 3.7.1 の解答】 (1)　$y = \dfrac{1}{x}$ とすると，

$$\frac{1}{x^n} e^{-\frac{1}{x}} = \frac{y^n}{e^y} < \frac{y^n}{y^{n+1}/(n+1)!} = \frac{(n+1)!}{y}$$

であるから，$0 \leqq \lim\limits_{x \searrow 0} \dfrac{1}{x^n} e^{-\frac{1}{x}} \leqq \lim\limits_{y \to +\infty} \dfrac{(n+1)!}{y} = 0$. したがって，$\lim\limits_{x \searrow 0} \dfrac{1}{x^n} e^{-\frac{1}{x}} = 0$.

(2)　平均値の定理により，$x \in (0, \infty)$ に対し，$\theta \in (0,1)$ で $f(x) - f(0) = f'(\theta x)x$ となるものがある．したがって，$\lim\limits_{x \searrow 0} \dfrac{f(x) - f(0)}{x} = \lim\limits_{x \searrow 0} f'(\theta x) = \lim\limits_{x \searrow 0} f'(x)$.

(3)　m 階導関数 $\rho^{(m)}(x)$ に対し，多項式 P_m があって $\rho^{(m)}(x) = P_m\Big(\dfrac{1}{x}\Big) e^{-\frac{1}{x}}$ であることを数学的帰納法で示す．$m = 0$ においては正しい．単項式 $\dfrac{1}{x^k} e^{-\frac{1}{x}}$ の微分は，$(-k)\dfrac{1}{x^{k+1}} e^{-\frac{1}{x}} + \dfrac{1}{x^{k+2}} e^{-\frac{1}{x}}$ であるから，m について正しいことを仮定すると $m+1$ に対して正しい．

この結果，$\rho^{(m)}(x)$ について，$\lim\limits_{x \to 0} \rho^{(m)}(x) = 0$ がわかる．ρ は，0 を除く点では C^∞ 級関数の合成関数だから，C^∞ 級である．0 における m 階導関数 $\rho^{(m)}(x)$ について $\rho^{(m)}(0) = 0$ がわかったとすると，0 における $m+1$ 階微分は次のようにして 0 となることがわかる．$\lim\limits_{x \to 0} \dfrac{\rho^{(m)}(x) - \rho^{(m)}(0)}{x} = \lim\limits_{x \to 0} \rho^{(m+1)}(x) = 0$. したがって ρ は C^∞ 級である．

(4)　$F(t) = \Big(\tan\Big(\dfrac{\pi}{2}\rho(t)\Big), -\tan\Big(\dfrac{\pi}{2}\rho(-t)\Big)\Big)$ とすればよい．ここで，$s \longmapsto \tan\Big(\dfrac{\pi}{2}s\Big)$ は $(-1, 1)$ と $\boldsymbol{R}$ の間の微分同相である．

$\boldsymbol{R}^n$ の連結な折れ線については，まず，$f : [0,1] \longrightarrow [0,1]$ を，

$$t \longmapsto \int_0^t \rho(s)\rho(1-s)\,\mathrm{d}\,s \Big/ \int_0^1 \rho(s)\rho(1-s)\,\mathrm{d}\,s$$

により定義する．これは，$0, 1$ における m 階微分 $(m \geqq 1)$ が 0 であるような単調増加な全射である．そこで，$\boldsymbol{R}^n$ の点 $\boldsymbol{x}_k$ $(k \in \boldsymbol{Z})$ を順に結んで得られる折れ線に対し，$\boldsymbol{R} \longrightarrow \boldsymbol{R}^n$ を $[k, k+1]$ 上で，$t \longmapsto \boldsymbol{x}_k + f(t-k)(\boldsymbol{x}_{k+1} - \boldsymbol{x}_k)$ と定めると，これは C^∞ 級の写像で $\boldsymbol{x}_k$ $(k \in \boldsymbol{Z})$ を順に結んで得られる折れ線を像にしている．

第4章 接空間

この章では多様体の接ベクトル，接ベクトルのなす空間を考察する．さらに多様体の間の写像の微分を接写像として定義し，多様体の間の写像についても逆写像定理，陰関数定理が適用できることを見る．

4.1 曲線の接ベクトル

ユークリッド空間内の p 次元多様体 M 上の C^∞ 級曲線 $\varPhi : (a,b) \longrightarrow M \subset \boldsymbol{R}^n$ を考える．$\varPhi$ の $t_0 \in (a,b)$ における接ベクトルは $\dfrac{\mathrm{d}\varPhi}{\mathrm{d}t}(t_0)$ であった．これは，$\boldsymbol{R}^n$ の $\boldsymbol{x}^0 = \varPhi(t_0)$ を基点とするベクトルと考えられた．$\boldsymbol{x}^0$ を基点とするベクトルで，M 上の曲線の接ベクトルとなり得るものは，$\boldsymbol{x}^0$ を基点とする p 次元の実ベクトル空間となっている．

定義 3.1.1 (45 ページ) で与えられた n 次元多様体 M 上の曲線 $c : (a,b) \longrightarrow M \subset \boldsymbol{R}^n$ が，C^∞ 級であることは定義 3.4.1 （57 ページ）で定義した．点の運動と考えれば，その $t = t_0$ における速度ベクトルにあたる $t = t_0$ における接ベクトルを考えたい．

問題は，曲線は M 上に確かにあるので，接ベクトルもありそうだが，その居場所がない，あるいは，座標近傍をとらないと微分もできないから，居場所がばらばらであることである．つまり，$x_0 = c(t_0)$ のまわりの座標近傍を (U, φ) とする．$\varphi \circ c$ は，t_0 の近傍で C^∞ 級である．$\dfrac{\mathrm{d}(\varphi \circ c)}{\mathrm{d}t}(t_0)$ は，$\varphi(U) \subset \boldsymbol{R}^n$ の $\varphi(c(t_0))$ を基点とする接ベクトルである．この接ベクトルは，座標近傍 (U, φ) をとり換えると，異なる点を基点とする異なるベクトルとなる．

曲線は，$x_0 = c(t_0) \in M$ を通るのだから，接ベクトルの居場所は，$x_0 \in M$ によって定まるものであってほしい．曲線の接ベクトルの持つべき最小限の性質は何かということを考えると，x_0 を通る 2 つの曲線の接ベクトルは同じ

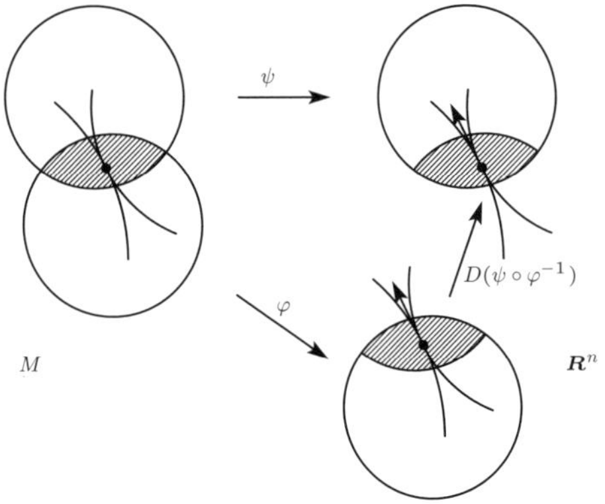

図 4.1 接ベクトルは曲線の同値類である.

かどうか，一方が他方の実数倍かどうかが，判定できることである．また，3 つのベクトルの和が定義されそれが 0 かどうかわかることも必要であろう．

曲線の接ベクトルが直接定義されていなくても，同じかどうかわかるかという問題であるが，これは判定できる．すなわち，$c_1 : (a_1, b_1) \longrightarrow M$, $c_2 : (a_2, b_2) \longrightarrow M$, $c_1(t_1) = c_2(t_2) = x_0 \in M$ とする．x_0 のまわりの座標近傍 (U, φ) をとると，$\dfrac{\mathrm{d}(\varphi\circ c_1)}{\mathrm{d}t}(t_1)$, $\dfrac{\mathrm{d}(\varphi\circ c_2)}{\mathrm{d}t}(t_2)$ は，$\varphi(x_0) \in \varphi(U) \subset \boldsymbol{R}^n$ を基点とする $\boldsymbol{R}^n$ のベクトルである．x_0 のまわりの別の座標近傍 (V, ψ) をとると，$\psi(x_0) \in \psi(V) \subset \boldsymbol{R}^n$ を基点とする $\boldsymbol{R}^n$ のベクトル $\dfrac{\mathrm{d}(\psi\circ c_1)}{\mathrm{d}t}(t_1)$, $\dfrac{\mathrm{d}(\psi\circ c_2)}{\mathrm{d}t}(t_2)$ を得る．ここで，$\dfrac{\mathrm{d}(\varphi\circ c_1)}{\mathrm{d}t}(t_1) = \dfrac{\mathrm{d}(\varphi\circ c_2)}{\mathrm{d}t}(t_2)$ ならば，$\dfrac{\mathrm{d}(\psi\circ c_1)}{\mathrm{d}t}(t_1) = \dfrac{\mathrm{d}(\psi\circ c_2)}{\mathrm{d}t}(t_2)$ である．実際，t_i の近傍で，$\psi\circ c_i = (\psi\circ\varphi^{-1})\circ(\varphi\circ c_i)$ $(i = 1, 2)$ として，

$$\begin{aligned}\frac{\mathrm{d}(\psi\circ c_1)}{\mathrm{d}t}(t_1) &= D(\psi\circ\varphi^{-1})_{(\varphi(x_0))}\frac{\mathrm{d}(\varphi\circ c_1)}{\mathrm{d}t}(t_1) \\ &= D(\psi\circ\varphi^{-1})_{(\varphi(x_0))}\frac{\mathrm{d}(\varphi\circ c_2)}{\mathrm{d}t}(t_2) = \frac{\mathrm{d}(\psi\circ c_2)}{\mathrm{d}t}(t_2)\end{aligned}$$

となる．したがって，2 つの曲線が M の同じ点 x_0 を通るときの接ベクトルが同じかどうかを，局所座標をとって判定することとすると，同じかどうかの判定はできることになる．

ここで，考え方を逆転して，局所座標をとって判定したとき，同じ接ベクトルを持つ曲線の同値類を接ベクトルと定めると，曲線の接ベクトルが M の

点 x_0 におけるベクトルと考えられることになる．

定義 4.1.1（接ベクトル） 多様体 M の点 x_0 を通る C^∞ 級の曲線全体の集合

$$\mathcal{C}_{x_0} = \{c_i : (a_i, b_i) \longrightarrow M \mid c_i(t_i) = x_0\}_{i \in I}$$

を考える．点 x_0 のまわりの座標近傍 (U, φ) をとり，$\mathcal{C}_{x_0}$ の元の間の関係 $\sim$ を

$$c_1 \sim c_2 \Longleftrightarrow \frac{\mathrm{d}(\varphi \circ c_1)}{\mathrm{d}t}(t_1) = \frac{\mathrm{d}(\varphi \circ c_2)}{\mathrm{d}t}(t_2)$$

により定義すると，これは同値関係となり，さらに同値関係は座標近傍 (U, φ) のとり方によらない．この同値類を M の x_0 における**接ベクトル**と呼ぶ．

4.2 接ベクトル空間

同値類の空間 $\mathcal{C}_{x_0}/\!\sim$ を考える．点 x_0 のまわりの座標近傍 (U, φ) をとると，写像

$$\begin{array}{ccc} \mathcal{C}_{x_0} & \longrightarrow & \boldsymbol{R}^n \\ c_i & \longmapsto & \dfrac{\mathrm{d}(\varphi \circ c_i)}{\mathrm{d}t}(t_i) \end{array}$$

は，同値類は値が等しいことで定めたので単射 $\varphi_* : \mathcal{C}_{x_0}/\!\sim \longrightarrow \boldsymbol{R}^n$ を定義する．これは，全射である．実際，$\boldsymbol{v} = (v_1, \ldots, v_n)$ に対し，$c_\varphi^{\boldsymbol{v}}(t) = \varphi^{-1}(t\boldsymbol{v} + \varphi(x_0))$ とおく．ただし，$t \in (-\varepsilon_\varphi^{\boldsymbol{v}}, \varepsilon_\varphi^{\boldsymbol{v}})$ で定義され，この範囲で，$t\boldsymbol{v} + \varphi(x_0) \in \varphi(U)$ とする．このとき，$\varphi_*(c_\varphi^{\boldsymbol{v}}) = \dfrac{\mathrm{d}(t\boldsymbol{v} + \varphi(x_0))}{\mathrm{d}t}(0) = \boldsymbol{v}$ である．

点 x_0 のまわりの座標近傍 (U, φ) を用いて定義された全単射 $\varphi_* : \mathcal{C}_{x_0}/\!\sim \longrightarrow \boldsymbol{R}^n$ により，$\boldsymbol{R}^n$ の実ベクトル空間としての構造（スカラー倍と和）を $\mathcal{C}_{x_0}/\!\sim$ に導入する．

$\mathcal{C}_{x_0}/\!\sim$ のベクトル空間としての構造（スカラー倍と和）は，x_0 のまわりの別の座標近傍 (V, ψ) を用いて定義しても変わらない．これは，

$$\frac{\mathrm{d}(\psi \circ c_i)}{\mathrm{d}t}(t_i) = D(\psi \circ \varphi^{-1})_{(\varphi(x_0))} \frac{\mathrm{d}(\varphi \circ c_i)}{\mathrm{d}t}(t_i)$$

から従う．実際に計算すると次のようになる．$\boldsymbol{v}_i \in \boldsymbol{R}^n$, $a_i \in \boldsymbol{R}$ $(i = 1, 2)$ とする．

$$\begin{aligned}\frac{\mathrm{d}(\psi\circ c_\varphi^{a_1\boldsymbol{v}_1+a_2\boldsymbol{v}_2})}{\mathrm{d}t}(0) &= D(\psi\circ\varphi^{-1})_{(\varphi(x_0))}\frac{\mathrm{d}(t(a_1\boldsymbol{v}_1+a_2\boldsymbol{v}_2)+\varphi(x_0))}{\mathrm{d}t}(0)\\ &= D(\psi\circ\varphi^{-1})_{(\varphi(x_0))}(a_1\boldsymbol{v}_1+a_2\boldsymbol{v}_2)\\ &= a_1D(\psi\circ\varphi^{-1})_{(\varphi(x_0))}\boldsymbol{v}_1+a_2D(\psi\circ\varphi^{-1})_{(\varphi(x_0))}\boldsymbol{v}_2\\ &= a_1\frac{\mathrm{d}(\psi\circ c_\varphi^{\boldsymbol{v}_1})}{\mathrm{d}t}(0)+a_2\frac{\mathrm{d}(\psi\circ c_\varphi^{\boldsymbol{v}_2})}{\mathrm{d}t}(0)\end{aligned}$$

定義 4.2.1　n 次元実ベクトル空間 $\mathcal{C}_{x_0}/{\sim}$ を $T_{x_0}M$ と書き，多様体 M の x_0 における**接空間**（**接ベクトル空間**）と呼ぶ．

座標近傍 (U,φ) をとり，$\varphi(x)=(x_1(x),\dots,x_n(x))$ とする．$\boldsymbol{e}_i=(0,\dots,0,\overset{i}{1},0,\dots,0)$ とすると，$([c_\varphi^{\boldsymbol{e}_1}],\dots,[c_\varphi^{\boldsymbol{e}_n}])$ が，$T_{x_0}M$ の基底となる．基底のとり方は，座標関数 φ に依存している．以下の理由で，$[c_\varphi^{\boldsymbol{e}_i}]=\dfrac{\partial}{\partial x_i}$ と書く．

理由の 1 つは曲線は曲線に沿う（偏）微分，すなわち方向微分を表していると考えてよいことである（問題 5.1.6 （93 ページ）参照）．

もう 1 つは，座標近傍をとり替えたときの基底の変換が形式的にできることである．座標近傍 (V,ψ) をとり，$\psi(x)=(y_1(x),\dots,y_n(x))$ とする．このとき，基底は $[c_\psi^{\boldsymbol{e}_i}]=\dfrac{\partial}{\partial y_i}$ と書かれる．

c が定める接ベクトルは，$\displaystyle\sum_{i=1}^n\frac{\mathrm{d}(x_i\circ c)}{\mathrm{d}t}(t_0)\frac{\partial}{\partial x_i}$，$\displaystyle\sum_{i=1}^n\frac{\mathrm{d}(y_i\circ c)}{\mathrm{d}t}(t_0)\frac{\partial}{\partial y_i}$ と書かれる．$\psi\circ\varphi^{-1}$ は座標で $(y_1(x_1,\dots,x_n),\dots,y_n(x_1,\dots,x_n))$ と書かれ，そのヤコビ行列は $\displaystyle\Big(\frac{\partial y_i}{\partial x_j}\Big)_{i,j=1,\dots,n}$ と書かれる．したがって，

$$\frac{\mathrm{d}(y_i\circ c)}{\mathrm{d}t}(t_0)=\sum_{j=1}^n\frac{\partial y_i}{\partial x_j}(\varphi(x_0))\frac{\mathrm{d}(x_j\circ c)}{\mathrm{d}t}(t_0)$$

であるが，これを

$$\begin{aligned}\sum_{i=1}^n\frac{\mathrm{d}(y_i\circ c)}{\mathrm{d}t}(t_0)\frac{\partial}{\partial y_i} &= \sum_{i=1}^n\Big(\sum_{j=1}^n\frac{\partial y_i}{\partial x_j}(\varphi(x_0))\frac{\mathrm{d}(x_j\circ c)}{\mathrm{d}t}(t_0)\Big)\frac{\partial}{\partial y_i}\\ &= \sum_{j=1}^n\frac{\mathrm{d}(x_j\circ c)}{\mathrm{d}t}(t_0)\frac{\partial}{\partial x_j}\end{aligned}$$

と書いてみると，座標変換に伴う接ベクトルの変換は，$\dfrac{\partial}{\partial x_j}$ に $\displaystyle\sum_{i=1}^n\frac{\partial y_i}{\partial x_j}(\varphi(x_0))\frac{\partial}{\partial y_i}$ を代入したものになっている．

4.3 接写像

多様体 M, N の間に，C^∞ 級写像 $F : M \longrightarrow N$ が与えられているとする．$x \in M$ を通る曲線 $c : (a, b) \longrightarrow M$ $(c(t_0) = x)$ で表される接ベクトルに対し，$F(x) \in N$ を通る曲線 $F \circ c : (a, b) \longrightarrow N$ $((F \circ c)(t_0) = F(x))$ で表される接ベクトルを対応させせることができる．

これは，写像 $F_* : T_x M \longrightarrow T_{F(x)} N$ を導く．この写像は線形写像である．実際，x のまわりの座標近傍 (U, φ)，$F(x)$ のまわりの座標近傍 (V, ψ) をとり，前と同じように $\boldsymbol{v}_i \in \boldsymbol{R}^n$, $a_i \in \boldsymbol{R}$ $(i = 1, 2)$ とする．

$$
\begin{aligned}
&\frac{\mathrm{d}(\psi \circ F \circ c_\varphi^{a_1 \boldsymbol{v}_1 + a_2 \boldsymbol{v}_2})}{\mathrm{d}t}(0) \\
&= D(\psi \circ F \circ \varphi^{-1})_{(\varphi(x_0))} \frac{\mathrm{d}(t(a_1 \boldsymbol{v}_1 + a_2 \boldsymbol{v}_2) + \varphi(x_0))}{\mathrm{d}t}(0) \\
&= D(\psi \circ F \circ \varphi^{-1})_{(\varphi(x_0))}(a_1 \boldsymbol{v}_1 + a_2 \boldsymbol{v}_2) \\
&= a_1 D(\psi \circ F \circ \varphi^{-1})_{(\varphi(x_0))} \boldsymbol{v}_1 + a_2 D(\psi \circ F \circ \varphi^{-1})_{(\varphi(x_0))} \boldsymbol{v}_2 \\
&= a_1 \frac{\mathrm{d}(\psi \circ F \circ c_\varphi^{\boldsymbol{v}_1})}{\mathrm{d}t}(0) + a_2 \frac{\mathrm{d}(\psi \circ F \circ c_\varphi^{\boldsymbol{v}_2})}{\mathrm{d}t}(0)
\end{aligned}
$$

すなわち，$F_*(a_1 [c_\varphi^{\boldsymbol{v}_1}] + a_2 [c_\varphi^{\boldsymbol{v}_2}]) = a_1 F_*[c_\varphi^{\boldsymbol{v}_1}] + a_2 F_*[c_\varphi^{\boldsymbol{v}_2}]$ が成立する．

こうして定義された写像 F_* を F の x における**接写像** (tangent map) という．接写像は座標近傍 (U, φ), (V, ψ) をとると，写像 $\psi \circ F \circ \varphi^{-1}$ のヤコビ行列 $D(\psi \circ F \circ \varphi^{-1})$ で表されている．多様体の間の写像の微分を接空間から接空間への線形写像として定義したものである．

接写像 F_* については，$T_x F$, $D_x F$, $(dF)_x$ など，さまざまな記法がある．F_* という書き方は，C^∞ 級写像

$$
M_1 \xrightarrow{\ F_1\ } M_2 \xrightarrow{\ F_2\ } M_3
$$

とその合成 $F_2 \circ F_1 : M_1 \longrightarrow M_3$ に対して，

$$
T_x M_1 \xrightarrow{\ (F_1)_*\ } T_{F_1(x)} M_2 \xrightarrow{\ (F_2)_*\ } T_{F_2(F_1(x))} M_3
$$

と $(F_2 \circ F_1)_* : T_x M_1 \longrightarrow T_{(F_2 \circ F_1)(x)} M_3$ が定義されるが，これが，**共変性** $(F_2 \circ F_1)_* = (F_2)_* (F_1)_*$ を満たすときに，下付きの $*$ で誘導された写像を表す

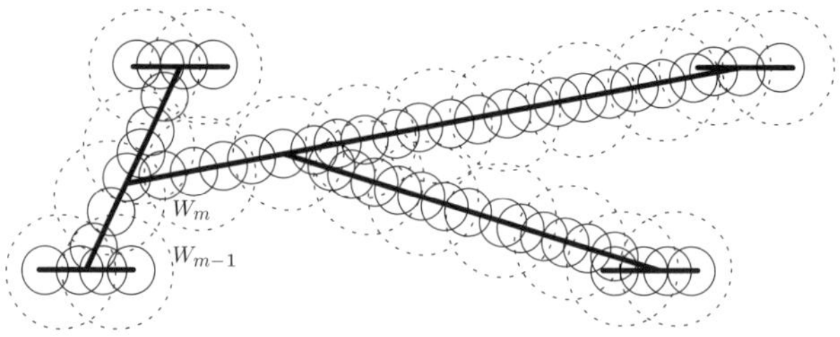

図 4.2 例題 4.3.1 の W_m.

ことによっている．接写像についてはチェインルール（例題 1.2.8（11 ページ））により，共変性が成立している．

接写像 $F_*: T_xM \longrightarrow T_{F(x)}N$ は線形写像であるから，そのランクが定義される．ランクは，座標近傍をとって計算したヤコビ行列 $D(\psi\circ F\circ\varphi^{-1})_{(\varphi(x_0))}$ のランクである．$\psi\circ F\circ\varphi^{-1}$ はユークリッド空間の開集合の間の写像であるから，これに対して，逆写像定理 1.2.1（6 ページ），陰関数定理 1.2.3（7 ページ）が成立する．

逆写像定理により，M, N を n 次元多様体として，C^∞ 級写像 $F: M \longrightarrow N$ の $x_0 \in M$ における接写像 $F_*: T_{x_0}M \longrightarrow T_{F(x_0)}N$ のランクが n のとき，F は x_0 の近傍から，$F(x_0)$ の近傍への微分同相写像となる．M の任意の点 x で接写像 $F_*: T_xM \longrightarrow T_{F(x)}N$ のランクが n であっても F が M から $F(M)$ $(\subset N)$ への微分同相写像を与えるとは限らない．しかし，M のコンパクト部分集合 K 上で F が単射ならば，F は K の近傍 V から $F(K)$ の近傍 $F(V)$ への微分同相写像となる．

【例題 4.3.1】 M, N を n 次元多様体とする．C^∞ 級写像 $F: M \longrightarrow N$ が，M のコンパクト集合 K に対し，次を満たすとする．

- $x \in K$ に対し，接写像 $F_*: T_xM \longrightarrow T_{F(x)}N$ のランクは n であり，$F|K: K \longrightarrow F(K)$ は単射である．

このとき，F は K の近傍 V から $F(K)$ の近傍 $F(V)$ への微分同相写像であることを示せ．

【解】 $x \in K$ の座標近傍 (U_i, φ_i), $F(x) \in F(K)$ の座標近傍 (V_j, ψ_j) をとると，逆写像定理 1.2.1（6 ページ）により，x の近傍 U_x $(\subset U_i)$, $F(x)$ の座標近傍 $V_{F(x)}$ $(\subset V_j)$ で $F|U_x: U_x \longrightarrow V_{F(x)}$ が微分同相となるものが存在する．このような U_x

は $\overline{U_x}$ がコンパクトであるようにとれる．$\{U_x\}_{x\in K}$ は K の開被覆となるから，有限部分被覆 $\{U_{x_k}\}_{k=1,\dots,k_0}$ を持つ．

U_x は座標近傍の中にとられているから，$U_x \supset \overline{U_x^1} \supset U_x^1 \supset \cdots$ という開集合の減少列で $\displaystyle\bigcap_{m=1}^{\infty} U_x^m = \{x\}$ となるものが存在する．

K の開被覆 $\{U_x^m\}_{x\in K}$ の有限部分被覆として，$\{U_{x_k}^m\}_{k=1,\dots,k_0^m}$ が得られ，$W_m = \displaystyle\bigcup_{k=1}^{k_0^m} U_{x_k}^m$ とおくと，$W_1 \supset \overline{W_2} \supset W_2 \supset \cdots$ を満たし，$\displaystyle\bigcap_{m=1}^{\infty} \overline{W_m} = K$ となる．

例題は，ある m に対し $F : W_m \longrightarrow F(W_m)$ は単射であることを示せばよい．

背理法による．$x_m, y_m \in W_m$ で $x_m \neq y_m$, $F(x_m) = F(y_m)$ を満たすものがあるとする．$\{x_m\}$, $\{y_m\}$ の部分列をとれば $\ell \to \infty$ のとき，$x_{m_\ell} \to x_\infty \in K$, $y_{m_\ell} \to y_\infty \in K$ のように収束するとしてよい．

$$F(x_\infty) = \lim_{\ell\to\infty} F(x_{m_\ell}) = \lim_{\ell\to\infty} F(y_{m_\ell}) = F(y_\infty)$$

で，F は K 上で単射であるから $x_\infty = y_\infty$ となる．

$x_\infty = y_\infty \in U_{x_\infty}$ であり，十分大きな ℓ に対して，$x_{m_\ell}, y_{m_\ell} \in U_{x_\infty}$ となるが，$F(x_{m_\ell}) = F(y_{m_\ell})$ と，U_{x_∞} 上で F は単射であることから，$x_{m_\ell} = y_{m_\ell}$ となり，仮定に反する．

【問題 4.3.2】 $\boldsymbol{R}^2$ 上の次で定義される同値関係を考える．

$$\begin{aligned}&(x_1, y_1) \sim (x_2, y_2)\\ &\quad\Longleftrightarrow (x_1 + m, y_1 + n) = (x_2, y_2) \text{ となる } (m, n) \in \boldsymbol{Z}^2 \text{ が存在する}\end{aligned}$$

この同値関係による商空間を $\boldsymbol{R}^2/\boldsymbol{Z}^2$ と書く．

(1) $\boldsymbol{R}^2/\boldsymbol{Z}^2$ はハウスドルフ空間であることを示せ．

(2) $\boldsymbol{R}^2/\boldsymbol{Z}^2$ は 2 次元多様体であることを示せ．

(3) A を 2 行 2 列の整係数行列とするとき，線形写像 $A : \boldsymbol{R}^2 \longrightarrow \boldsymbol{R}^2$ は微分可能な写像 $F_A : \boldsymbol{R}^2/\boldsymbol{Z}^2 \longrightarrow \boldsymbol{R}^2/\boldsymbol{Z}^2$ を定義することを示せ．

(4) $\mathrm{rank}(F_A)_*$ を求めよ．

解答例は 86 ページ．

【問題 4.3.3】 G は群であり，n 次元 C^∞ 級多様体でもあるとする．群の演算 $G \times G \longrightarrow G$ が C^∞ 級写像であると仮定する．このような G はリー群と呼ばれる．

(1) $L_g : G \longrightarrow G$ を $L_g(h) = gh$ で定義すると，L_g は C^∞ 級微分同相写像であることを示せ．

(2) 群の演算 $G \times G \longrightarrow G$ の接写像 $T_{(g,h)}(G \times G) \longrightarrow T_{gh}G$ のランクを求めよ．

(3) 群の逆元をとる演算 $G \longrightarrow G$ は C^∞ 級であることを示せ．

ヒント：(2) c_g を g に値をとる定値写像とし，$G \xrightarrow{(c_g, L_h)} G \times G \xrightarrow{\text{演算}} G \xrightarrow{L_{(gh)^{-1}}} G$ の接写像のランクを考える．(3) 陰関数定理．解答例は 87 ページ．

4.4 部分多様体

$M \subset N$ が n 次元多様体 N の（正則な）p 次元部分多様体であることを，ユークリッド空間の多様体と同じように定義する．近傍としては座標近傍をとる．$p+q=n$ とすると次のように書かれる．

- 陰関数表示

  すべての $x^0 \in M$ に対し，ある座標近傍 (U, φ) をとると，U 上で定義された C^∞ 級関数 $F : U \longrightarrow \boldsymbol{R}^q$ で，$D(F \circ \varphi^{-1})$ のランクが q であるようなものがあって，$M \cap U = \{x \in U \mid F(x) = F(x^0)\}$ となる．

- パラメータ表示

  すべての $x^0 \in M$ とその近傍 U に対し，U に含まれる座標近傍 (V, φ) をとると，p 次元ユークリッド空間の開集合 W 上で定義された V に値を持つ像への同相写像となる C^∞ 級単射 $\varPhi : W \longrightarrow V$ で，すべての $\boldsymbol{u} \in W$ に対し，$D(\varphi \circ \varPhi)$ のランクは p であり，$M \cap V = \{\varPhi(\boldsymbol{u}) \mid \boldsymbol{u} \in W\}$ となるものが存在する．

座標近傍のとり方に自由度があるので，これらは次と同値である．次が通常の部分多様体の定義である．

定義 4.4.1（部分多様体） n 次元多様体 N に対し，$M \subset N$ が p 次元部分多様体であるとは，すべての $x^0 \in M$ に対し，ある座標近傍 (U, φ) をとると，$\varphi(x) = (x_1, \ldots, x_n)$ とするとき，

$$M \cap U = \{x \in U \mid x_{p+1} = \cdots = x_n = 0\}$$

となることである．

これを見ると，多様体 N の定義は座標近傍系 $\{(U_i,\varphi_i)\}_{i\in I}$ で与えられていたはずで，そのなかにこのような座標近傍 (U,φ) が入っているかどうかわからないという疑問が湧くであろう．それはまったく正当である．そこで，次のような定義をおく．

C^∞ 級多様体 N が，座標近傍系 $\{(U_i,\varphi_i)\}_{i\in I}$ で与えられているとき，N の開集合 U と U から $\boldsymbol{R}^n$ の中への同相写像 (U,φ) $(U\subset N, \varphi: U\longrightarrow \varphi(U)\subset \boldsymbol{R}^n)$ が，$\{(U_i,\varphi_i)\}_{i\in I}$ と**両立する**とは，$\{(U_i,\varphi_i)\}_{i\in I}\cup\{(U,\varphi)\}$ が，座標近傍系となることである（特に座標変換が，C^∞ 級となることが重要である）．

この考えをもう少しひろげると，次の定義を得る．N の 2 つの座標近傍系 $\{(U_i,\varphi_i)\}_{i\in I}$，$\{(U'_j,\varphi'_j)\}_{j\in J}$ が同値とは，その和集合 $\{(U_i,\varphi_i)\}_{i\in I}\cup\{(U'_j,\varphi'_j)\}_{j\in J}$ が，座標近傍系となることである（一方の各元がもう一方の座標近傍系と両立することである）．$F:N\longrightarrow N$ が微分同相写像であることは，$\{(U_i,\varphi_i)\}_{i\in I}$ と $\{(F^{-1}(U_i),\varphi_i\circ F)\}_{i\in I}$ が同値であることである．

このような同値類を，N の C^∞ **構造**，**微分可能構造**と呼ぶ．本書では今後，考えている座標近傍系 $\{(U_i,\varphi_i)\}_{i\in I}$ と両立する (U,φ) はすべて座標近傍と呼ぶことにする．C^∞ 級多様体とは，N の開集合と $\boldsymbol{R}^n$ の中への同相写像 (U,φ) が座標近傍であるかどうか判定できる空間のことである．この意味で定義 4.4.1 を理解することにする．

このような座標近傍の自由度があると，m 次元多様体 M と n 次元多様体 N の間の C^∞ 級写像 $F:M\longrightarrow N$ に対し，接写像 $F_*:T_{x_0}M\longrightarrow T_{F(x_0)}N$ のランクが $\min\{m,n\}$ であるとき，次のような x_0 の座標近傍 (U,φ), $F(x_0)$ の座標近傍 (V,ψ) が存在する．$\varphi=(x_1,\dots,x_m)$, $\psi=(y_1,\dots,y_n)$ として，

$m\leqq n$ ならば，　$(y_i\circ F\circ\varphi^{-1})(x_1,\dots,x_m)=\begin{cases} x_i & (i=1,\dots,m)\\ 0 & (i=m+1,\dots,n)\end{cases}$

$m\geqq n$ ならば，　$(y_i\circ F\circ\varphi^{-1})(x_1,\dots,x_m)=x_i\quad(i=1,\dots,n)$

となる．特に，$m\geqq n$ のとき，

$$F^{-1}(F(x_0))\cap U=\{x\in U \mid x_{n+1}(x)=\cdots=x_m(x)=0\}$$

であり，F の逆像は $m-n$ 次元部分多様体となる．

多様体 M, N の次元を m, n とし，$m<n$ とする．$F:M\longrightarrow N$ について，接写像 $F_*:T_xM\longrightarrow T_{F(x)}N$ のランクがすべての $x\in M$ に対して，$m=\dim M$ であるとする．このような F は**はめ込み**（イマーション，

immersion）と呼ばれる．

はめ込み F は単射とは限らない．はめ込み F が単射であっても，$F(M) \subset N$ が（正則な）部分多様体とは限らない．F により，N の位相から M に誘導される位相が，M の位相と一致するときに，$F(M)$ は（正則な）部分多様体となる．このような F は**埋め込み**（エンベディング，embedding）と呼ばれる．

コンパクトな空間からの連続な単射は像への同相写像である（54 ページ）から次の定理が成立する．

定理 4.4.2　$F: M \longrightarrow N$ が単射であるはめ込みとする．M がコンパクトとすると $F(M) \subset N$ は N の部分多様体である．

多様体 M, N の次元をそれぞれ m, n とし，$m \geqq n$ とする．$F: M \longrightarrow N$ の接写像 $F_*: T_xM \longrightarrow T_{F(x)}N$ のランクがすべての $x \in M$ に対して，$n = \dim N$ であるとする．このような F は**沈め込み**（サブマーション，submersion）と呼ばれる．このとき，$F^{-1}(y)$ は M の $m-n$ 次元部分多様体である．

M をコンパクト，N は連結とする．F が沈め込みであるとすると F は全射である．このとき $F^{-1}(y)$ は空集合ではない $m-n$ 次元部分多様体であるが，さらに，y によらず，微分同相であることが後に示される（例題 8.6.1（187 ページ参照））．

【例題 4.4.3】　$F: N_1 \longrightarrow N_2$ を多様体の間の C^∞ 級写像とする．$M_1 \subset N_1$，$M_2 \subset N_2$ を部分多様体とする．$F(M_1) \subset M_2$ とすると，F が M_1 と M_2 の間に誘導する写像 $G: M_1 \longrightarrow M_2$ も C^∞ 級写像となることを示せ．

【解】　$F|M_1 = F \circ i_{M_1}$ は C^∞ 級写像である．M_2 が N_2 の部分多様体であるから，$F(x_0) \in M_2 \subset N_2$ の座標近傍 (V, ψ) で，$m_2 = \dim M_2$，$n_2 = \dim N_2$，$\psi = (y_1, \dots, y_{n_2})$ とするとき，$M_2 \cap V = \{y_{m_2+1} = \cdots = y_{n_2} = 0\}$ となるものがある．したがって，$(y_1, \dots, y_{m_2}) \circ F \circ \varphi^{-1}$ は C^∞ 級写像である．よって $G: M_1 \longrightarrow M_2$ も C^∞ 級写像となる．

【問題 4.4.4】　(1) $GL(n; \boldsymbol{R})$ は，n^2 次元 C^∞ 級多様体であることを示せ．また，$SL(n; \boldsymbol{R})$ は，$GL(n; \boldsymbol{R})$ の n^2-1 次元 C^∞ 級部分多様体であることを示せ．

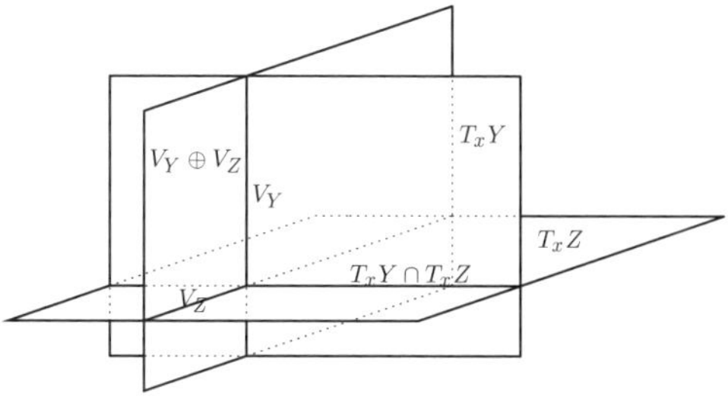

図 **4.3** 例題 4.4.7 の接空間.

(2) 行列の積 $GL(n;\boldsymbol{R}) \times GL(n;\boldsymbol{R}) \longrightarrow GL(n;\boldsymbol{R})$，逆行列をとる操作 $GL(n;\boldsymbol{R}) \longrightarrow GL(n;\boldsymbol{R})$ は，C^∞ 級の写像であることを確認し，$SL(n;\boldsymbol{R})$ に対しても，それぞれの操作が C^∞ 級であることを示せ.

ヒント：(1) 陰関数定理を使う．det の微分が det $= 1$ の点で 0 でないことを，行列式の行あるいは列による展開を用いて示す．解答例は 87 ページ.

【問題 4.4.5】 $O(n) = \{A \mid A \in M(n;\boldsymbol{R}),\ {}^tAA = \mathbf{1}\}$ は，$\dfrac{n(n-1)}{2}$ 次元 C^∞ 級多様体であることを示せ.

ヒント：陰関数定理を使う．$A \longmapsto {}^tAA$ の A における微分が線形写像 $X \longmapsto {}^tXA + {}^tAX$ となること，この線形写像は，$X \longmapsto {}^tAX,\ Y \longmapsto {}^tY + Y$ を結合したものであることから，ランクがわかる．解答例は 88 ページ.

注意 4.4.6 (1) $O(n)$ は det $= \pm 1$ となる 2 つの連結成分からなる．det $= +1$ の成分が $SO(n)$ である.

(2) $U(n) = \{A \mid A \in M(n;\boldsymbol{C}),\ A^*A = \mathbf{1}\}$ が実 n^2 次元多様体となることも同様に示される.

次の例題のような状況は，具体的な写像の解析にしばしば現れる．また，いろいろな性質を持つ多様体を横断的な交わりの共通部分として構成する方法はトムやポントリャーギンにより用いられた.

【例題 4.4.7】 （C^∞ 級）多様体 X の部分多様体 Y, Z が横断的に交わるとは，すべての $x \in Y \cap Z$ について $T_xY + T_xZ = T_xX$ が成立することである.

X の部分多様体 Y, Z が横断的に交わるとき，$Y \cap Z$ も X の部分多様体になることを示せ.

【解】 $x_0 \in Y \cap Z$ の座標近傍 (U, φ) をとり，U 上で部分多様体 Y, Z を定義する C^∞ 級写像 $F_Y : U \longrightarrow \boldsymbol{R}^{\dim X - \dim Y}$, $F_Z : U \longrightarrow \boldsymbol{R}^{\dim X - \dim Z}$ をとる．

$$U \cap Y = {F_Y}^{-1}(F_Y(x_0)), \quad U \cap Z = {F_Z}^{-1}(F_Z(x_0)),$$

$x \in U$ に対し，$F_{Y*} : T_xX \longrightarrow \boldsymbol{R}^{\dim X - \dim Y}$ のランクは $\dim X - \dim Y$, $F_{Z*} : T_xX \longrightarrow \boldsymbol{R}^{\dim X - \dim Z}$ のランクは $\dim X - \dim Z$ である．

$$(F_Y, F_Z) : U \longrightarrow \boldsymbol{R}^{\dim X - \dim Y} \times \boldsymbol{R}^{\dim X - \dim Z}$$

を考える．$T_xY + T_xZ = T_xX$ であるが，$T_xY = (T_xY \cap T_xZ) \oplus V_Y$, $T_xZ = (T_xY \cap T_xZ) \oplus V_Z$ となるような部分ベクトル空間 V_Y, V_Z をとると，$F_{Y*}|V_Z : V_Z \longrightarrow \boldsymbol{R}^{\dim X - \dim Y}$, $F_{Z*}|V_Y : V_Y \longrightarrow \boldsymbol{R}^{\dim X - \dim Z}$ は同型写像である．このとき，

$$(F_Y, F_Z)_*|(V_Z \oplus V_Y) : V_Z \oplus V_Y \longrightarrow \boldsymbol{R}^{\dim X - \dim Y} \oplus \boldsymbol{R}^{\dim X - \dim Z}$$

は同型写像であるから，$(F_Y, F_Z)_* : T_xX \longrightarrow \boldsymbol{R}^{\dim X - \dim Y} \oplus \boldsymbol{R}^{\dim X - \dim Z}$ のランクは $2\dim X - \dim Y - \dim Z$ である．したがって，

$$U \cap (Y \cap Z) = (F_Y, F_Z)^{-1}(F_Y(x_0), F_Z(x_0))$$

の和集合として，$Y \cap Z$ は，$\dim Y + \dim Z - \dim X$ 次元部分多様体となる．

4.5 接束（展開）

n 次元多様体 M に対し，M の点 x における接ベクトル空間 T_xM をすべての点 x にわたって直和をとった集合を考える．この集合に自然な位相を考え，$2n$ 次元の多様体とすることができる．

もしも多様体 M がユークリッド空間 $\boldsymbol{R}^N$ 内の p 次元多様体であるとすると，$\boldsymbol{x}^0 \in M$ における接空間 $T_{\boldsymbol{x}^0}M$ は $\boldsymbol{x}^0$ を基点とする $\boldsymbol{R}^N$ の p 次元部分空間である．これらの和を単純にとると，これは直和とならないことも多いが，$\boldsymbol{R}^N \times \boldsymbol{R}^N$ 内の，$\{\boldsymbol{x}^0\} \times T_{\boldsymbol{x}^0}M$ について和をとると

$$\{(\boldsymbol{x}, \boldsymbol{v}) \in \boldsymbol{R}^N \times \boldsymbol{R}^N \mid \boldsymbol{x} \in M, \boldsymbol{v} \in T_{\boldsymbol{x}}M\}$$

は，ユークリッド空間 $\boldsymbol{R}^{2N}$ 内の $2p$ 次元多様体となる（問題 4.5.3 参照）．

一般の多様体に対してもこのような多様体を定義することができる．

M の座標近傍系 $\{(U_i, \varphi_i)\}_{i\in I}$ をとり，$V_i = \varphi_i(U_i)$, $V_{ij} = \varphi_j(U_i \cap U_j)$, $\gamma_{ij} = \varphi_i \circ (\varphi_j | U_i \cap U_j)^{-1} : V_{ij} \longrightarrow V_{ji}$ とする．直和 $\bigsqcup_{i\in I} V_i$ において，

$$V_{ji} \ni \boldsymbol{x}_i \sim \boldsymbol{x}_j \in V_{ij} \Longleftrightarrow \boldsymbol{x}_i = \gamma_{ij}(\boldsymbol{x}_j)$$

と定義すると，$\sim$ は同値関係であり，$X = \big(\bigsqcup_{i\in I} V_i\big)/\!\sim$ は M と微分同相な多様体となることを示した（例題 3.5.2（62 ページ）参照）．

さらに，直和 $\bigsqcup_{i\in I}(V_i \times \boldsymbol{R}^n)$ を考えて，その上の関係 $\sim$ を

$$V_{ji} \times \boldsymbol{R}^n \ni (\boldsymbol{x}_i, \boldsymbol{v}_i) \sim (\boldsymbol{x}_j, \boldsymbol{v}_j) \in V_{ij} \times \boldsymbol{R}^n \Longleftrightarrow \boldsymbol{x}_i = \gamma_{ij}(\boldsymbol{x}_j), \boldsymbol{v}_i = (D\gamma_{ij})_{(\boldsymbol{x}_j)}\boldsymbol{v}_j$$

と定義する．

写像 $G_{ij} : V_{ij} \times \boldsymbol{R}^n \longrightarrow V_{ji} \times \boldsymbol{R}^n$ を $G_{ij}(\boldsymbol{x}_j, \boldsymbol{v}_j) = (\gamma_{ij}(\boldsymbol{x}_j), (D\gamma_{ij})_{(\boldsymbol{x}_j)}\boldsymbol{v}_j)$ で定義すると，これは微分同相写像であり，$G_{ii} = \mathrm{id}_{V_i \times \boldsymbol{R}^n}$ とすると，$G_{ij} \circ G_{jk} = G_{ik}$ を満たす．したがって，$\bigsqcup_{i\in I}(V_i \times \boldsymbol{R}^n)$ 上の関係 $\sim$ は同値関係であり，$Y = \big(\bigsqcup_{i\in I}(V_i \times \boldsymbol{R}^n)\big)/\!\sim$ がハウスドルフ空間であれば，$2n$ 次元多様体となる．

さて，$\bigsqcup_{i\in I}(V_i \times \boldsymbol{R}^n) \longrightarrow \bigsqcup_{i\in I} V_i$ を第 1 成分への射影を集めた写像とする．これは同値類を同値類に写すので，写像 $P : Y \longrightarrow X$ が定義される．この写像は，連続な全射である．実際，連続性は，開集合 $W \in X$ に対して，

$$p_Y^{-1}(P^{-1}(W)) = \mathrm{pr}_1{}^{-1}(p_X^{-1}(W)) = p_X^{-1}(W) \times \boldsymbol{R}^n$$

が $\bigsqcup_{i\in I}(V_i \times \boldsymbol{R}^n)$ の開集合であることからわかる．

さて，$p_X | V_i : V_i \longrightarrow p_X(V_i)$, $p_Y | (V_i \times \boldsymbol{R}^n) : V_i \times \boldsymbol{R}^n \longrightarrow p_Y(V_i \times \boldsymbol{R}^n)$ は同相写像であり，$h_i : P^{-1}(p_X(V_i)) \longrightarrow p_X(V_i) \times \boldsymbol{R}^n$ という同相写像で，$\mathrm{pr}_1 \circ h_i = P$ が満たされる．このとき問題 3.5.3（63 ページ）により，$\boldsymbol{R}^n$, X がハウスドルフ空間であることから Y がハウスドルフ空間であることがわかる．

こうして定義された多様体 Y は M の**接束**と呼ばれ，TM と書かれる．$P : Y \longrightarrow X$ から，射影 $p : TM \longrightarrow M$ が定義される．

注意 4.5.1 上の TM の構成では，$G_{ij} : V_{ij} \times \boldsymbol{R}^n \longrightarrow V_{ji} \times \boldsymbol{R}^n$ が，$G_{ij} \circ G_{jk}$

$= G_{ik}$ を満たすことが鍵となっている．この関係式は，$G_{ij}(\boldsymbol{x}_j, \boldsymbol{v}_j) = (\gamma_{ij}(\boldsymbol{x}_j), (D\gamma_{ij})_{(\boldsymbol{x}_j)}\boldsymbol{v}_j)$ の $(D\gamma_{ij})_{(\boldsymbol{x}_j)} \in GL(n;\boldsymbol{R})$ が，$\gamma_{ij} \circ \gamma_{jk} = \gamma_{ik}$ の微分についてのチェインルールにより $(D\gamma_{ij})_{(\boldsymbol{x}_j)}(D\gamma_{jk})_{(\boldsymbol{x}_k)} = (D\gamma_{ik})_{(\boldsymbol{x}_k)}$ を満たすことにより保証されている．一般に，$G_{ij}(\boldsymbol{x}_j, \boldsymbol{v}_j) = (\gamma_{ij}(\boldsymbol{x}_j), A_{ij(\boldsymbol{x}_j)}\boldsymbol{v}_j)$ として，$A_{ij(\boldsymbol{x}_j)} \in GL(m,\boldsymbol{R})$ が，$A_{ij(\boldsymbol{x}_j)}A_{jk(\boldsymbol{x}_k)} = A_{ik(\boldsymbol{x}_k)}$ を満たしていれば，$Z = (\bigsqcup_{i\in I}(V_i \times \boldsymbol{R}^m))/\sim$ は $n+m$ 次元多様体になり，$P : Z \longrightarrow X$ が定義される．このような Z は**ベクトル束**と呼ばれる．

【問題 4.5.2】 多様体 M, N の間の C^∞ 級写像 $F : M \longrightarrow N$ が引き起こすそれらの接束の間の写像 $F_* : TM \longrightarrow TN$ は C^∞ 級であることを示せ．解答例は 88 ページ．

【問題 4.5.3】 ユークリッド空間 $\boldsymbol{R}^N$ 内の多様体 M に対して，TM と $X = \{(\boldsymbol{x}, \boldsymbol{v}) \in \boldsymbol{R}^N \times \boldsymbol{R}^N \mid \boldsymbol{x} \in M,\ \boldsymbol{v} \in T_{\boldsymbol{x}}M\}$ は微分同相であることを示せ．解答例は 88 ページ．

4.6 第4章の問題の解答

【問題 4.3.2 の解答】 (1) 任意の異なる 2 点 $[(x_0, y_0)]$, $[(x, y)]$ は関数で分離できることを示す．$(x_0, y_0) \in \boldsymbol{R}^2$ に対し，$\boldsymbol{R}^2$ 上の関数 $(x, y) \longmapsto \cos 2\pi(x - x_0) + \cos 2\pi(y - y_0)$ を考えると，これは $[(x_0, y_0)] \in \boldsymbol{R}^2/\boldsymbol{Z}^2$ によって定まる連続関数 $f_{[(x_0,y_0)]} : \boldsymbol{R}^2/\boldsymbol{Z}^2 \longrightarrow \boldsymbol{R}$ を定める．$[(x_0, y_0)] \neq [(x, y)]$ ならば，$f_{[(x_0,y_0)]}(x, y) \neq 2 = f_{[(x_0,y_0)]}(x_0, y_0)$ だから $f_{[(x_0,y_0)]}$ は $[(x_0, y_0)]$, $[(x, y)]$ を分離する．したがって $\boldsymbol{R}^2/\boldsymbol{Z}^2$ はハウスドルフ空間である．54 ページ参照．

(2) $p : \boldsymbol{R}^2 \longrightarrow \boldsymbol{R}^2/\boldsymbol{Z}^2$ を射影とする．$[\boldsymbol{x}] \in \boldsymbol{R}^2/\boldsymbol{Z}^2$ の座標近傍を，代表元 $\boldsymbol{x} \in \boldsymbol{R}^2$ を中心とする半径 $\dfrac{1}{4}$ の円板 $B_{\boldsymbol{x}}$ の像 $p_{\boldsymbol{x}}(B_{\boldsymbol{x}})$ と $p_{\boldsymbol{x}}$ の逆写像 $s_{\boldsymbol{x}}$ で定める．ここで $p_{\boldsymbol{x}} = p|B_{\boldsymbol{x}} : B_{\boldsymbol{x}} \longrightarrow p(B_{\boldsymbol{x}})$ は単射である．$B_{\boldsymbol{x}}$ の開集合 U に対し，$p^{-1}((s_{\boldsymbol{x}})^{-1}(U)) = \bigcup_{\boldsymbol{n}\in\boldsymbol{Z}^2} U + \boldsymbol{n}$ は開集合の和で開集合であるから，$s_{\boldsymbol{x}}$ も連続である．$s_{\boldsymbol{x}} \circ p_{\boldsymbol{x}} = \mathrm{id}_{B_{\boldsymbol{x}}}$, $p_{\boldsymbol{x}} \circ s_{\boldsymbol{x}} = \mathrm{id}_{p(B_{\boldsymbol{x}})}$ だから，$s_{\boldsymbol{x}}$ は同相写像である．$p_{\boldsymbol{x}}(B_{\boldsymbol{x}}) \cap p_{\boldsymbol{y}}(B_{\boldsymbol{y}}) \neq \emptyset$ のとき，$\boldsymbol{n} \in \boldsymbol{Z}^2$ が存在し，$z \in p_{\boldsymbol{x}}(B_{\boldsymbol{x}}) \cap p_{\boldsymbol{y}}(B_{\boldsymbol{y}})$ に対して，$s_{\boldsymbol{x}}(z) = s_{\boldsymbol{y}}(z) + \boldsymbol{n}$ となるので，座標変換は C^∞ 級であり，(1) とあわせて $\boldsymbol{R}^2/\boldsymbol{Z}^2$ は 2 次元多様体である．60 ページ参照．

(3)　$\boldsymbol{x} \in \boldsymbol{R}^2, \boldsymbol{n} \in \boldsymbol{Z}^2$ に対し，$A(\boldsymbol{x}+\boldsymbol{n}) = A\boldsymbol{x} + A\boldsymbol{n} \sim A\boldsymbol{x}$ ゆえ A により同値な点は同値な点に写る．したがって $F_A : \boldsymbol{R}^2/\boldsymbol{Z}^2 \longrightarrow \boldsymbol{R}^2/\boldsymbol{Z}^2$ が定義される．$[\boldsymbol{x}]$, $A\boldsymbol{x}$ の座標近傍を (2) の $(p_{\boldsymbol{x}}(B_{\boldsymbol{x}}), s_{\boldsymbol{x}})$, $(p_{A\boldsymbol{x}}(B_{A\boldsymbol{x}}), s_{A\boldsymbol{x}})$ ととると，$s_{A(\boldsymbol{x})} \circ F_A \circ p_{\boldsymbol{x}}$ は $\boldsymbol{x}$ の近傍で A と一致する．したがって，F_A は C^∞ 級写像である．

(4)　A のヤコビ行列は A であるから $\operatorname{rank} F_A = \operatorname{rank} A$（すなわち $\det A \neq 0$ のときランクは 2，$\det A = 0$ かつ $A \neq 0$ のときランクは 1，$A = \boldsymbol{0}$ のときランクは 0）．

【問題 4.3.3 の解答】 (1)　群の演算 $G \times G \longrightarrow G$ が C^∞ 級写像だから，L_g, $L_{g^{-1}}$ は C^∞ 級写像である．$L_g \circ L_{g^{-1}} = \mathrm{id}_G$, $L_{g^{-1}} \circ L_g = \mathrm{id}_G$ だから L_g は C^∞ 級微分同相写像である．

(2)　c_g を g に値をとる定値写像とし，$G \xrightarrow{(c_g, L_h)} G \times G \xrightarrow{\text{演算}} G \xrightarrow{L_{(gh)^{-1}}} G$ を合成した写像は，$a \longmapsto (g, ha) \longmapsto gha \longmapsto a$ だから恒等写像である．したがって，単位元 $\mathbf{1}$ における接写像について，$T_{\mathbf{1}}G \xrightarrow{(c_g, L_h)_*} T_{(g,h)}(G \times G) \xrightarrow{\text{演算}_*} T_{gh}G \xrightarrow{(L_{(gh)^{-1}})_*} T_{\mathbf{1}}G$ も恒等写像である．$(L_{(gh)^{-1}})_*$ は微分同相写像の接写像だから全単射で，$T_{(g,h)}(G \times G) \longrightarrow T_{gh}G$ は全射であり，ランクは n である．

(3)　群の演算 $G \times G \longrightarrow G$ について，単位元 $\mathbf{1}$ の逆像が，逆元をとる写像 $g \mapsto g^{-1}$ のグラフである．$T_{(g,g^{-1})}(G \times G) \longrightarrow T_{\mathbf{1}}G$ は全射だから，陰関数定理 1.2.3（7 ページ）により，逆元をとる写像は C^∞ 級である．

【問題 4.4.4 の解答】 (1)　$n \times n$ 実行列の全体 $M(n; \boldsymbol{R})$ は $\boldsymbol{R}^{n^2}$ と同一視され，n^2 次元ユークリッド空間として n^2 次元 C^∞ 級多様体である．$GL(n; \boldsymbol{R}) = \{A \in M(n; \boldsymbol{R}) \mid \det A \neq 0\}$ は，det という $M(n; \boldsymbol{R})$ 上で定義された連続関数（多項式）が 0 ではない A の全体であるから，$M(n; \boldsymbol{R})$ の開集合で，これはその開集合を座標近傍にとることにより，n^2 次元 C^∞ 級多様体である．

$SL(n; \boldsymbol{R}) = \{A \in GL(n; \boldsymbol{R}) \mid \det A = 1\}$ は $\det : GL(n; \boldsymbol{R}) \longrightarrow \boldsymbol{R}$ の 1 の逆像である．$A = (x_{ij})$ の行列式は，i 行による展開 $\det(x_{ij}) = \sum_{j=1}^{n} x_{ij} A_{ij}$ を持つ．ここで A_{ij} は x_{ij} の余因子である（A_{ij} は A の第 i 行，第 j 列を除いた $(n-1) \times (n-1)$ 行列の行列式に $(-1)^{i+j}$ をかけたものである）．したがって，$\dfrac{\partial \det}{\partial x_{ij}} = A_{ij}$ である．さて，det のヤコビ行列は A_{ij} を並べたものになるが，このヤコビ行列は $SL(n; \boldsymbol{R})$ 上で 0 ではない．実際，すべての A_{ij} が 0 とすると，i 行による展開の式から $\det A = 0$ となるからである．

(2)　行列の積 $GL(n; \boldsymbol{R}) \times GL(n; \boldsymbol{R}) \longrightarrow GL(n; \boldsymbol{R})$ は $\boldsymbol{R}^{n^2}$ の開集合として

とった座標で，双 1 次形式に書かれるから C^∞ 級である．逆行列をとる操作 $GL(n;\boldsymbol{R}) \longrightarrow GL(n;\boldsymbol{R})$ は，余因子行列の転置行列を行列式で割ったものであるが，これは分母が 0 にならない分数式であるから C^∞ 級である．$SL(2;\boldsymbol{R})$ については，例題 4.4.3 により，演算は C^∞ 級である．

【問題 4.4.5 の解答】 $A \longmapsto {}^tAA$ で定義される写像 $C: M(n;\boldsymbol{R}) \longrightarrow M(n;\boldsymbol{R})$ を考える．$M(n;\boldsymbol{R})$ は $\boldsymbol{R}^{n^2}$ と同一視できる．$X \in M(n;\boldsymbol{R})$ について，

$$C(A+X) - C(A) = {}^t(A+X)(A+X) - {}^tAA = {}^tXA + {}^tAX + {}^tXX$$

で ${}^tXX$ は X の成分に関する 2 次式を成分としているから，$DC_{(A)}X = {}^tXA + {}^tAX$ である．さて，${}^tAA = \mathbf{1}$ だから $\det {}^tA \det A = (\det A)^2 = 1$ で，特に A, ${}^tA$ は正則である．したがって，$X \longmapsto {}^tAX$ のランクは n^2 である．一方 $Y \longmapsto {}^tY + Y$ はランクが $\dfrac{n(n+1)}{2}$ の線形写像である．したがって，これらの線形写像の合成 $X \longmapsto {}^tXA + {}^tAX$ のランクは $\dfrac{n(n+1)}{2}$ である．したがって，$\mathbf{1}$ の逆像 $O(n)$ は $\dfrac{n(n-1)}{2}$ 次元 C^∞ 級多様体である．

【問題 4.5.2 の解答】 M を m 次元，N を n 次元とする．M, N の座標近傍系 $\{(U_i, \varphi_i)\}$, $\{(V_j, \psi_j)\}$ をとると，TM, TN はそれぞれ $\bigsqcup_i \varphi_i(U_i) \times \boldsymbol{R}^m$, $\bigsqcup_j \psi_j(V_j) \times \boldsymbol{R}^n$ の商空間として定義され，座標近傍系は，$\varphi_i(U_i) \times \boldsymbol{R}^m$, $\psi_j(V_j) \times \boldsymbol{R}^n$ の像および像からの逆写像として定義される．したがって，$\varphi_i(U_i \cap F^{-1}(V_j)) \times \boldsymbol{R}^m \longrightarrow \psi_j(V_j) \times \boldsymbol{R}^n$ として引き起こされる写像

$$(\boldsymbol{u}_i, \boldsymbol{v}_i) \longmapsto ((\psi_j \circ F \circ {\varphi_i}^{-1})(\boldsymbol{u}_i), D(\psi_j \circ F \circ {\varphi_i}^{-1})_{(\boldsymbol{u}_i)} \boldsymbol{v}_i)$$

が C^∞ 級だから，$F_*: TM \longrightarrow TN$ は C^∞ 級である．

【問題 4.5.3 の解答】 まず，X は $\boldsymbol{R}^N \times \boldsymbol{R}^N$ 内の多様体である．$\boldsymbol{x}^0 \in M$ に対して，$\boldsymbol{x}^0$ の近傍 U 上でグラフ表示が与えられているとする．すなわち，$\boldsymbol{R}^N$ の座標を並べ替えて，$\boldsymbol{x}^0 = (\boldsymbol{x}_1^0, \boldsymbol{x}_2^0) \in \boldsymbol{R}^p \times \boldsymbol{R}^{N-p}$ とし，$\boldsymbol{x}_1^0$ の近傍 W 上で定義された写像 $g: W \longrightarrow \boldsymbol{R}^{N-p}$ により，$M \cap U = \{(\boldsymbol{x}_1, g(\boldsymbol{x}_1)) \mid \boldsymbol{x}_1 \in W\}$ と書かれているとする．このとき，$\boldsymbol{v} \in T_{(\boldsymbol{x}_1, g(\boldsymbol{x}_1))}M$ とは $\boldsymbol{v} = (\boldsymbol{v}_1, Dg_{(\boldsymbol{x}_1)}\boldsymbol{v}_1)$ と書かれることである．したがって，$(\boldsymbol{x}^0, \boldsymbol{v}^0)$ の近傍 $U \times \boldsymbol{R}^N$ に対し，

$$X \cap (U \times \boldsymbol{R}^N) = \{((\boldsymbol{x}_1, g(\boldsymbol{x}_1)), (\boldsymbol{v}_1, Dg_{(\boldsymbol{x}_1)}\boldsymbol{v}_1)) \mid (\boldsymbol{x}_1, \boldsymbol{v}_1) \in W \times \boldsymbol{R}^p\}$$

と書かれ，これが，X のグラフ表示を与える．

TM は，M のパラメータ表示 $\Phi_i : W_i \longrightarrow \boldsymbol{R}^N$ による被覆 $\{\Phi_i(W_i)\}$ について，$(\Phi_i(W_i), {\Phi_i}^{-1})$ を座標近傍系として，$\displaystyle\bigsqcup_i W_i \times \boldsymbol{R}^p$ の商空間として定義されている．$W_i \times \boldsymbol{R}^p \longrightarrow \boldsymbol{R}^N \times \boldsymbol{R}^N$ を $(\boldsymbol{u}, \boldsymbol{v}) \longmapsto (\Phi_i(\boldsymbol{u}), D\Phi_{i(\boldsymbol{u})}\boldsymbol{v})$ によって定めれば，これが TM からの連続写像となることがわかる．この $TM \longrightarrow X$ の逆写像は，X のグラフ表示を 1 つのパラメータ表示と見ることで与えられ，TM の定義から逆写像も連続である．これの写像が C^∞ 級となることも X のグラフ表示による座標近傍上で恒等写像となることからわかるので，微分同相である．

第 5 章　多様体上の関数

多様体 M から多様体 N への C^∞ 級の写像の全体を $C^\infty(M,N)$ と書く．M または N が実数直線 $\boldsymbol{R}$ の場合を考えると，$C^\infty(\boldsymbol{R},N)$ の元がたくさんあることは，1 つの座標近傍への写像を構成できるので，容易にわかる．一方，$C^\infty(M,\boldsymbol{R})$ の元をつくるためには，少し努力が必要である．ユークリッド空間内の多様体 $M \subset \boldsymbol{R}^N$ の点に対して，その点の $\boldsymbol{R}^N$ における k 番目の座標 x_k を対応させる写像は，$C^\infty(M,\boldsymbol{R}) = C^\infty(M)$ の元である．ユークリッド空間 $\boldsymbol{R}^N$ 内の多様体であることは，その前提として M 上に C^∞ 関数 $x_1, \ldots, x_N$ があることが必要である．さらに，それらを並べた M から $\boldsymbol{R}^N$ への写像が像への同相写像となることにより，ユークリッド空間 $\boldsymbol{R}^N$ 内の多様体であることになる．

5.1　関数の台

C^∞ 級多様体 M 上の関数 f に対し，f の台（サポート，support）$\operatorname{supp} f$ を

$$\operatorname{supp} f = \overline{\{x \in M \mid f(x) \neq 0\}}$$

で定義する．$x \in M \setminus \operatorname{supp} f$ とは x のある近傍上で f が 0 であることである．

定理 5.1.1　多様体 M の任意の点 x_0 と x_0 の任意の近傍 V に対し，M 上の C^∞ 級関数 $\mu : M \longrightarrow \boldsymbol{R}$ で，M 上で $\mu(x) \geqq 0$, $\mu(x_0) > 0$ かつ $\operatorname{supp}\mu \subset V$, $\operatorname{supp}\mu$ はコンパクト部分集合となるものが存在する．

証明　関数 $\rho : \boldsymbol{R} \longrightarrow \boldsymbol{R}$ を $\rho(x) = \begin{cases} e^{-\frac{1}{x}} & (x > 0) \\ 0 & (x \leqq 0) \end{cases}$ で定義すると，ρ は C^∞ 級関数であり，$x > 0$ に対し，$\rho(x) > 0$ である（問題 3.7.1（66 ページ）参照）．

$\mu_0 : \boldsymbol{R}^n \longrightarrow \boldsymbol{R}$ を $\mu_0(\boldsymbol{x}) = \rho(1 - \|\boldsymbol{x}\|^2)$ と定義すると，μ_0 は C^∞ 級関数の合成として，C^∞ 級であり，$\boldsymbol{R}^n$ 上で $\mu_0(\boldsymbol{x}) \geqq 0$，かつ $\mu_0(\boldsymbol{x}) > 0 \Longleftrightarrow \|\boldsymbol{x}\| < 1$ となる．

$x_0 \in M$ に対し，x_0 のまわりの座標近傍 (U, φ) をとる．$\varphi(x_0) \in \varphi(U \cap V) \subset \boldsymbol{R}^n$ に対し，ある正実数 ε について，ε 近傍 $B_\varepsilon(\varphi(x_0)) = \{\boldsymbol{x} \mid \|\boldsymbol{x} - \varphi(x_0)\| < \varepsilon\} \subset \varphi(U \cap V)$ である．$\mu_1(\boldsymbol{x}) = \mu_0\Big(\dfrac{2}{\varepsilon}(\boldsymbol{x} - \varphi(x_0))\Big)$ は $\overline{B_{\frac{\varepsilon}{2}}(\varphi(x_0))}$ に台を持つ C^∞ 級非負関数である．M 上の関数 μ を

$$\mu(x) = \begin{cases} \mu_1(\varphi(x)) & x \in U \cap V \\ 0 & x \in M \setminus (U \cap V) \end{cases}$$

で定義する．このとき，$\operatorname{supp} \mu$ は $U \cap V$ の閉集合だから，$x \in M \setminus (U \cap V)$ に対して，x のある近傍 W_x 上で $\mu | W_x = 0$ となる．したがって，μ はこの点 x において C^∞ 級である．定義から，$U \cap V$ 上の点では C^∞ 級であるから，M 上の C^∞ 級関数となる． ■

定理 5.1.2 多様体 M のコンパクト部分集合 K と K を含む開集合 U が与えられているとする．M 上の C^∞ 級関数 $\nu : M \longrightarrow \boldsymbol{R}$ で，M 上で $\nu(x) \geqq 0$, $\nu | K > 0$ かつ $\operatorname{supp} \nu$ は U のコンパクト部分集合となるものが存在する．

証明 前の定理により，K の点 x_0 に対し，C^∞ 級関数 $\mu_{x_0} : M \longrightarrow \boldsymbol{R}$ で，M 上で $\mu_{x_0}(x) \geqq 0$, $\mu_{x_0}(x_0) > 0$ かつ $\operatorname{supp} \mu_{x_0}$ は U のコンパクト部分集合であるものが存在する．このとき，μ_{x_0} は $\{y \in M \mid \mu_{x_0}(y) > 0\} = \operatorname{int}(\operatorname{supp} \mu_{x_0})$ を満たすようにとられている．ここで $\operatorname{int} A$ は A の**内部**（A に含まれる最大の開集合）を表す．

$\{\operatorname{int}(\operatorname{supp} \mu_x)\}_{x \in K}$ は K の開被覆である．K はコンパクトだから，有限個の点 $x_1, \ldots, x_k \in K$ をとって，$K \subset \displaystyle\bigcup_{i=1}^{k} \operatorname{int}(\operatorname{supp} \mu_{x_i})$ となる．$\nu = \displaystyle\sum_{i=1}^{k} \mu_{x_i}$ とおけばよい． ■

もう少し強いこともいえる．

定理 5.1.3 多様体 M のコンパクト部分集合 K と K を含む開集合 U が与えられているとする．M 上の C^∞ 級関数 $\nu : M \longrightarrow \boldsymbol{R}$ で，M 上で $0 \leqq \nu(x) \leqq 1$,

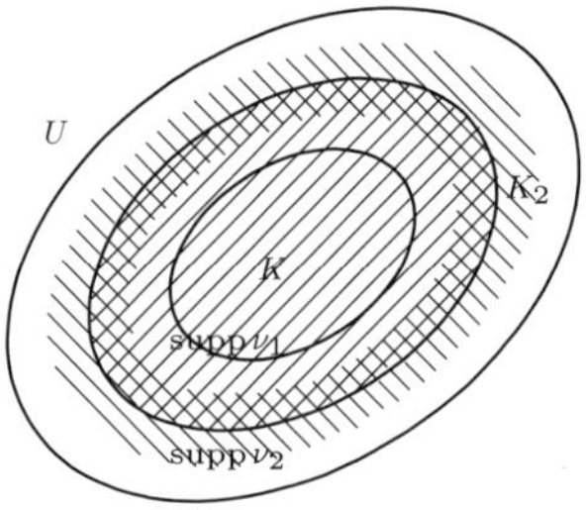

図 **5.1**　K_2 で正，$U \setminus K$ に台を持つ ν_2 をとる．

$\nu|K = 1$ かつ $\operatorname{supp}\nu$ は U のコンパクト部分集合となるものが存在する．

証明　前の定理により，$\nu_1 : M \longrightarrow \boldsymbol{R}$ で，$\nu_1 \geqq 0$, $\nu_1|K > 0$, $\operatorname{supp}\nu_1$ は U のコンパクト部分集合となるものが存在する．$K_2 = \operatorname{supp}\nu_1 \setminus \operatorname{int}(\operatorname{supp}\nu_1)$ とおくと，K_2 は開集合 $U \setminus K$ のコンパクト部分集合である．再び前の定理により，$\nu_2 : M \longrightarrow \boldsymbol{R}$ で，$\nu_2 \geqq 0$, $\nu_2|K_2 > 0$, $\operatorname{supp}\nu_2$ は $U \setminus K$ のコンパクト部分集合となるものが存在する（図 5.1 参照）．$(\nu_1 + \nu_2)|\operatorname{supp}\nu_1 > 0$ となるから，$\operatorname{supp}\nu_1 \subset \operatorname{int}(\operatorname{supp}(\nu_1 + \nu_2))$ である．ここで，

$$\nu(x) = \begin{cases} \dfrac{\nu_1(x)}{\nu_1(x) + \nu_2(x)} & x \in \operatorname{int}(\operatorname{supp}(\nu_1 + \nu_2)) \\ 0 & x \in M \setminus \operatorname{int}(\operatorname{supp}(\nu_1 + \nu_2)) \end{cases}$$

と定義すると，ν は C^∞ 級関数であり，$\operatorname{supp}\nu = \operatorname{supp}\nu_1$, $0 \leqq \nu(x) \leqq 1$, $\nu|K = 1$ を満たす．■

注意 5.1.4　多様体 M のコンパクト部分集合 K と K を含む開集合 U が与えられているとする．M の部分多様体 U 上の C^∞ 級関数 $f : U \longrightarrow \boldsymbol{R}$ に対し，νf は M 上の C^∞ 級関数 $\nu f : M \longrightarrow \boldsymbol{R}$ と考えられ，$\nu f|K = f|K$ となる．

こうして，多様体上には多くの C^∞ 級関数が存在することとなった．このことを用い，接空間を**方向微分** (derivation) の全体として定義し直すこともできる．

次の補題（アダマールの補題）を使う．

補題 5.1.5（アダマールの補題）　ユークリッド空間上の C^∞ 級関数 $f(x_1, \ldots, x_n)$ に対し，次を満たす C^∞ 級関数 $g_1(x_1, \ldots, x_n), \ldots, g_n(x_1, \ldots, x_n)$ が存在

する．

$$f(x_1,\ldots,x_n)=f(0,\ldots,0)+x_1g_1(x_1,\ldots,x_n)+\cdots+x_ng_n(x_1,\ldots,x_n)$$

このとき，$\dfrac{\partial f}{\partial x_k}(0,\ldots,0)=g_k(0,\ldots,0)$ となる．

証明

$$\begin{aligned}f(x_1,\ldots,x_n)-f(0,\ldots,0)&=\int_0^1\frac{\mathrm{d}\,f(tx_1,\ldots,tx_n)}{\mathrm{d}\,t}\,\mathrm{d}\,t\\&=\int_0^1\sum_{i=1}^n\frac{\partial f}{\partial x_i}(tx_1,\ldots,tx_n)\;x_i\,\mathrm{d}\,t\end{aligned}$$

だから，$g_i=\displaystyle\int_0^1\frac{\partial f}{\partial x_i}(tx_1,\ldots,tx_n)\,\mathrm{d}\,t$ とおけばよい．このとき，$g_i(0,\ldots,0)=\dfrac{\partial f}{\partial x_i}(0,\ldots,0)$ となる． ■

【問題 5.1.6】 n 次元 C^∞ 級多様体 M の点 p における方向微分とは多様体 M 上の滑らかな関数のなす実ベクトル空間 $C^\infty(M)$ 上の線形形式 D で，$D(f\cdot g)=Df\cdot g(p)+f(p)\cdot Dg$（ライプニッツ・ルール）を満たすものである（ここで，$\cdot$ は積 $(f\cdot g)(x)=f(x)g(x)$ である）．

(1) 点 p における方向微分の全体 $\mathcal{D}_p$ は実ベクトル空間をなすことを示せ．

(2) M 上の曲線 $c(t)$ で $c(0)=p$ となるものに対して，$D_c:C^\infty(M)\longrightarrow \boldsymbol{R}$ を $D_c(f)=\dfrac{\mathrm{d}(f\circ c)}{\mathrm{d}\,t}(0)$ で定めると，D_c は p における方向微分であることを示せ．

(3) 点 p のまわりの座標近傍 $(U,\varphi)=(U,(x_1,\ldots,x_n))$ に対し，曲線 $t\longmapsto\varphi^{-1}(0,\ldots,0,\overset{k}{t},0,\ldots,0)$ に対する方向微分を $\left(\dfrac{\partial}{\partial x_k}\right)_p$ と書くとき，$\left\{\left(\dfrac{\partial}{\partial x_1}\right)_p,\ldots,\left(\dfrac{\partial}{\partial x_n}\right)_p\right\}$ が $\mathcal{D}_p$ の基底となることを示せ．

ヒント：(3) 定数 1 に対して，$D(1)=D(1)+D(1)$ だから $D(1)=0$．また，p の近傍で 0 となる関数 f について，その近傍上でのみ 0 でない関数 g をとると $D(0)=D(f\cdot g)=Df\cdot g(p)+f(p)\cdot Dg=Df\cdot g(p)$ だから $Df=0$ がわかる．したがって，Df は f の p の近傍での値のみにより定まっている．また，p の近傍 U で定義された任意の関数 f に対し，p の近傍 $V\ (\subset U)$ 上で，f に一致する M 上の C^∞ 級関数がある（注意 5.1.4）．補題 5.1.5 を使い，$D(x_k)$ の値により，$D=\displaystyle\sum_{k=1}^n D(x_k)\frac{\partial}{\partial x_k}$ を導く．解答例は 117 ページ．

5.2 コンパクト多様体のユークリッド空間への埋め込み

多様体の定義においてハウスドルフ空間であることを要請しているが，コンパクトな多様体は，もっと扱いやすい位相的な性質を持っている．

【例題 5.2.1】　コンパクトハウスドルフ空間 X は正規空間であることを示せ．すなわち，A_1, A_2 を X の閉集合，$A_1 \cap A_2 = \emptyset$ とするとき，開集合 U_1, U_2 で，$A_1 \subset U_1, A_2 \subset U_2, U_1 \cap U_2 = \emptyset$ となるものが存在することを示せ．

【解】　A_1, A_2 はコンパクト集合の閉集合だからコンパクトである（U_α を X の開集合として，A_i の開被覆 $\{A_i \cap U_\alpha\}_{\alpha \in I}$ が与えられると，$\{U_\alpha\}_{\alpha \in I} \cup \{X \setminus A_i\}$ は X の開被覆だから，有限部分被覆 $\{U_{\alpha_j}\}_{j=1,\dots,k} \cup \{X \setminus A_i\}$ をとることができる（$\{X \setminus A_i\}$ は必ずしも必要とは限らない）．このとき，$\{A_i \cap U_{\alpha_j}\}_{j=1,\dots,k}$ は A_i の有限被覆である）．

まず，A_1 が1点のときを考える（正則空間であることを示す）．$A_1 = \{x_0\}$ とする．X はハウスドルフ空間であるから，A_2 の各点 y に対し，$x_0 \in V_y, y \in U_y$ で $V_y \cap U_y = \emptyset$ となる開集合 V_y, U_y が存在する．$\{U_y\}_{y \in A_2}$ は A_2 の開被覆であるから，有限部分被覆 $\{U_{y_i}\}$ をとることができる．このとき，$V = \bigcap_i V_{y_i}$ は x_0 を含む開集合，$U = \bigcup_i U_{y_i}$ は A_2 を含む開集合で，$V \cap U = \emptyset$ となる．

さて，この結果を一般の A_1, A_2 に適用する．A_1 の各点 x に対して，$x \in V_x$, $A_2 \subset U_x, V_x \cap U_x = \emptyset$ となる開集合 V_x, U_x が存在する．$\{V_x\}_{x \in A_1}$ は A_1 の開被覆であるから，有限部分被覆 $\{V_{x_j}\}$ をとることができる．このとき，$V = \bigcup_j V_{x_j}$ は A_1 を含む開集合，$U = \bigcap_j U_{x_j}$ は A_2 を含む開集合で，$V \cap U = \emptyset$ となる．

【例題 5.2.2】　コンパクトハウスドルフ空間 X の開被覆 $\{U_i\}$ に対し，X の開被覆 $\{V_i\}$ で，$\overline{V_i} \subset U_i$ となるものが存在することを示せ．

【解】　X の開被覆 $\{U_i\}$ の有限部分被覆 $\{U_1, \dots, U_k\}$ をとる．ここに現れない U_ℓ に対しては，$V_\ell = \emptyset$ ととることに決める．$U_1, \dots, U_k$ を順に $V_1, \dots, V_k$ にとり換える．$V_1, \dots, V_{j-1}$ が，$\overline{V_1} \subset U_1, \dots, \overline{V_{j-1}} \subset U_{j-1}$, $\bigcup_{i=1}^{j-1} V_i \cup \bigcup_{i=j}^{k} U_i = X$ ととられているときに，

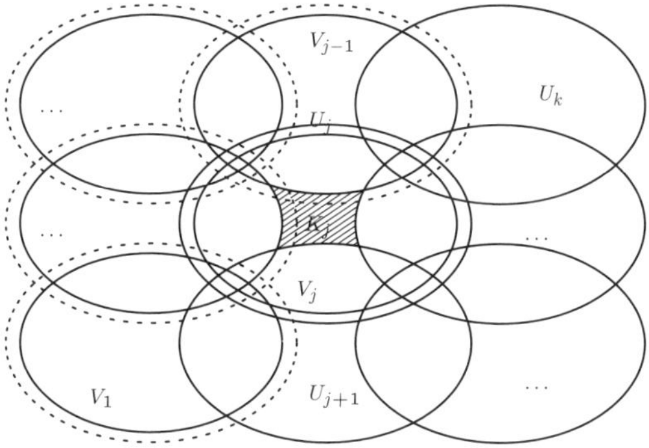

図 5.2 K_j と $X \setminus U_j$ を分離する V_j をとる.

$$K_j = X \setminus \Big(\bigcup_{i=1}^{j-1} V_i \cup \bigcup_{i=j+1}^{k} U_i \Big) \subset U_j$$

を考える. $K_j \cap (X \setminus U_j) = \emptyset$ だから, 開集合 V_j, W_j で, $K_j \subset V_j$, $X \setminus U_j \subset W_j$, $V_j \cap W_j = \emptyset$ となるものが存在する (図 5.2 参照). このとき, $\overline{V_j} \subset U_j$, $\displaystyle\bigcup_{i=1}^{j} V_i \cup \bigcup_{i=j+1}^{k} U_i = X$ となっている. したがって, 帰納法により, X の開被覆 $\{V_i\}$ で, $\overline{V_i} \subset U_i$ となるものが存在することがわかった.

さてコンパクト多様体はユークリッド空間に埋め込まれることを示そう.

定理 5.2.3 M を n 次元コンパクト多様体とする. M からある次元 N のユークリッド空間 $\boldsymbol{R}^N$ への埋め込み $\Phi : M \longrightarrow \boldsymbol{R}^N$ が存在する.

証明 M の座標近傍系 $\{(U_i, \varphi_i)\}$ に対し, 有限部分被覆 $\{U_1, \dots, U_k\}$ をとる. 例題 5.2.2 を使って, $\overline{V_i} \subset U_i$ となる開被覆 $\{V_1, \dots, V_k\}$ をとり, さらに, もう一度使って, $\overline{W_i} \subset V_i$ となる開被覆 $\{W_1, \dots, W_k\}$ をとる.

$\overline{V_i} \subset U_i$ に対し定理 5.1.3 を使って, C^∞ 級関数 $\nu_i : M \longrightarrow \boldsymbol{R}$ で, $\nu_i \geqq 0$, $\operatorname{supp} \nu_i \subset U_i$, $\nu_i | \overline{V_i} = 1$ となるものをとる. また, $\overline{W_i} \subset V_i$ に対し定理 5.1.2 を使って, C^∞ 級関数 $\mu_i : M \longrightarrow \boldsymbol{R}$ で, $\mu_i \geqq 0$, $\operatorname{supp} \mu_i \subset V_i$, $\mu_i | \overline{W_i} > 0$ となるものをとる.

座標近傍 (U_i, φ_i) において, $\varphi_i = (x_1^{(i)}, \dots, x_n^{(i)})$ とする. $\nu_i \varphi_i = (\nu_i x_1^{(i)}, \dots, \nu_i x_n^{(i)})$ は, M から $\boldsymbol{R}^n$ への C^∞ 級写像であると考える. ここ

で，$\Phi = (\mu_1, \nu_1\varphi_1, \ldots, \mu_k, \nu_k\varphi_k)$ とおくと $\Phi : M \longrightarrow \boldsymbol{R}^{k(n+1)}$ は C^∞ 級写像であるが，これが埋め込みとなることを示そう．

M はコンパクトであるから，$\Phi_* : T_xM \longrightarrow \boldsymbol{R}^{k(n+1)}$ のランクが n であり，Φ は単射であることを示せばよい（定理 4.4.2（82 ページ）参照）．

$x \in V_i \subset M$ とすると，$\Phi|V_i$ の成分は $\nu_i\varphi_i = \varphi_i$ と一致するから，$(\nu_i\varphi_i|V_i)\circ{\varphi_i}^{-1} = \mathrm{id}_{\varphi_i(V_i)}$ であり，$\Phi_* : T_xM \longrightarrow \boldsymbol{R}^{k(n+1)}$ のランクは n となる．

Φ が単射であることは，$\Phi(x) = \Phi(y)$ とすると，$\mu_i(x) = \mu_i(y)$ であるが，ある i に対しては，$\mu_i(x) = \mu_i(y) > 0$ となっている．このとき，x, y は V_i の元である．したがって $\nu_i\varphi_i(x) = \nu_i\varphi_i(y)$ から，$\varphi_i(x) = \varphi_i(y)$ となり，$x = y$ がわかる． ■

こうして，コンパクト多様体 M は常にユークリッド空間に埋め込まれることがわかった．

ユークリッド空間内の多様体 $M \subset \boldsymbol{R}^N$ に対しては，接束を $TM = \{(\boldsymbol{x}, \boldsymbol{v}) \in \boldsymbol{R}^N \times \boldsymbol{R}^N \mid \boldsymbol{v} \in T_{\boldsymbol{x}}M\}$ と定義することもできた．ユークリッド空間内には内積が定義されているから，

$$\nu M = \{(\boldsymbol{x}, \boldsymbol{v}) \in \boldsymbol{R}^N \times \boldsymbol{R}^N \mid \boldsymbol{v} \perp T_{\boldsymbol{x}}M\}$$

というものも定義される．ここで $\nu_{\boldsymbol{x}}M = \{\boldsymbol{v} \in \boldsymbol{R}^N \mid \boldsymbol{v} \perp T_{\boldsymbol{x}}M\}$ は，接空間 $T_{\boldsymbol{x}}M$ に直交するベクトルを集めたもので，**法空間**と呼ばれる．νM は $\boldsymbol{R}^N$ における M の**法束**と呼ばれる．νM はユークリッド空間内の N 次元多様体である．$P_\nu : \nu M \longrightarrow M$ が定義され，次のような図式が可換になる．

$$\begin{array}{ccc} M \times \boldsymbol{R}^N & \longrightarrow & TM \\ \downarrow & & \downarrow P_T \\ \nu M & \underset{P_\nu}{\longrightarrow} & M \end{array}$$

ただし，$M \times \boldsymbol{R}^N$ からの写像は $\boldsymbol{x} \in M$ に対して $\{\boldsymbol{x}\} \times \boldsymbol{R}^N$ から $T_{\boldsymbol{x}}M, \nu_{\boldsymbol{x}}N$ への直交射影である．

$$
\begin{array}{ccccc}
\{\boldsymbol{x}\}\times \boldsymbol{R}^N & \cong & T_{\boldsymbol{x}}M\oplus \nu_{\boldsymbol{x}}M & \longrightarrow & T_{\boldsymbol{x}}M \\
 & & \downarrow & & \downarrow P_T \\
 & & \nu_{\boldsymbol{x}}M & \xrightarrow[P_\nu]{} & \{\boldsymbol{x}\}
\end{array}
$$

接束 TM は $(V_i\times \boldsymbol{R}^n, \gamma_{ij}\times D\gamma_{ij})$ から定義された（85 ページ参照）．同じように法束 νM もある $A_{ij(\boldsymbol{x}_j)}\in GL(N-n;\boldsymbol{R})$ に対して，$(V_i\times \boldsymbol{R}^{N-n}, \gamma_{ij}\times A_{ij})$ から定義されるベクトル束である．

注意 5.2.4　M を $n+1$ 次元ユークリッド空間 $\boldsymbol{R}^{n+1}$ 内の n 次元コンパクト多様体とすると，法束は，1 次元ベクトル空間をファイバーとするベクトル束である．もしも，M が向き付け可能でないとすると，$M\subset \boldsymbol{R}^{n+1}$ と 1 回だけ交わる 1 次元コンパクト部分多様体 K が存在する．$n\geqq 2$ とすると，K に対して円板 D からのはめ込み写像が定義される．円板と M は横断的にとることができ，円板と M の交点が D の 1 次元のコンパクト部分多様体となる．この部分多様体が，D の境界と 1 点で交わることはあり得ない．したがって，$n+1$ 次元ユークリッド空間 $\boldsymbol{R}^{n+1}$ 内の n 次元コンパクト多様体 M は向き付け可能である．

【問題 5.2.5】　M をユークリッド空間 $\boldsymbol{R}^N$ に埋め込まれた p 次元コンパクト多様体とする．

(1)　次で定義される $X=\nu M$ は N 次元 C^∞ 級多様体であることを示せ．

$$X=\{(\boldsymbol{x},\boldsymbol{y})\in \boldsymbol{R}^{2N} \mid \boldsymbol{x}\in M,\ \boldsymbol{y}\perp T_{\boldsymbol{x}}M\}$$

(2)　$(\boldsymbol{x},\boldsymbol{y})\longmapsto \boldsymbol{x}+\boldsymbol{y}$ で定義される写像 $e: X\longrightarrow \boldsymbol{R}^N$ は $X\cap(\boldsymbol{R}^N\times\{0\})$ の近傍では微分同相写像になっていることを示せ．

ヒント：(1) 問題 4.5.3（86 ページ）．(2) 逆写像定理 1.2.1（6 ページ），例題 4.3.1（78 ページ）．解答例は 118 ページ．

5.3　C^∞ 級写像と多様体の埋め込み，はめ込み

多様体 M 上の関数が非常にたくさん存在することと，それにより，コンパクト多様体 M からユークリッド空間に埋め込み $M\longrightarrow \boldsymbol{R}^N$ が存在することがわかった．

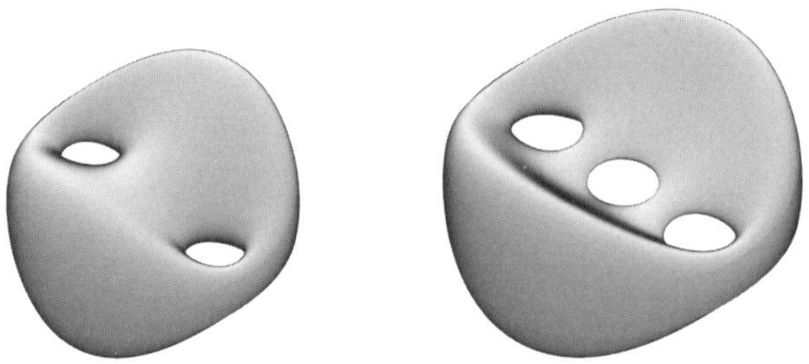

図 **5.3** Σ_2, Σ_3. 100 ページの式で書かれた曲面である．ただし z 方向に縮めてある．

ホイットニーによれば，n 次元のコンパクト多様体から $2n$ 次元ユークリッド空間への埋め込みが存在する．[足立] 参照．

次元が高いユークリッド空間に埋め込まれたからといって，多様体の形がよくわかるというものではないが，1 つの手掛かりを与えていることは確かである．実際，どのような次元のユークリッド空間に埋め込まれるかというのは多様体の複雑さをはかる量になる．

【例 5.3.1】 円周は，もちろん 2 次元ユークリッド空間に埋め込まれる．2 次元球面は 3 次元ユークリッド空間に埋め込まれる．実射影平面 $\boldsymbol{R}P^2$ は 3 次元ユークリッド空間に埋め込まれないが，ホイットニーの結果によれば，4 次元ユークリッド空間には埋め込まれる．

実射影平面 $\boldsymbol{R}P^2$ が 3 次元ユークリッド空間に埋め込まれない理由は，$\boldsymbol{R}P^2$ が向き付け不可能であることにある．$\boldsymbol{R}P^2$ は部分空間としてメビウス・バンドを含む．図 3.8 (66 ページ) 参照．例えば，$\boldsymbol{R}P^2 = S^2/\{\pm 1\}$ と考えたときに，S^2 の赤道の近傍の商は，メビウス・バンドである．図 3.2 (48 ページ) 参照．$\boldsymbol{R}P^2$ が 3 次元ユークリッド空間に埋め込まれたとすると，このメビウス・バンドの中心線に沿って，片側に中心線を押し出し，ある点のところで，$\boldsymbol{R}P^2$ を横切ってつなぐと $\boldsymbol{R}P^2$ に 1 点で交わる閉曲線ができる．このようなことはおこってはならない．

円周の 3 次元ユークリッド空間への埋め込みを考えると，非常に複雑な埋め込みが存在することがわかる．

このような埋め込みの 2 次元ユークリッド空間への射影を考えると，円周から 2 次元ユークリッド空間へのはめ込みが得られることが多い．すなわち，円周に対し，その接線の方向 $\in \boldsymbol{R}P^2$ を対応させる写像が $\boldsymbol{R}P^2$ に描く曲線が

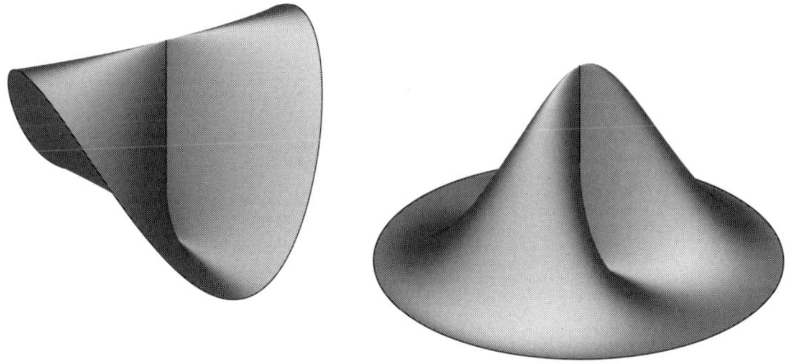

図 **5.4**　メビウス・バンドの像でクロスキャップと呼ばれる．左の図の上半分（あるいは下半分）をホイットニーの傘と呼ぶ．左図，右図は連続的に写り合う．図の境界を丸く閉じてやると射影平面の像となる．

考えられるが，その曲線の補空間の方向に射影すると，円周から 2 次元ユークリッド空間へのはめ込みが得られる．しかしはめ込みの空間もそれほど簡単ではない（回転数が定義される．[足立] 参照）．

このようなことは，埋め込みやはめ込みの空間は，数学的に非常に興味深いことを示しており，結び目絡み目の理論，スメール・ヘフリガー理論，グロモフ・フィリップス理論を生むことになった．[足立] 参照．

【例 5.3.2】　$\boldsymbol{R}^2$ への円周 S^1 の埋め込みは，円板 D^2 を囲む．すなわち D^2 から $\boldsymbol{R}^2$ への埋め込みの境界への制限となる．これはジョルダンの閉曲線定理と呼ばれる．一方，円周 S^1 の 3 次元ユークリッド空間 $\boldsymbol{R}^3$ への埋め込みは，D^2 から $\boldsymbol{R}^3$ への埋め込みの境界への制限となるとは限らない．この埋め込みの分類が，結び目理論の研究対象である．4 次元以上のユークリッド空間 $\boldsymbol{R}^n$ $(n \geqq 4)$ への埋め込みは，再び，D^2 から $\boldsymbol{R}^n$ への埋め込みの境界への制限となる．

多様体の形を理解する方法は，それをよくわかる多様体から構成的に理解することである．よくわかる多様体とは，まず，球面 S^n であり，次にそれらの直積 $S^m \times S^n$ である．また，次元が 1，2 の多様体はよくわかっている．

コンパクト連結 1 次元多様体は円周 S^1 と微分同相である．本書では，例題 6.4.3（133 ページ）で示す．また，コンパクトでない可分な連結 1 次元多様体は $\boldsymbol{R}$ と微分同相である．

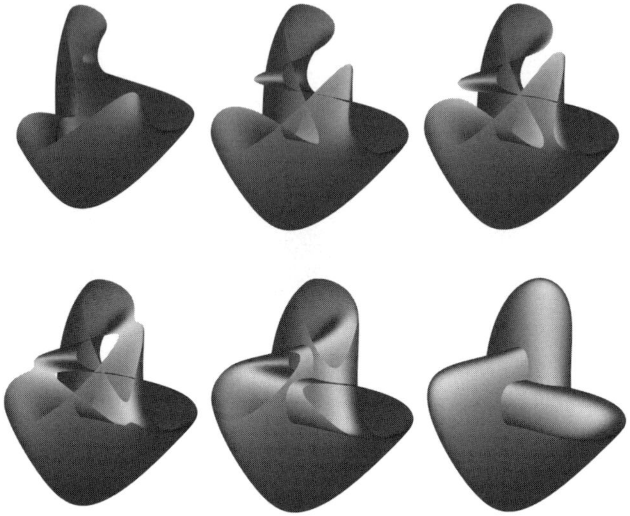

図 5.5　射影平面のはめ込みでボーイ・アペリ曲面と呼ばれる．$\frac{1}{3}$ 回転で対称な図形である．回転の軸に直角な平面で低いレベルから順に切ったときの図形を描いている．左上：花瓶あるいはピーマンのような形．中央上：左上図の縁が交わる．右上：3 重の交わりができる．左下：右上図の縁が 3 つの鞍点で合わさる．中央下：3 つの境界が縮む．右下：境界が閉じる．

2 次元多様体の分類はでき上がっている．分類のための準備が必要なので（本書では）証明はしないが，コンパクト連結 2 次元多様体は，まず向き付け可能かどうかで分類される．向き付け可能なものは，球面 S^2，トーラス T^2，種数 2 の有向閉曲面 Σ_2，種数 3, 4, ... の有向閉曲面 $\Sigma_3, \Sigma_4, \ldots$ という可算個のものがある．向き付け不可能なものには，実射影平面 $\boldsymbol{R}P^2$，クライン・ボトル K^2，種数 3, 4, ... の向き付け不可能閉曲面 $N_3, N_4, \ldots$ という可算個のものがある．

$$\Sigma_{2k+1} = \Big\{(x,y,z) \in \boldsymbol{R}^3 \ \Big| \ z^2 = ((3k+2)^2 - (x^2+y^2)) \prod_{n=-k}^{k} ((x-3n)^2 + y^2 - 1)\Big\},$$

$$\Sigma_{2k} = \Big\{(x,y,z) \in \boldsymbol{R}^3 \ \Big| \ z^2 = ((3k+2)^2 - (x^2+y^2)) \prod_{n=1}^{k} ((x-3n)^2 + y^2 - 1)((x+3n)^2 + y^2 - 1)\Big\}$$

と定義することもできる．図 5.3 参照．この $\Sigma_k \subset \boldsymbol{R}^3$ について，$\boldsymbol{x} \in \Sigma_k$ に対し，$-\boldsymbol{x} \in \Sigma_k$ であり，$\boldsymbol{x}$ と $-\boldsymbol{x}$ を同一視して得られる空間 $\Sigma_k/\sim$ は多様体となり，$N_{k+1} = \Sigma_k/\sim$ である．

前に述べたホイットニーの結果により，向き付けを持たないコンパクト 2 次元多様体 N^2 も，4 次元ユークリッド空間に埋め込まれるが，$\boldsymbol{R}P^2$ と同じ理由で，3 次元ユークリッド空間には埋め込まれない（はめ込みは存在する）．2 次元多様体 N の 3 次元ユークリッド空間への影を見ることはできる．

【例 5.3.3】　$\boldsymbol{R}P^2$ の 3 次元ユークリッド空間への影は，「ホイットニーの傘」あるいはクロスキャップと呼ばれる特異点を持つものを容易につくることができる．図 5.4 の左右の図は，$\boldsymbol{R}P^2$ から 1 点の円板と同相な近傍を除いて得られるメビウス・バンドの像である．自己交叉の線分の両端ではめ込みではない．

実際には，ボーイ・アペリ曲面と呼ばれるはめ込みも存在し，図 5.5 に描かれたようになっている．

さらに，$\boldsymbol{R}P^2$ の 2 次元ユークリッド空間への影を見ると，円板になる．このときの 1 点の逆像は有限個の点である．容易につくることができるものは，分岐被覆の形の特異点を持つものである．一方，これは変形すると，カスプという形の特異点を持つ写像になる．図 5.6 参照．

また，$\boldsymbol{R}P^2$ の 1 次元ユークリッド空間への影を見ると，線分になる．このときの 1 点の逆像は多くの場合，有限個の円である．例題 2.4.1（37 ページ）で S^2 上で定義した関数は $\boldsymbol{R}P^2$ 上の関数を引き起こす．1 点の逆像は，図 2.7（39 ページ）の同値類の空間で，1 点，円周，8 の字になる．

これらの例でわかるように，写像 $F: M \longrightarrow N$ が与えられ，N の形と，$F^{-1}(y)$ の形が理解できれば，M の形がわかることが期待できる．そのためには，F がよい写像であることが必要である．

一番よいと思われる条件は，$F_*|T_xM \longrightarrow T_{F(x)}N$ のランクが $\dim N$ のときである．このとき x は F の**正則点**と呼ばれる．$y \in N$ は $F^{-1}(y)$ の点がすべて正則点のとき **正則値**と呼ばれる．正則値 y に対し，$F^{-1}(y)$ は $\dim M - \dim N$ 次元の部分多様体となる．

正則点でない点を**臨界点**と呼び，臨界点の集合の F による像を**臨界値**と呼ぶ．

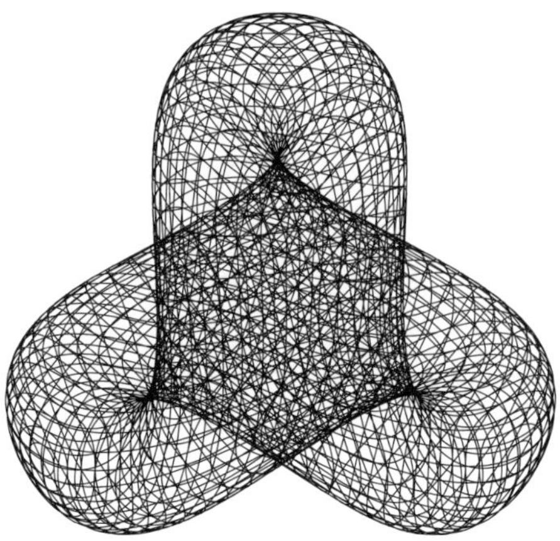

図 5.6　ボーイ・アペリ曲面の平面への射影．射影平面上にほぼ均等な網目を描きその像を描いている．曲線が集まって縁が見えているところは，曲面が曲がっている輪郭である．3 つのカスプが見えている．

次元 1 以上のコンパクト多様体から実数 $\boldsymbol{R}$ への写像 $f : M \longrightarrow \boldsymbol{R}$ には最大値最小値が存在するが，それらは臨界値，これらをとる点は臨界点である．

$m = \dim M < n = \dim N$ のときは，$F(M)$ が臨界値，$N \setminus F(M)$ が正則値となる．このときは正則値の逆像は空集合である．

【例 5.3.4】　例題 2.4.1 (37 ページ) で S^2 上で定義した関数 $f = x_1^2 + 2x_2^2 + 3x_3^2$ の臨界点は，$\pm\boldsymbol{e}_1 = (\pm1, 0, 0)$, $\pm\boldsymbol{e}_2 = (0, \pm1, 0)$, $\pm\boldsymbol{e}_3 = (0, 0, \pm1)$ の 6 点であり，$S^2 \setminus \{\pm\boldsymbol{e}_1, \pm\boldsymbol{e}_2, \pm\boldsymbol{e}_3\}$ の点は正則点である．f の臨界値は 1, 2, 3 の 3 点である．$\boldsymbol{R} \setminus \{1, 2, 3\}$ の点は正則値である．図 2.7（39 ページ）参照．

【例 5.3.5】　図 5.6 に表した $\boldsymbol{R}P^2$ から $\boldsymbol{R}^2$ への写像について，曲線が集まって縁が見えているところが，臨界値の集合である．問題 2.5.1（42 ページ）の yz 平面へ正射影した曲線は，曲面から yz 平面への正射影の臨界値の集合である．図 2.9（42 ページ）参照．このように半透明の曲面を平面に射影して輪郭として見ているものは，曲面から平面への写像の臨界値の集合である．

さまざまな写像の構成には，**1 の分割** (partition of unity) がしばしば用いられる．

【例題 5.3.6】 M をコンパクト多様体とする．M の座標近傍系 $\{(U_i, \varphi_i)\}$ に対し，C^∞ 級関数 $\lambda_i : M \longrightarrow \boldsymbol{R}$ で次を満たすものが存在する．$0 \leqq \lambda_i(x) \leqq 1$, $\operatorname{supp} \lambda_i \subset U_i$, 有限個の i を除いて $\lambda_i = 0$, $\displaystyle\sum_i \lambda_i = 1$.

【解】 $\{U_i\}$ の有限部分被覆 $\{U_{i_j}\}$ をとる．$\overline{V_{i_j}} \subset U_{i_j}$ となる開被覆 $\{V_{i_j}\}$ をとる．$\overline{V_{i_j}} \subset U_{i_j}$ に対し，C^∞ 級関数 μ_{i_j} で $\mu_{i_j}|\overline{V_{i_j}} > 0$, $\operatorname{supp} \mu_{i_j} \subset U_{i_j}$ となるものをとる．$\lambda_{i_j} = \mu_{i_j} \Big/ \displaystyle\sum_{\ell=1}^{k} \mu_{i_\ell}$ とおく．$\{i_1, \ldots, i_k\}$ 以外の i については $\lambda_i = 0$ とおくとこれが題意を満たす．

この例題のような $\{\lambda_i\}$ を $\{U_i\}$ に従属した **1 の分割**と呼ぶ．

5.4 サードの定理とモース関数

臨界値しかない写像 $F : M \longrightarrow N$ があると困ることになるが，C^∞ 級写像についてはサードの定理により，ほとんどの値は正則値である．したがって，式で定義されている図形は，多くの場合，多様体となると考えられる．

定理 5.4.1（サードの定理） $F : M \longrightarrow N$ を可分な多様体の間の C^∞ 級写像とする．F の臨界値の集合は測度 0 である．

サードの定理の証明の概略は 5.5 節で述べる．そこでルベーグによる**測度 0** の定義も与えるが，ともかく測度 0 の集合の補集合は，稠密である．これにより，F の正則値はともかく存在する．臨界値は測度 0 といっても，臨界点の集合が，ただの閉集合となっているときは解析はほとんど不可能である．

次元が高い多様体から次元が低い多様体への写像に対して，例えば，$\dim M + 4 > 2 \dim N$ が満たされている場合には，臨界点の集合が部分多様体になる写像が存在する．これは，横断性とワイエルシュトラスの多項式近似定理から導かれる．このような臨界点における写像の様子はかなり複雑である．[足立] 参照．そのような臨界点についての様子が非常によくわかる例としてモース関数がある．

定義 5.4.2 多様体 M 上の C^∞ 級関数 f の臨界点 x において f のヘッセ

行列が正則であるとき，臨界点 x は**非退化**であるという．多様体 M 上の C^∞ 級関数 f がモース関数であるとは，f の臨界点がすべて非退化であることである．

ここで，f の臨界点 x における f のヘッセ行列とは，x のまわりの座標近傍 $(U, \varphi = (x_1, \dots, x_n))$ について，$f \circ \varphi^{-1}$ の 2 階微分の行列 $\left(\dfrac{\partial^2 (f \circ \varphi^{-1})}{\partial x_i \partial x_j}(\varphi(x))\right)_{i,j=1,\dots,n}$ のことである．$\left(\dfrac{\partial^2 f}{\partial x_i \partial x_j}\right)$ と書くことも多い．

すなわち，この座標近傍では $f \circ \varphi^{-1}$ は 2 次関数 $\displaystyle\sum_{i,j=1}^{n} \frac{\partial^2 (f \circ \varphi^{-1})}{\partial x_i \partial x_j}(\varphi(x))\, x_i x_j$ で近似される．

ヘッセ行列が正則であることは，座標近傍のとり方によらない．$\varphi = (x_1, \dots, x_n)$, $\psi = (y_1, \dots, y_n)$ を x のまわりの座標関数とすると，$f \circ \varphi^{-1} = (f \circ \psi^{-1}) \circ (\psi \circ \varphi^{-1})$ は，

$$(f \circ \varphi^{-1})(x_1, \dots, x_n) = (f \circ \psi^{-1})(y_1(x_1, \dots, x_n), \dots, y_n(x_1, \dots, x_n))$$

と書かれる．$\displaystyle\frac{\partial (f \circ \varphi^{-1})}{\partial x_i} = \sum_{k=1}^{n} \frac{\partial (f \circ \psi^{-1})}{\partial y_k} \frac{\partial y_k}{\partial x_i}$ であるから，

$$\frac{\partial^2 (f \circ \varphi^{-1})}{\partial x_i \partial x_j} = \sum_{k=1}^{n} \sum_{\ell=1}^{n} \frac{\partial^2 (f \circ \psi^{-1})}{\partial y_k \partial y_\ell} \frac{\partial y_k}{\partial x_i} \frac{\partial y_\ell}{\partial x_j} + \sum_{k=1}^{n} \frac{\partial (f \circ \psi^{-1})}{\partial y_k} \frac{\partial^2 y_k}{\partial x_i \partial x_j}$$

となるが，臨界点 x 上では，右辺の第 2 項は 0 となる．したがって，$P = \left(\dfrac{\partial y_k}{\partial x_i}\right)_{i,k=1,\dots,n}$ を微分 $D(\psi \circ \varphi^{-1})_{\varphi(x)}$ を表す行列，$f \circ \varphi^{-1}$, $f \circ \psi^{-1}$ のヘッセ行列を $H_{f \circ \varphi^{-1}}$, $H_{f \circ \psi^{-1}}$ とすると，$H_{f \circ \varphi^{-1}} = {}^t P \, H_{f \circ \psi^{-1}} \, P$ が成立する．したがって，ヘッセ行列が正則であることは，座標近傍のとり方によらない．

2 次関数 $\displaystyle\sum_{i,j=1}^{n} \frac{\partial^2 (f \circ \varphi^{-1})}{\partial x_i \partial x_j}(\varphi(x))\, x_i x_j$ の等位面を 2 次曲面と呼んだ．例 2.1.7 (31 ページ) で述べたように，2 次曲面の形は行列 $\left(\dfrac{\partial^2 (f \circ \varphi^{-1})}{\partial x_i \partial x_j}(\varphi(x))\right)_{i,j=1,\dots,n}$ の正の固有値の（重複を許した）個数，負の固有値の（重複を許した）個数によって定まる．$H_{f \circ \varphi^{-1}} = {}^t P \, H_{f \circ \psi^{-1}} \, P$ はヘッセ行列の正の固有値の（重複を許した）個数，負の固有値の（重複を許した）個数も座標近傍のとり方によらないことを示している．負の固有値の個数をモース臨界点の**指数** (index) と呼ぶ．

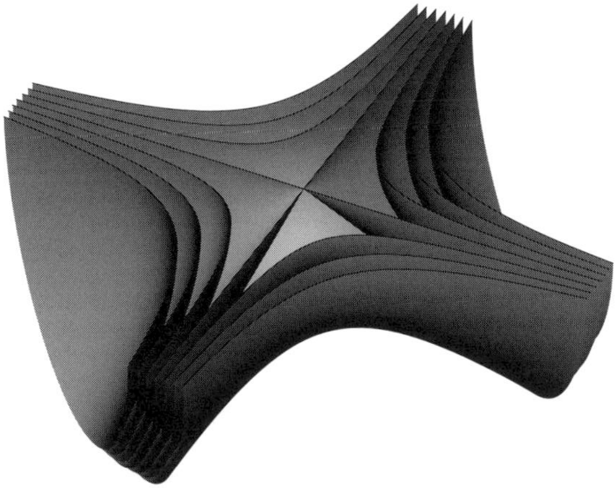

図 5.7 モース関数 f の臨界点のまわりの等位面．上下にカットした図である．

2 次関数は，座標系を正則行列によりとり替えることで $-\sum_{i=1}^{k} x_i^2 + \sum_{i=k+1}^{n} x_i^2$ の形の標準形を持つ．これが f を近似していることから，モース関数自体も座標関数をうまくとり替えると，その座標近傍でこの形に書かれることは次に述べるモースの補題により示される．図 5.7 参照．

補題 5.4.3（モースの補題） C^∞ 級関数 $f : M \longrightarrow \boldsymbol{R}$ の非退化な臨界点 x^0 の座標近傍 $(U, \varphi = (x_1, \ldots, x_n))$ で，

$$(f \circ \varphi^{-1})(x_1, \ldots, x_n) = f(x^0) - \sum_{i=1}^{k} x_i^2 + \sum_{i=k+1}^{n} x_i^2$$

となるものが存在する．

証明 $f - f(x^0)$ を f とおき直し，$(0, \ldots, 0)$ を f の臨界点，$\dfrac{\partial^2 f}{\partial x_i \partial x_j}(0, \ldots, 0)$ は非退化とする．線形変換で $\dfrac{\partial^2 f}{\partial x_i \partial x_j}(0, \ldots, 0)$ は対角化されているとする（少なくとも $\dfrac{\partial^2 f}{\partial x_1 \partial x_1}(0, \ldots, 0) \neq 0$ とする）．

アダマールの補題 5.1.5 による表示 $f = x_1 g_1 + \cdots + x_n g_n$ について，$g_i(0, \ldots, 0) = 0$ だから，$g_i = x_1 h_{i1} + \cdots + x_n h_{in}$ と書かれる．このとき，

$h_{11} = \dfrac{\partial^2 f}{\partial x_1 \partial x_1}(0, \ldots, 0) \neq 0$ である．

$f = \displaystyle\sum_{i,j=1}^{n} h_{ij} x_i x_j$ について順に平方完成を行なう．h_{ij} を $\dfrac{h_{ij} + h_{ji}}{2}$ におき換えて，$h_{ij} = h_{ji}$ としてよい．h_{11} は $(0, \ldots, 0)$ の近傍で 0 でないから，

$$f = h_{11}\Big(x_1 + \frac{h_{12}}{h_{11}} x_2 + \cdots + \frac{h_{1n}}{2h_{11}} x_n\Big)^2 + \sum_{i,j=2}^{n} h'_{ij} x_i x_j$$

と変形される．

$$y_1 = \sqrt{|h_{11}|}\Big(x_1 + \frac{h_{12}}{h_{11}} x_2 + \cdots + \frac{h_{1n}}{2h_{11}} x_n\Big)$$

とおいて，$(x_1, x_2, \ldots, x_n) \longmapsto (y_1, x_2, \ldots, x_n)$ はヤコビ行列式が $\sqrt{|h_{11}|}$ だから局所微分同相である．これで座標変換すると，

$$f = \mathrm{sign}(h_{11}) y_1^2 + \sum_{i,j=2}^{n} h'_{ij} x_i x_j$$

と書かれる．ただし，h'_{ij} は $(y_1, x_2, \ldots, x_n)$ の関数の形に書き換わっている．

引き続き，$\displaystyle\sum_{i,j=2}^{n} h'_{ij} x_i x_j$ について，$x_2, \ldots, x_n$ についての線形変換で $h'_{22}(0, \ldots, 0) \neq 0$ とする．$h'_{22}(0, \ldots, 0) \neq 0$ だから，平方完成を行なって，

$$y_2 = \sqrt{|h'_{22}|}\Big(x_2 + \frac{h'_{23}}{h'_{22}} x_3 + \cdots + \frac{h'_{2n}}{2h'_{22}} x_n\Big)$$

を使って座標変換すると，

$$f = \mathrm{sign}(h_{11}) y_1^2 + \mathrm{sign}(h'_{22}) y_2^2 + \sum_{i,j=3}^{n} h''_{ij} x_i x_j$$

となる．以下同様に変形して求める座標を得る． ■

【例 5.4.4】　例題 2.4.1（37 ページ）の $f(x_1, x_2, x_3) = x_1^2 + 2x_2^2 + 3x_3^2$ で与えられる関数 $f : S^2 \longrightarrow \boldsymbol{R}$ はモース関数である．この関数は $\{\boldsymbol{x}, -\boldsymbol{x}\}$ 上で同じ値をとるから，$\boldsymbol{R}P^2 = S^2/\{\pm 1\}$ 上のモース関数を引き起こす．S^2 上の点 $\{(\pm 1, 0, 0)\}$ は指数 0 の臨界点，点 $\{(0, \pm 1, 0)\}$ は指数 1 の臨界点，点 $\{(0, 0, \pm 1)\}$ は指数 2 の臨界点である．図 2.7（39 ページ）参照．

【問題 5.4.5】　$(a, b, c) \in \boldsymbol{R}^3$ は $(0, 0, 0)$ ではないとする．$\boldsymbol{R}^2$ 上の関数

$$f(x, y) = (2 + \cos y)(a \cos x + b \sin x) + c \sin y$$

は，$\boldsymbol{R}^2/(2\pi \boldsymbol{Z})^2$ 上の関数 $F : \boldsymbol{R}^2/(2\pi \boldsymbol{Z})^2 \longrightarrow \boldsymbol{R}$ を定義する．F の臨界点の個数が有限個であるための条件を述べよ．また，臨界点におけるヘッセ行列が退化するかどうか調べよ．

ヒント：$a^2 + b^2 + c^2 = 1$ ならば，この写像は，例 2.1.1（24 ページの図 2.1）のトーラスから (a, b, c) 方向の直線への直交射影である．等位線については，図 8.4（186 ページ）参照．解答例は 119 ページ．

【問題 5.4.6】 $\boldsymbol{CP}^n = (\boldsymbol{C}^{n+1} \setminus \{0\})/\boldsymbol{C}^\times$ を n 次元複素射影空間とする．$S^{2n+1} = \left\{(z_1, \dots, z_{n+1}) \in \boldsymbol{C}^{n+1} \;\middle|\; \sum_{k=1}^{n+1} |z_k|^2 = 1\right\}$ を $\boldsymbol{C}^{n+1}$ の単位球面とする．$U(1) = \{e^{\sqrt{-1}\theta} \mid \theta \in \boldsymbol{R}\}$ とする．

(0)　$U(1) \times S^{2n+1} \longrightarrow S^{2n+1}$ を

$$(e^{\sqrt{-1}\theta}, (z_1, \dots, z_{n+1})) \longmapsto (e^{\sqrt{-1}\theta} z_1, \dots, e^{\sqrt{-1}\theta} z_{n+1})$$

で定義すると，これは群 $U(1)$ の S^{2n+1} への作用であることを示せ．

(1)　結合写像 $S^{2n+1} \xrightarrow{\ i\ } \boldsymbol{C}^{n+1} \setminus \{0\} \xrightarrow{\ p\ } \boldsymbol{CP}^n$ のランクを求めよ．

(2)　$f(z_1, \dots, z_{n+1}) = \sum_{k=1}^{n+1} k|z_k|^2 \Big/ \sum_{k=1}^{n+1} |z_k|^2$ で定義される関数，$f : \boldsymbol{C}^{n+1} \setminus \{0\} \longrightarrow \boldsymbol{R}$ は $\boldsymbol{CP}^n$ 上の C^∞ 級関数 F を誘導することを示せ．

(3)　F の臨界点（$F_* : T_x \boldsymbol{CP}^n \longrightarrow \boldsymbol{R}$ が 0 となる点 x）を求めよ．

(4)　F の臨界点におけるヘッセ行列を求めよ．

ヒント：(3)　合成写像 $T_z S^{2n+1} \longrightarrow T_x \boldsymbol{CP}^n \longrightarrow \boldsymbol{R}$ が 0 でない点 z $(\in S^{2n+1})$ の定める点 $x = [z]$ $(\in \boldsymbol{CP}^n)$ は正則点である．解答例は 120 ページ．

注意 5.4.7　問題 5.4.6 の写像 $S^{2n+1} \longrightarrow \boldsymbol{CP}^n$ はホップ・ファイブレーション (Hopf fibration) と呼ばれる．図 5.8 参照．

ユークリッド空間内の多様体 M に対するモース関数の構成の仕方としては，問題 5.4.5 にあるような直線への直交射影を考えるのが自然である．問題 5.4.5 では，ほとんどすべての射影がモース関数であることがわかるが，このことは一般に成立する．

図 **5.8** ホップ・ファイブレーション $S^3 \longrightarrow \boldsymbol{C}P^1$ のファイバーの様子（ふくらませて描いている）．$S^3 \setminus 1$ 点 を $\boldsymbol{R}^3$ にステレオグラフ射影して描いたもの．

多様体 M の埋め込み $i: M \longrightarrow \boldsymbol{R}^N$ を固定し，線形形式 $L: \boldsymbol{R}^N \longrightarrow \boldsymbol{R}$, $L(\boldsymbol{x}) = \sum_{i=1}^{N} a_i x_i$ を考えると，ほとんどすべての $\boldsymbol{a} = (a_1, \ldots, a_N)$ に対し $L \circ i: M \longrightarrow \boldsymbol{R}$ がモース関数となる．これは，次の問題 5.4.8 とサードの定理 5.4.1 からわかる（問題 5.4.8 とその解答は佐伯修氏に御教示いただいたものである）．

【問題 5.4.8】 M をユークリッド空間 $\boldsymbol{R}^N$ に埋め込まれた p 次元コンパクト多様体とする．次で定義される X は N 次元 C^∞ 多様体である（問題 5.2.5 参照）．$X = \nu M = \{(\boldsymbol{x}, \boldsymbol{y}) \in \boldsymbol{R}^{2N} \mid \boldsymbol{x} \in M,\ \boldsymbol{y} \perp T_{\boldsymbol{x}} M\}$.

$i: M \longrightarrow \boldsymbol{R}^N$ を包含写像，$\mathrm{pr}_2 : \boldsymbol{R}^N \times \boldsymbol{R}^N \longrightarrow \boldsymbol{R}^N$ を第 2 成分への射影，$\boldsymbol{a} \in \boldsymbol{R}^N$ に対し，$L: \boldsymbol{R}^N \longrightarrow \boldsymbol{R}$ を線形形式 $L(\boldsymbol{x}) = \sum_{i=1}^{N} a_i x_i$ とする．このとき，次を示せ．

$\boldsymbol{a} \in \boldsymbol{R}^N$ が $\mathrm{pr}_2 | X : X \longrightarrow \boldsymbol{R}^N$ の正則値であることと $L \circ i: M \longrightarrow \boldsymbol{R}$ がモース関数であることは同値である．

ヒント：問題 5.2.5 で与えた X のグラフ表示を用いる．図 5.9 参照．解答例は 121 ページ．

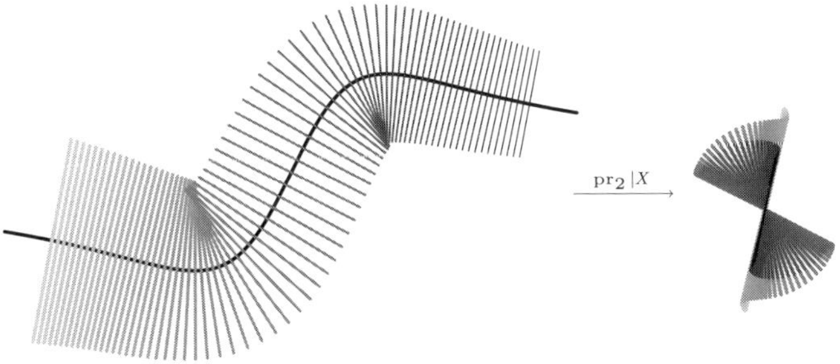

図 **5.9** 問題 5.4.8 の写像 $\mathrm{pr}_2\,|X : X \longrightarrow \boldsymbol{R}^N$.

5.5 サードの定理の証明の概略（展開）

この節ではサードの定理 5.4.1 の証明の概略を与える．[足立], [ミルナー] 参照.

まず，$A \subset \boldsymbol{R}^n$ が測度 0 であるとは，任意の正実数 ε に対し，次を満たす閉立方体の可算族 Q_i があることである．

$$A \subset \bigcup_i Q_i,\ Q_i \text{ の辺の長さを } \delta_i \text{ とするとき，} \sum_i {\delta_i}^n \leqq \varepsilon \text{ となる．}$$

次の 2 つに注意する．

- $\boldsymbol{R}^n$ の測度 0 の集合のリプシッツ同相写像による像は測度 0 である．したがって，連続微分可能同相写像による像についても同様.
- これにより，微分可能多様体の部分集合が測度 0 であることが定義される．また，サードの定理は，滑らかな写像 $F : \boldsymbol{R}^m \longrightarrow \boldsymbol{R}^n$ に対して示せばよい.

さて，サードの定理は以下のように示される．

(1) 上の注意と測度 0 の定義から，サードの定理は，$m < n$ に対して正しい.

(2) F の臨界点の集合を C とする．

$$C = \{\boldsymbol{x} \in \boldsymbol{R}^m \mid \operatorname{rank} T_{\boldsymbol{x}}F < n\}$$

さらに，F の k 階までの偏微分がすべて 0 となる点の集合を C_k とする：

$$C \supset C_1 \supset C_2 \supset \cdots \supset C_k$$

(3) **フビニの定理**「$A \cap \{\boldsymbol{x}\} \times \boldsymbol{R}^{m-1} \subset \{\boldsymbol{x}\} \times \boldsymbol{R}^{m-1}$ がすべての $\boldsymbol{x}$ に対し測度 0 ならば，$A \subset \boldsymbol{R}^m$ が測度 0 となる」を認める．

(4) 「$F(C - C_1)$ は測度 0」を示す．

$C - C_1$ の点 $\boldsymbol{x}$ の近傍で，$F = (f_1(x_1, \ldots, x_m), \ldots, f_n(x_1, \ldots, x_m))$ の偏微分の 1 つは 0 とならない．$\dfrac{\partial f_i}{\partial x_j} \neq 0$ のとき，座標の順序を入れ換えて，$\dfrac{\partial f_1}{\partial x_1} \neq 0$ とする．逆写像定理から，この近傍で，$h : (x_1, x_2, \ldots, x_m) \longmapsto (f_1, x_2, \ldots, x_m)$ は，局所微分同相．$F \circ h^{-1}$ は第 1 番目の座標が，恒等写像で，$F(C - C_1) = (F \circ h^{-1})(h(C - C_1))$ である．

$$\begin{aligned} F(C - C_1) \cap \{y_1\} \times \boldsymbol{R}^{n-1} &= (F \circ h^{-1})(h(C - C_1)) \cap \{y_1\} \times \boldsymbol{R}^{n-1} \\ &= (F \circ h^{-1})(h(C - C_1) \cap \{y_1\} \times \boldsymbol{R}^{m-1}) \end{aligned}$$

ここで $h(C - C_1) \cap \{y_1\} \times \boldsymbol{R}^{m-1}$ が $F \circ h^{-1} | \{y_1\} \times \boldsymbol{R}^{m-1}$ の臨界点集合に含まれることがわかる．

したがって，低い次元のユークリッド空間の間の写像 $\boldsymbol{R}^{m-1} \longrightarrow \boldsymbol{R}^{n-1}$ に対して，サードの定理が示されていれば，(3) から (4) が従う．

(5) 「$k \geqq 1$ のとき，$F(C_k - C_{k+1})$ は測度 0」を示す．

$C_k - C_{k+1}$ の点 $\boldsymbol{x}$ の近傍で，ある $k+1$ 階の偏微分 $\dfrac{\partial^{k+1} f_i}{\partial x_{s_1} \partial x_{s_2} \cdots \partial x_{s_{k+1}}}$ は 0 ではないが，$w(\boldsymbol{x}) = \dfrac{\partial^k f_i}{\partial x_{s_2} \cdots \partial x_{s_{k+1}}}$ は 0 である．座標の順序を入れ換えて，$s_1 = 1$ とする．逆写像定理から，この近傍で，$h : (x_1, x_2, \ldots, x_m) \longmapsto (w, x_2, \ldots, x_m)$ は局所微分同相である．$h(C_k - C_{k+1}) \subset \{0\} \times \boldsymbol{R}^{m-1}$ であるが，$h(C_k - C_{k+1})$ は $F \circ h^{-1}$ を $\{0\} \times \boldsymbol{R}^{m-1}$ に制限した写像の臨界点の集合（の C_k）に含まれる．

したがって，低い次元のユークリッド空間からの写像 $\boldsymbol{R}^{m-1} \longrightarrow \boldsymbol{R}^n$ に対して，サードの定理が示されていれば，(5) が従う．

(6) 「$(k+1)n > m$ ならば，$F(C_k)$ は測度 0」を示す．

k 階までの偏微分がすべて 0 の点 x_0 の近傍の点 x_1 では，正実数 K に対し，

$$\|F(x_1) - F(x_0)\| \leqq K \|x_1 - x_0\|^{k+1}$$

$[0,1]^m$ を M^m の立方体に等分すると，C_k と交わる小立方体の F による像は辺の長さが $2\left(K \dfrac{\sqrt{m}}{M}\right)^{k+1}$ の立方体の高々 M^m 個の合併に含まれる．その

体積 $(2Km^{\frac{k+1}{2}})^n \dfrac{M^m}{M^{n(k+1)}}$ は，$(k+1)n > m$ のとき，分割を細かくすれば 0 に収束する．

(7) (1) により，帰納法 (4), (5) が成立している．

5.6 モース関数の存在の証明の概略（展開）

モース関数は多様体のトポロジーの研究の上で非常に重要な関数である．多様体の埋め込み定理 5.2.3 と問題 5.4.8 をあわせるとモース関数の存在を示すことができる．次のような手法でも，このような関数が豊富に存在することを示すことができ，この手法は応用上重要である．

(1) ユークリッド空間 $\boldsymbol{R}^n$ 上の関数 f を考える．$\boldsymbol{a} = (a_1, \ldots, a_n)$ に対し，$L(x_1, \ldots, x_n) = \displaystyle\sum_{i=1}^{n} a_i x_i$ とおく．$f - L : \boldsymbol{R}^n \longrightarrow \boldsymbol{R}$ を考えると，$f - L$ の臨界点 $\boldsymbol{x}$ は $T_{\boldsymbol{x}} f = L$ となる $\boldsymbol{x}$ である．$f - L$ の臨界点 $\boldsymbol{x}$ におけるヘッセ行列は $\left(\dfrac{\partial^2 f}{\partial x_i \partial x_j}\right)$ である．$f - L$ が退化するヘッセ行列を持つことは，$T_{\boldsymbol{x}} f = L$ となる $\boldsymbol{x}$ で行列 $\left(\dfrac{\partial^2 f}{\partial x_i \partial x_j}\right)$ が定義する線形写像が全射でないことである．行列 $\left(\dfrac{\partial^2 f}{\partial x_i \partial x_j}\right)$ は写像 $(x_1, \ldots, x_n) \longmapsto \left(\dfrac{\partial f}{\partial x_1}, \ldots, \dfrac{\partial f}{\partial x_n}\right)$ のヤコビ行列だから，$\boldsymbol{a}$ は写像 $(x_1, \ldots, x_n) \longmapsto \left(\dfrac{\partial f}{\partial x_1}, \ldots, \dfrac{\partial f}{\partial x_n}\right)$ の臨界値である．

サードの定理から，臨界値は測度 0 で，十分小さい $\boldsymbol{a}$ について，$f - L$ はモース関数となる．

(2) モース関数に 2 階微分まで近い関数はモース関数である．

(3) コンパクト多様体 M 上の任意の関数 F を考える．座標近傍による有限被覆 U_i をとり，$V_i \subset \overline{V_i} \subset U_i$ で，$\{V_i\}$ が M の開被覆となるものをとる．また，$\overline{V_i}$ 上 1，$M - U_i$ 上 0 となる関数 μ_i をとる．

(3)-1 $F|U_1$ に対し，f_1 を $F|U_1$ を近似する U_1 上のモース関数とすると，$F_1 = \mu_1 f_1 + (1 - \mu_1)F$ は V_1 上でモース関数である．

(3)-2 $F_1|U_2$ に対し，f_2 を $F_1|U_2$ を近似する U_2 上のモース関数とすると，$F_2 = \mu_2 f_2 + (1 - \mu_2)F_1$ は，V_2 上でモース関数だが，V_1 上でも F_1 を十分近似していればモース関数である．

(3)-k 同様に，$F_{k-1}|U_k$ に対し，f_k を $F_{k-1}|U_k$ を近似する U_k 上のモース関数とすると，$\mu_k f_k + (1 - \mu_{k-1})F_{k-1}$ は，V_k 上でモース関数だが，$V_1 \cup \cdots \cup V_{k-1}$

上でも F_{k-1} を十分近似していればモース関数である．

これにより，f を近似するモース関数の存在がわかる．

5.7　関数の空間，写像の空間（展開）

コンパクト多様体上のモース関数の存在を示すにあたって，座標近傍による有限被覆をとり，関数を 1 つ 1 つの座標近傍上で順に変形して，モース関数の持つべき性質が，1 つ多くの座標近傍上で成立するようにしていった．この議論は，コンパクト多様体上の実数値関数全体の空間においてモース関数は，開かつ稠密な集合であることを述べている．こういう述べ方をするためには，関数全体の空間の位相をきちんと定めておかなければならない．次のようにして位相を定める．

M を n 次元コンパクト多様体とし，$\{(U_i, \varphi_i = (x_1^{(i)}, \ldots, x_n^{(i)}))\}$ を有限座標近傍系とする．$V_i \subset \overline{V_i} \subset U_i$ で，$\{V_i\} = \{V_i\}_{i=1,\ldots,k}$ は開被覆，$\overline{V_i}$ はコンパクトとなるものをとる．

$C^\infty(M)$ の C^r 位相を定めるためには，$\varepsilon > 0$ に対して，$\{V_i\}$ に依存する $f \in C^\infty(M)$ の ε 近傍 $N_\varepsilon^r(f, \{V_i\})$ を次のように定めればよい．

$$N_\varepsilon^r(f, \{V_i\}) = \{f + h \in C^\infty(M)$$
$$\mid s \leqq r,\ i \in \{1, \ldots, k\} \text{ に対し，} \|D^s((h \circ \varphi_i^{-1}) | \varphi_i(\overline{V_i}))\| < \varepsilon\}$$

重要なことは，次の補題である．

補題 5.7.1　上述の $\{V_i\}$，および有限座標近傍系 $\{(U'_j, \varphi'_j = (y_1^{(j)}, \ldots, y_n^{(j)}))\}$ と $V'_j \subset \overline{V'_j} \subset U'_j$ に対して，$K > 0$ が存在し，$N_\varepsilon^r(f, \{V_i\}) \subset N_{K\varepsilon}^r(f, \{V'_j\})$ が成立する．

これにより，異なる有限座標近傍系を用いても定義される C^r 位相は等しくなる．

定義 5.7.2　コンパクト多様体 M 上の C^∞ 級関数の空間の C^r 位相とは，有限座標近傍系 $\{(U_i, \varphi_i = (x_1^{(i)}, \ldots, x_n^{(i)}))\}$ および $V_i \subset \overline{V_i} \subset U_i$ で，$\{V_i\}$ は開被覆，$\overline{V_i}$ はコンパクトとなるものに対し，$f \in C^\infty(M)$ の近傍を $\varepsilon > 0$ に対し $N_\varepsilon^r(f, \{V_i\})$ により定めたものである．

補題 5.7.1 の証明 $\gamma_{ij} = (\varphi_i \circ {\varphi'_j}^{-1})|\varphi'_j(U_i \cap U'_j)$ により，$(h \circ {\varphi'_j}^{-1}) = (h \circ {\varphi_i}^{-1}) \circ \gamma_{ij}$ と書かれる．

$r = 0$ に対しては，$N^0_\varepsilon(f, \{V_i\})$, $N^0_\varepsilon(f, \{V'_j\})$ は一致する．

$r = 1$ のときは，チェインルールにより，

$$D(h \circ {\varphi'_j}^{-1}) = D(h \circ {\varphi_i}^{-1}) \circ \gamma_{ij} \cdot D\gamma_{ij}$$

であり，$K = \max_{i,j} \max_{\boldsymbol{x} \in \varphi'_j(\overline{V_i} \cap \overline{V'_j})} \|D\gamma_{ij(\boldsymbol{x})}\|$ とすると，$N^1_\varepsilon(f, \{V_i\}) \subset N^1_{K\varepsilon}(f, \{V'_j\})$ が成立する．ここで，i, j が有限個であることと，$\overline{V_i} \cap \overline{V'_j}$ がコンパクトであることを用いている．この K の定め方は，ノルム $\|D\gamma_{ij(\boldsymbol{x})}\|$ をオペレータノルムとして成立するが，異なるノルムをとっても K を定数倍すれば成立する．ここで，ユークリッド空間の線形写像 A のオペレータノルムは $\sup_{\boldsymbol{x} \neq 0} \dfrac{\|A\boldsymbol{x}\|}{\|\boldsymbol{x}\|}$ で定められる．

$r = 2$ については，モース型臨界点の議論での計算

$$\frac{\partial^2 (f \circ \varphi_i^{-1})}{\partial x^{(i)}_\alpha \partial x^{(i)}_\beta} = \sum_{\gamma=1}^n \sum_{\delta=1}^n \frac{\partial^2 (f \circ {\varphi'_j}^{-1})}{\partial y^{(j)}_\gamma \partial y^{(j)}_\delta} \frac{\partial y^{(j)}_\gamma}{\partial x^{(i)}_\alpha} \frac{y^{(j)}_\delta}{\partial x^{(i)}_\beta} + \sum_{\gamma=1}^n \frac{\partial (f \circ {\varphi'_j}^{-1})}{\partial y^{(j)}_\gamma} \frac{\partial^2 y^{(j)}_\gamma}{\partial x^{(i)}_\alpha \partial x^{(i)}_\beta}$$

により，

$$\max_{i,j} \max_{\alpha,\gamma} \max_{\boldsymbol{x} \in \varphi'_j(\overline{V_i} \cap \overline{V'_j})} \left| \frac{\partial y^{(j)}_\gamma}{\partial x^{(i)}_\alpha}(\boldsymbol{x}) \right|, \ \max_{i,j} \max_{\alpha,\beta,\gamma} \max_{\boldsymbol{x} \in \varphi'_j(\overline{V_i} \cap \overline{V'_j})} \left| \frac{\partial^2 y^{(j)}_\gamma}{\partial x^{(i)}_\alpha \partial x^{(i)}_\beta}(\boldsymbol{x}) \right|$$

から定まる K が存在して $N^2_\varepsilon(f, \{V'_i\}) \subset N^2_{K\varepsilon}(f, \{V_j\})$ が成立する．

一般の s に対して，チェインルールの微分をさらにとると，

$$\max_{i,j} \max_{\alpha,\gamma} \max_{\boldsymbol{x} \in \varphi'_j(\overline{V_i} \cap \overline{V'_j})} \left| \frac{\partial y^{(j)}_\gamma}{\partial x^{(i)}_\alpha}(\boldsymbol{x}) \right|,$$
$$\ldots, \max_{i,j} \max_{\alpha_1,\ldots,\alpha_s,\gamma} \max_{\boldsymbol{x} \in \varphi'_j(\overline{V_i} \cap \overline{V'_j})} \left| \frac{\partial^s y^{(j)}_\gamma}{\partial x^{(i)}_{\alpha_1} \cdots \partial x^{(i)}_{\alpha_s}}(\boldsymbol{x}) \right|$$

から定まる K が存在して $N^s_\varepsilon(f, \{V'_i\}) \subset N^s_{K\varepsilon}(f, \{V_j\})$ が成立する．このような合成写像の高次の微分を書き表す式はファー・ディ・ブルーノの公式と呼ばれている． ■

注意 5.7.3 コンパクトとは限らない多様体 M に対して，$\overline{V_i}$ がコンパクトであるような開被覆 $\{V_i\}$ をとれば，$C^\infty(M)$ の位相を定めることができるが，この位相

は，$\{V_i\}$ のとり方に依存する．

5.6 節では，コンパクト多様体 M に対して，モース関数の全体は $C^\infty(M)$ の C^2 位相で開かつ稠密であることを示したことになっている．

定理 5.7.4　$C^\infty(M)$ の C^2 位相で，M 上のモース関数の全体は開かつ稠密である．

注意 5.7.5　問題 5.4.8 を用いても，包含写像 $i : M \longrightarrow \boldsymbol{R}^N$，$C^\infty$ 級関数 $f : M \longrightarrow \boldsymbol{R}$ に対し，新しい包含写像 $(i,f) : M \longrightarrow \boldsymbol{R}^N \times \boldsymbol{R}$ について $(0,1)$ に十分近い正則値 $\boldsymbol{a}$ をとれば，f に C^2 で近いモース関数を得る．

$C^\infty(M)$ の中で，M 上のモース関数のなす開集合の連結成分が，どのような隣接関係を持っているかを研究することは非常に面白い問題である．[足立] 参照．

コンパクト多様体 M, N の間の C^∞ 級写像全体の空間 $C^\infty(M,N)$ に対しても，2 つの写像が r 階微分まで考えて近いかどうか判定する C^r 位相を考えることができる．

1 つの写像 F の近傍を定めるために，前節と同様の M の有限座標近傍系 $\{(U_i,\varphi_i)\}$，N に対して有限座標近傍系 $\{(W_j,\psi_j)\}$ をとる．$\{F^{-1}(W_j)\}$ は M の開被覆である．$U_i \cap F^{-1}(W_j) \subset U_i$ だから，$\{U_i \cap F^{-1}(W_j)\}$ は有限座標近傍系であり，添え字 i, j に対して，開被覆 $\{V_{ji}\}$, $V_{ji} \subset \overline{V_{ji}} \subset U_i \cap F^{-1}(W_j)$ となるものがとれる．十分小さい ε に対して，

$$\begin{aligned}N^r_\varepsilon(F,\{V_{ji}\},\{W_j\}) = \{&H \in C^\infty(M,N)\\ &\big| s \leqq r,\ \text{任意の } i,j \text{ に対して，} \|D^s(\psi_j \circ H \circ \varphi_i^{-1} - \psi_j \circ F \circ \varphi_i^{-1})|\varphi_i(\overline{V_{ji}})\| < \varepsilon\}\end{aligned}$$

と定める．ここで，$\varphi_i(\overline{V_{ji}})$ はコンパクトだから

$$\psi_j \circ F \circ \varphi_i^{-1}|\varphi_i(\overline{V_{ji}}) : \varphi_i(\overline{V_{ji}}) \longrightarrow \psi_j(W_j) \subset \boldsymbol{R}^{\dim N}$$

に近い C^∞ 級写像の像は $\psi_j(W_j)$ にあり，微分が定義できる．また，C^r 位相が $\{(U_i,\varphi_i)\}$, $\{(W_j,\psi_j)\}$ などのとり方によらず定義できているのは，補題 5.7.1 と同様の議論による．

写像の空間の開かつ稠密な集合は，横断性を考えることで与えられる．このことは，トムやポントリャーギンによる多様体の構造の研究の大きな手がかりとなった．

定理 5.7.6（横断性定理） コンパクト多様体 M, N と N の部分多様体 L を考える．$F: M \longrightarrow N$ が L と横断的であるとは，$F(x) \in L$ ならば $F_*(T_x(M)) + T_{F(x)}L = T_{F(x)}N$ となることである．$C^\infty(M,N)$ の C^1 位相において，L と横断的な写像は開かつ稠密である．

証明 多様体 M, N, L の次元を m, n, ℓ とする．$\boldsymbol{R}^m$ の開集合 U 上で定義された $\boldsymbol{R}^n$ への写像 F_0 がコンパクト集合 K $(\subset U)$ 上で $\boldsymbol{R}^\ell \times \{0\} \subset \boldsymbol{R}^\ell \times \boldsymbol{R}^{n-\ell}$ に横断的であるとすると，この写像 F_0 にコンパクト集合 K 上で C^1 位相で近い写像 F_1 もこのコンパクト集合 K 上で $\boldsymbol{R}^\ell \times \{0\}$ に横断的である．その理由は，${F_0}^{-1}(\boldsymbol{R}^\ell \times \{0\}) \cap K$ のある近傍 V 上では $n \times m$ 行列 $D(F_0)$ の下側の $n-\ell$ 行の $(n-\ell) \times m$ 行列のランクは $n-\ell$ である．すなわち，$D(F_0)$ の $\ell+1$ 行目から n 行目までの行ベクトルは 1 次独立である．$K \subset V_1 \subset \overline{V_1} \subset V$ を満たす $\overline{V_1}$ 上で F_0 に C^1 位相で十分に近い F_1 についても $D(F_1)$ の $\ell+1$ 行目から n 行目までの行ベクトルは 1 次独立である．一方，$F_0(K \setminus V_1)$ は $\boldsymbol{R}^\ell \times \{0\}$ と交わらない．K 上で F_0 に C^1 位相で十分に近い F_1 は C^0 位相でも近いから，$F_1(K \setminus V_1)$ は $\boldsymbol{R}^\ell \times \{0\}$ と交わらない．したがって，F_1 は K 上で $\boldsymbol{R}^\ell \times \{0\}$ と横断的である．

N の部分多様体 L の点 x に対して，座標近傍 (V_x, ψ_x) で $\psi_x(L \cap V_x) = \psi_x(V_x) \cap \boldsymbol{R}^\ell \times \{0\}$ となるものをとる．L はコンパクトだから有限個の V_{x_j} をとり，L を覆うことができる．$N \setminus \bigcup_j V_{x_j}$ の $N \setminus L$ に含まれる座標近傍による被覆 V_ℓ をとり，その有限部分被覆をとる．これらをまとめて N の座標近傍による有限開被覆 (W_j, ψ_j) とする．M の座標近傍による有限開被覆を (U_i, φ_i) とする．

ここで，写像 $F_0 : M \longrightarrow N$ が L と横断的として，上に述べたように，$V_{ij} \subset \overline{V_{ij}} \subset U_i \cap F^{-1}(W_j)$ を満たす開被覆 $\{V_{ij}\}$ をとる．F_1 が F_0 に C^1 位相で十分に近ければ，$\overline{V_{ij}} \subset F^{-1}(V_{x_j})$ に対して，横断性が保たれ，$\overline{V_{i\ell}} \subset F^{-1}(V_\ell)$ に対しては，L と交わらないことにより横断性が保たれる．したがって，$C^\infty(M,N)$ の C^1 位相において，L と横断的な写像は開である．

$C^\infty(M,N)$ の任意の F_0 に対して，上と同じ (U_i,φ_i), (W_j,ψ_j), $V_{ij} \subset \overline{V_{ij}} \subset F^{-1}(V_j)$ をとり，さらに $V'_{ij} \subset \overline{V'_{ij}} \subset V_{ij}$ となる開被覆をとる．V_{ij} に台を持ち，$\overline{V'_{ij}}$ 上で 1 となる関数 μ_{ij} をとっておく．$\overline{V_{ij}}$ に順序をつけておき，A_1, …, A_q, $\overline{V_{ij}} = A_k$ に含まれる $\overline{V'_{ij}}$ を B_k とおく．F_0 を A_k 上で順に近似し，$\bigcup_{k=1}^{p} B_k$ 上で F_p が L と横断的であるとき，F_p を A_{p+1} 上で近似して得られた F_{p+1} が $\bigcup_{k=1}^{p+1} B_k$ 上で L と横断的であるようにすることを考える．

$A_{p+1} = \overline{V_{ij}}$ に対し，

$$\psi_j \circ F_p \circ \varphi_i^{-1} | \varphi_i(V_{ij}) : \varphi_i(V_{ij}) \longrightarrow \boldsymbol{R}^n$$

を考える．$\mathrm{pr} : \boldsymbol{R}^n \longrightarrow \boldsymbol{R}^{n-\ell}$ を $\ell+1$, …, n 成分への射影とする．サードの定理から，$\mathrm{pr} \circ \psi_j \circ F_p \circ \varphi_i^{-1} | \varphi_i(V_{ij})$ の正則値が $0 \in \boldsymbol{R}^{n-\ell}$ の近傍に存在する．そこで，0 に十分近い a_{ij} について，$\overline{V_{ij}}$ 上で

$$F_{p+1} = \psi_j^{-1}(\psi_j \circ F_p - \mu_{ij} a_{ij})$$

とし，$M \setminus V_{ij}$ 上で，$F_{p+1} = F_p$ とする．a_{ij} のとり方から，F_{p+1} は $B_{p+1} = \overline{V'_{ij}}$ 上で L と横断的である．a_{ij} が 0 に十分近ければ，F_p は $\bigcup_{k=1}^{p} B_k$ 上で L と横断的であったので，F_{p+1} は $\bigcup_{k=1}^{p+1} B_k$ 上で L と横断的である．

こうして，$C^\infty(M,N)$ の C^1 位相において，L と横断的な写像は稠密である． ■

注意 5.7.7　$F : M \longrightarrow N$ が L と横断的であれば，陰関数定理 1.2.3（7 ページ）により，$F^{-1}(L) = \{x \in M \mid F(x) \in L\}$ は，余次元が L の余次元 $\mathrm{codim}\, L = \dim N - \dim L$ に等しい，M の部分多様体である．

注意 5.7.8　多様体 X の 2 つの部分多様体 Y, Z について包含写像 $Y \subset X$, $Z \subset X$ の一方を近似する写像にとり替えて横断的にすることができる．このとき，$Y \cap Z$ は例題 4.4.7（83 ページ）で扱った部分多様体となる．

5.8 第5章の問題の解答

【問題 5.1.6 の解答】 (1) $D_1, D_2 \in \mathcal{D}_p$, $a_1, a_2 \in \boldsymbol{R}$ とし,

$$
\begin{aligned}
&(a_1 D_1 + a_2 D_2)(f \cdot g) = a_1 D_1 (f \cdot g) + a_2 D_2 (f \cdot g) \\
&= a_1 D_1 f \cdot g(p) + a_1 f(p) \cdot D_1 g + a_2 D_2 f \cdot g(p) + a_2 f(p) \cdot D_2 g \\
&= (a_1 D_1 f + a_2 D_2 f) \cdot g(p) + f(p) \cdot (a_1 D_1 g + a_2 D_2 g) \\
&= (a_1 D_1 + a_2 D_2) f \cdot g(p) + f(p) \cdot (a_1 D_1 + a_2 D_2) g
\end{aligned}
$$

(2) 線形性, ライプニッツ・ルールを確かめる.

$$
\begin{aligned}
&D_c(a_1 f_1 + a_2 f_2) = \frac{\mathrm{d}((a_1 f_1 + a_2 f_2)\circ c)}{\mathrm{d}t}(0) \\
&= a_1 \frac{\mathrm{d}(f_1 \circ c)}{\mathrm{d}t}(0) + a_2 \frac{\mathrm{d}(f_2 \circ c)}{\mathrm{d}t}(0) = a_1 D_c(f_1) + a_2 D_c(f_2),
\end{aligned}
$$

$$
\begin{aligned}
D_c(f \cdot g) &= \frac{\mathrm{d}((f \cdot g)\circ c)}{\mathrm{d}t}(0) = \frac{\mathrm{d}(f \circ c)}{\mathrm{d}t}(0) g(c(0)) + f(c(0)) \frac{\mathrm{d}(g \circ c)}{\mathrm{d}t}(0) \\
&= D_c(f) g(c(0)) + f(c(0)) D_c(f)
\end{aligned}
$$

(3) p の近傍で 0 となる関数 f について, その近傍上でのみ 0 でない関数 g をとると,

$$D(0) = D(f \cdot g) = Df \cdot g(p) + f(p) \cdot Dg = Df \cdot g(p)$$

だから $Df = 0$ がわかる. したがって, Df は f の p の近傍での値のみにより定まっている.

p の近傍 U に対し, 定理 5.1.3 により, $\nu : M \longrightarrow \boldsymbol{R}$ で $\overline{V} \subset U$ となる p の近傍 V で 1 であり, $\mathrm{supp}\,\nu \subset U$ となるものをとることができる. p の近傍 U で定義された任意の関数 f に対し, νf は $M \setminus U$ 上で 0 と定義することにより p の近傍 V $(\subset U)$ 上で, f に一致する M 上の C^∞ 級関数である. こうして, Df は p の近傍で定義された C^∞ 級関数に対して定義される.

M 上で定数 1 となる関数について,

$$D(1) = D(1 \cdot 1) = 1 \cdot D(1) + D(1) \cdot 1 = 2D(1)$$

だから $D(1) = 0$ である. したがって, p の近傍で定数であるような関数 f に対しては $D(f) = 0$ となる.

$\left\{\left(\dfrac{\partial}{\partial x_1}\right)_p, \dots, \left(\dfrac{\partial}{\partial x_n}\right)_p\right\}$ が $\mathcal{D}_p$ の基底となることを示すために, $D \in \mathcal{D}_p$ が $\left\{\left(\dfrac{\partial}{\partial x_1}\right)_p, \dots, \left(\dfrac{\partial}{\partial x_n}\right)_p\right\}$ の 1 次結合となることは次のように示す. まず, $f \in$

$C^\infty(M)$ に対し，$\left(\dfrac{\partial}{\partial x_i}\right)_p f = \dfrac{\partial(f\circ\varphi^{-1})}{\partial x_i}(0,\dots,0)$ となる．$(\nu f)\circ\varphi^{-1}:\varphi(U)\longrightarrow \boldsymbol{R}$ は $\boldsymbol{R}^n$ 上の関数と考えられる．補題 5.1.5 により，

$$(\nu f)\circ\varphi^{-1} = f(p) + \sum_{i=1}^n x_i g_i(x_1,\dots,x_n)$$

とする $\boldsymbol{R}^n$ 上の関数 $g_1,\ \dots,\ g_n$ が存在する．ここで $g_i(0,\dots,0) = \dfrac{\partial(f\circ\varphi^{-1})}{\partial x_i}(0,\dots,0)$ である．p の近傍では $f = f(p) + \sum_{i=1}^n (x_i\circ\varphi)(g_i\circ\varphi)$ が成立する．

$$\begin{aligned}D(f) &= D(f(p)) + \sum_{i=1}^n \{D(x_i)\cdot g_i(0) + 0\cdot D(g_i)\}\\ &= \sum_{i=1}^n D(x_i)\cdot\frac{\partial(f\circ\varphi^{-1})}{\partial x_i}(0,\dots,0) = \sum_{i=1}^n D(x_i)\cdot\left(\frac{\partial}{\partial x_i}\right)_p f\end{aligned}$$

したがって，$D = \sum_{i=1}^n D(x_i)\left(\dfrac{\partial}{\partial x_i}\right)_p$ となる．

一方，$\left(\dfrac{\partial}{\partial x_i}\right)_p x_j = \dfrac{\partial x_j}{\partial x_i}(0,\dots,0) = \delta_{ij}$ であるから，$\left\{\left(\dfrac{\partial}{\partial x_1}\right)_p,\dots,\left(\dfrac{\partial}{\partial x_n}\right)_p\right\}$ は 1 次独立であり，$\mathcal{D}_p$ の基底となる．

【問題 5.2.5 の解答】 (1)　$\boldsymbol{x}_0\in M$ に対し，$\boldsymbol{x}_0$ の近傍でグラフ表示が与えられているとする．すなわち，$\boldsymbol{R}^N$ の座標を並べ替えて，$\boldsymbol{x}_0 = (\boldsymbol{x}_1^0,\boldsymbol{x}_2^0)\in\boldsymbol{R}^p\times\boldsymbol{R}^{N-p}$ とし，$\boldsymbol{x}_1^0$ の近傍 W 上で定義された写像 $g: W\longrightarrow\boldsymbol{R}^{N-p}$ により，$M\cap U = \{(\boldsymbol{x}_1, g(\boldsymbol{x}_1))\mid \boldsymbol{x}_1\in W\}$ と書かれているとする．このとき，$(\boldsymbol{x},\boldsymbol{y})\in X$ とは，$\boldsymbol{y} = (\boldsymbol{y}_1,\boldsymbol{y}_2)$ として，

$$\boldsymbol{x}_2 = g(\boldsymbol{x}_1),\qquad \begin{pmatrix}\boldsymbol{y}_1 & \boldsymbol{y}_2\end{pmatrix}\begin{pmatrix}\mathbf{1}\\ Dg\end{pmatrix} = \mathbf{0}$$

を満たすことである．したがって，X は $F:(\boldsymbol{x}_1,\boldsymbol{y}_2)\longmapsto(g(\boldsymbol{x}_1), -\boldsymbol{y}_2 Dg_{(\boldsymbol{x}_1)})$ のグラフとして表示される．

(2)
$$\begin{aligned}(e\circ F)(\boldsymbol{x}_1,\boldsymbol{y}_2) &= (\boldsymbol{x}_1, g(\boldsymbol{x}_1)) + (-\boldsymbol{y}_2 Dg_{(\boldsymbol{x}_1)}, \boldsymbol{y}_2)\\ &= (\boldsymbol{x}_1 - \boldsymbol{y}_2 Dg_{(\boldsymbol{x}_1)}, g(\boldsymbol{x}_1) + \boldsymbol{y}_2)\end{aligned}$$

の $\boldsymbol{y}_2 = 0$，すなわち $(\boldsymbol{x}_1^0, 0)$ における微分は $\begin{pmatrix}\mathbf{1} & -{}^tDg_{(\boldsymbol{x}_1^0)}\\ Dg_{(\boldsymbol{x}_1^0)} & \mathbf{1}\end{pmatrix}$ である．この行列の意味を考えると，左側のブロックの列と右側のブロックの列は直交している．実際，第 i 列 $(i\leqq p)$ は $\boldsymbol{e}_i$ と $DG_{(\boldsymbol{x}_1)}$ の i 列を並べたもので，その第 $p+j$

成分 $(1 \leqq j \leqq N-p)$ は $(DG_{(\boldsymbol{x}_1)})_{ji}$ である．第 $p+j$ 列は $DG_{(\boldsymbol{x}_1)}$ の j 行の転置の -1 倍と $\boldsymbol{e}_{p+j}$ を並べたもので，その i 成分は $-(DG_{(\boldsymbol{x}_1)})_{ji}$ であるから，第 i 列と第 $p+j$ 列は直交している．したがって，上の行列のランクは N である．

e を $\boldsymbol{y}_2 = 0$ に制限した写像はコンパクト多様体 M の包含写像で，単射である．したがって，例題 4.3.1（78 ページ）により，e は X の M の近傍から $\boldsymbol{R}^n$ の中への微分同相写像である．

【問題 5.4.5 の解答】 $(m,n) \in \boldsymbol{Z}^2$ に対して，$f(x+2\pi m, y+2\pi n) = f(x,y)$ だから F は定義されている．

$$Df = ((2+\cos y)(-a\sin x + b\cos x), (-\sin y)(a\cos x + b\sin x) + c\cos y)$$

であり，$Df = (0,0)$ とすると，$-a\sin x + b\cos x = 0$ がわかる．

$a\cos x + b\sin x = 0$ とすると $\begin{pmatrix} \cos x & \sin x \\ -\sin x & \cos x \end{pmatrix}\begin{pmatrix} a \\ b \end{pmatrix} = \begin{pmatrix} 0 \\ 0 \end{pmatrix}$ だから $(a,b) = (0,0)$ となる．このとき $c \neq 0$ であるが，$y = \dfrac{\pi}{2} \mod \pi$ で $Df = (0,0)$，すなわち $DF = (0,0)$ となり，F の臨界点の個数は無限個である．

$(a,b) \neq (0,0)$ ならば，$a\cos x + b\sin x \neq 0$ である．$-a\sin x + b\cos x = 0$ かつ $\tan y = \dfrac{c}{a\cos x + b\sin x}$ を満たす (x,y) において，$Df = (0,0)$ となる．$(\cos x, \sin x) = \pm\Big(\dfrac{a}{\sqrt{a^2+b^2}}, \dfrac{b}{\sqrt{a^2+b^2}}\Big)$ を満たす $\mod 2\pi$ で 2 つの x に対し，それぞれ $\tan y = \pm\dfrac{c}{\sqrt{a^2+b^2}}$ を満たす y が 2 つ定まるので，F の臨界点の個数は 4 である．f の 2 階微分の行列 $\begin{pmatrix} \dfrac{\partial^2 f}{\partial x^2} & \dfrac{\partial^2 f}{\partial x \partial y} \\ \dfrac{\partial^2 f}{\partial x \partial y} & \dfrac{\partial^2 f}{\partial y^2} \end{pmatrix}$ は，

$$\begin{pmatrix} -(2+\cos y)(a\cos x + b\sin x) & -\sin y(-a\sin x + b\cos x) \\ -\sin y(-a\sin x + b\cos x) & -\cos y(a\cos x + b\sin x) - c\sin y \end{pmatrix}$$

である．これは，$(a,b) = (0,0)$, $\cos y = 0$ のとき，$\begin{pmatrix} 0 & 0 \\ 0 & \pm c \end{pmatrix}$ であり，退化している．$(a,b) \neq (0,0)$ のとき，臨界点では，

$$\begin{pmatrix} -(2+\cos y)(\pm\sqrt{a^2+b^2}) & 0 \\ 0 & -\cos y\Big(\pm\dfrac{a^2+b^2+c^2}{\sqrt{a^2+b^2}}\Big) \end{pmatrix}$$

において $\cos y \neq 0$ であるから非退化である．$\cos y$ の符号は $\pm$ が $+, -$ のそれぞれの場合に正負になるから，4 つの臨界点の符号は，1 つは $(+,+)$，2 つは $(+,-)$，

1 つは $(-,-)$ となる.

【問題 5.4.6 の解答】 (0)　$U(1)\times S^{2n+1} \longrightarrow S^{2n+1}$ は同じ式で定義される写像 $U(1)\times \boldsymbol{C}^{n+1} \longrightarrow \boldsymbol{C}^{n+1}$ の制限であり，C^∞ 級写像である．$e^{\sqrt{-1}\theta_1}(e^{\sqrt{-1}\theta_2}\boldsymbol{z}) = (e^{\sqrt{-1}\theta_1}e^{\sqrt{-1}\theta_2})\boldsymbol{z}$ であるから，これは，群の作用である．

(1)　$\boldsymbol{z}^0 = (z_1^0,\dots,z_{n+1}^0) \in S^{2n+1} \subset \boldsymbol{C}^{n+1}$ について，$z_i^0 \neq 0$ とする．$\boldsymbol{CP}^n$ の座標近傍 (V_i,φ_i) を $V_i = \{[\boldsymbol{z}] \mid z_i \neq 0\}$, $\varphi_i(\boldsymbol{z}) = \left(\dfrac{z_1}{z_i},\dots,\dfrac{z_{i-1}}{z_i},\dfrac{z_{i+1}}{z_i},\dots,\dfrac{z_{n+1}}{z_i}\right) \in \boldsymbol{C}^n \cong \boldsymbol{R}^{2n}$ で定めると，$(p\circ i)(\boldsymbol{z}^0) \in V_i$ である．$\boldsymbol{v} \in \boldsymbol{C}^n$ に対し，$\varphi_i((p\circ i)(\boldsymbol{z}^0))$ を通る C^∞ 級曲線

$$(x_1(t),\dots,x_{i-1}(t),x_{i+1}(t),\dots,x_{n+1}(t)) = \varphi_i((p\circ i)(\boldsymbol{z}^0)) + t\boldsymbol{v}$$

に対し，$\boldsymbol{x}(t) = (x_1(t),\dots,x_{i-1}(t),1,x_{i+1}(t),\dots,x_{n+1}(t)) \in \boldsymbol{C}^{n+1}$ とおく．$\dfrac{\boldsymbol{x}(t)}{\|\boldsymbol{x}(t)\|} \in S^{2n+1}$ であるが，その第 i 成分は正実数である．$z_i^0 = r_i^0 e^{\sqrt{-1}\theta_i^0}$ $(r_i^0 \in \boldsymbol{R}_{>0})$ とすると，$\boldsymbol{z}^0 = e^{\sqrt{-1}\theta_i^0}\dfrac{\boldsymbol{x}(0)}{\|\boldsymbol{x}(0)\|}$ であることがわかる．したがって，$c(t) = e^{\sqrt{-1}\theta_i^0}\dfrac{\boldsymbol{x}(t)}{\|\boldsymbol{x}(t)\|}$ は S^{2n+1} 上の C^∞ 級曲線で，

$$((p\circ i)\circ c)(t) = {\varphi_i}^{-1}(\varphi_i((p\circ i)(\boldsymbol{z}^0)) + t\boldsymbol{v})$$

を満たす．この曲線 c の定める $T_{\boldsymbol{z}^0}S^{2n+1}$ の元は接写像 $(p\circ i)_*$ で，${\varphi_i}^{-1}(\varphi_i((p\circ i)(\boldsymbol{z}^0)) + t\boldsymbol{v})$ の定める $T_{(p\circ i)(\boldsymbol{z}^0)}\boldsymbol{CP}^n$ の元に写る．$T_{(p\circ i)(\boldsymbol{z}^0)}\boldsymbol{CP}^n$ の任意の元は，ある $\boldsymbol{v} \in \boldsymbol{C}^n$ により上の曲線で代表されるから，接写像 $(p\circ i)_*$ は全射である．したがって $(p\circ i)_*$ のランクは $2n$ である．

(2)　$\boldsymbol{z}' = (z_1',\dots,z_{n+1}')$, $\boldsymbol{z} = (z_1,\dots,z_{n+1})$ が，$\boldsymbol{z}' = \lambda\boldsymbol{z}$ $(\lambda \in \boldsymbol{C}\setminus\{0\})$ を満たすとすると，$f(\boldsymbol{z}') = f(\boldsymbol{z})$ であるから，f は $\boldsymbol{CP}^n$ 上の関数 $F : \boldsymbol{CP}^n \longrightarrow \boldsymbol{R}$ を定義する．$\boldsymbol{CP}^n$ の座標近傍 (V_i,φ_i) に対し，

$$F\circ\varphi_i^{-1}(x_1,\dots,x_n) = \Bigl(i + \sum_{k=1}^{i-1} k|x_k|^2 + \sum_{k=i}^{n}(k+1)|x_k|^2\Bigr)\Big/\Bigl(1 + \sum_{k=1}^{n}|x_k|^2\Bigr)$$

は $\boldsymbol{C}^n \cong \boldsymbol{R}^{2n}$ 上の C^∞ 級関数である．したがって，F は C^∞ 級関数である．

(3)　S^{2n+1} 上の関数として，$f = \displaystyle\sum_{k=1}^{n+1} k|z_k|^2$ を考える．S^{2n+1} の座標近傍 $(U_i^\pm,\varphi_i^\pm)$, $(V_i^\pm,\psi_i^\pm)$ を，

$$\begin{aligned}
&U_i^\pm = \{\boldsymbol{z} \in S^{2n+1} \mid \operatorname{Re} z_i \gtrless 0\},\ V_i^\pm = \{\boldsymbol{z} \in S^{2n+1} \mid \operatorname{Im} z_i \gtrless 0\},\\
&\varphi_i^\pm(\boldsymbol{z}) = (z_1,\dots,z_{i-1},\operatorname{Im} z_i, z_{i+1},\dots,z_{n+1}) \in \boldsymbol{C}^{i-1}\times\boldsymbol{R}\times\boldsymbol{C}^{n+1-i},\\
&\psi_i^\pm(\boldsymbol{z}) = (z_1,\dots,z_{i-1},\operatorname{Re} z_i, z_{i+1},\dots,z_{n+1}) \in \boldsymbol{C}^{i-1}\times\boldsymbol{R}\times\boldsymbol{C}^{n+1-i}
\end{aligned}$$

で定義する．ここで，Re, Im は複素数の実部，虚部を表す．

$$f\circ\varphi_i^{\pm-1}(z_1,\ldots,z_{i-1},x_i,z_{i+1},\ldots,z_{n+1})=i+\sum_{k=1}^{n+1}(k-i)|z_k|^2,$$
$$f\circ\psi_i^{\pm-1}(z_1,\ldots,z_{i-1},y_i,z_{i+1},\ldots,z_{n+1})=i+\sum_{k=1}^{n+1}(k-i)|z_k|^2$$

である．$\varphi_i^{\pm}(U_i^{\pm})$ 上で，$Df\circ(\varphi_i^{\pm})^{-1}=0$ となるのは，$z_k=0$ $(k=1,\ldots,i-1,i+1,\ldots,n+1)$ のときである．また，$\psi_i^{\pm}(V_i^{\pm})$ 上で，$Df\circ(\psi_i^{\pm})^{-1}=0$ となるのも，$z_k=0$ $(k=1,\ldots,i-1,i+1,\ldots,n+1)$ のときである．

したがって，$\boldsymbol{z}=(z_1,\ldots,z_{n+1})\in S^{2n+1}$ が $i\neq j$ なる i,j に対して，$z_i\neq 0$, $z_j\neq 0$ を満たせば，$\boldsymbol{z}$ は S^{2n+1} 上の関数 f の正則点である．

$F\circ(p\circ i)=f$ だから，接写像について，$F_*\circ(p\circ i)_*=f_*$ である．したがって，$f:S^{2n+1}\longrightarrow\boldsymbol{R}$ の正則点 $\boldsymbol{z}$ に対して，$(p\circ i)(\boldsymbol{z})$ は $F:\boldsymbol{CP}^n\longrightarrow\boldsymbol{R}$ の正則点である．ゆえに臨界点は，$(p\circ i)(\boldsymbol{e}_i)$ $(i=1,\ldots,n+1)$ の $n+1$ 個である．

(4) 臨界点でのヘッセ行列は次のように計算される．V_i 上で

$$\begin{aligned}
&(F\circ{\varphi_i}^{-1})(w_1,\ldots,w_n)\\
&=\Big(i+\sum_{k=1}^{i-1}k|w_k|^2+\sum_{k=i}^{n}(k+1)|w_k|^2\Big)\Big/\Big(1+\sum_{k=1}^{n}|w_k|^2\Big)\\
&=\Big(i+\sum_{k=1}^{i-1}k|w_k|^2+\sum_{k=i}^{n}(k+1)|w_k|^2\Big)\Big(1-\sum_{k=1}^{n}|w_k|^2+\Big(\sum_{k=1}^{n}|w_k|^2\Big)^2-\cdots\Big)\\
&=i+\sum_{k=1}^{i-1}(k-i)|w_k|^2+\sum_{k=i}^{n}(k+1-i)|w_k|^2+\cdots
\end{aligned}$$

したがって，$(p\circ i)(\boldsymbol{e}_i)$ におけるヘッセ行列は対角行列

$$\mathrm{diag}(2(1-i),2(1-i),\ldots,-2,-2,2,2,\ldots,2(n+1-i),2(n+1-i))$$

になる．したがって，$(p\circ i)(\boldsymbol{e}_i)$ はモース型臨界点で指数は $2(i-1)$ である．

【問題 5.4.8 の解答】 問題 5.2.5 の解答のように $\boldsymbol{R}^N$ の座標を並べ替えて，$\boldsymbol{x}^0=(\boldsymbol{x}_1^0,\boldsymbol{x}_2^0)\in\boldsymbol{R}^p\times\boldsymbol{R}^{N-p}$ とし，$\boldsymbol{x}_1^0$ の近傍 W 上で定義された写像

$$g=(g_{p+1},\ldots,g_N):W\longrightarrow\boldsymbol{R}^{N-p}$$

により，$M\cap U=\{(\boldsymbol{x}_1,g(\boldsymbol{x}_1))\mid\boldsymbol{x}_1\in W\}$ と書かれているとする．このとき，X は $F:(\boldsymbol{x}_1,\boldsymbol{y}_2)\longmapsto(g(\boldsymbol{x}_1),-\boldsymbol{y}_2Dg_{(\boldsymbol{x}_1)})$ のグラフとして表示される．したがって，$\mathrm{pr}_2|X$ は

$$
\begin{aligned}
&(\mathrm{pr}_2)(\boldsymbol{x}_1, g(\boldsymbol{x}_1), -\boldsymbol{y}_2 Dg_{(\boldsymbol{x}_1)}, \boldsymbol{y}_2)\\
&= (-\boldsymbol{y}_2 Dg_{(\boldsymbol{x}_1)}, \boldsymbol{y}_2)\\
&= \Big(\Big(-\sum_{k=p+1}^{N} y_k \frac{\partial g_k}{\partial x_1}, \dots, -\sum_{k=p+1}^{N} y_k \frac{\partial g_k}{\partial x_p}\Big), (y_{p+1}, \dots, y_N)\Big)
\end{aligned}
$$

と表示される．この写像のヤコビ行列は，

$$
\begin{pmatrix}
-{}^tD^2 g_{(\boldsymbol{x}_1)}{}^t\boldsymbol{y}_2 & -{}^tDg_{(\boldsymbol{x}_1)}\\
\mathbf{0} & \mathbf{1}
\end{pmatrix}
$$

$$
= \begin{pmatrix}
-\displaystyle\sum_{k=p+1}^{N} y_k \frac{\partial^2 g_k}{\partial x_1 \partial x_1} & \cdots & -\displaystyle\sum_{k=p+1}^{N} y_k \frac{\partial^2 g_k}{\partial x_1 \partial x_p} & -\dfrac{\partial g_{p+1}}{\partial x_1} & \cdots & -\dfrac{\partial g_N}{\partial x_1}\\
\vdots & \ddots & \vdots & \vdots & & \vdots\\
-\displaystyle\sum_{k=p+1}^{N} y_k \frac{\partial^2 g_k}{\partial x_p \partial x_1} & \cdots & -\displaystyle\sum_{k=p+1}^{N} y_k \frac{\partial^2 g_k}{\partial x_p \partial x_p} & -\dfrac{\partial g_{p+1}}{\partial x_p} & \cdots & -\dfrac{\partial g_N}{\partial x_p}\\
0 & \cdots & 0 & 1 & \cdots & 0\\
\vdots & & \vdots & \vdots & \ddots & \vdots\\
0 & \cdots & 0 & 0 & \cdots & 1
\end{pmatrix}
$$

である．$(\boldsymbol{x}_1, \boldsymbol{y}_2)$ で定まる X の点 $(\boldsymbol{x}, \boldsymbol{y}) = (\boldsymbol{x}_1, g(\boldsymbol{x}_1), -\boldsymbol{y}_2 Dg_{(\boldsymbol{x}_1)}, \boldsymbol{y}_2)$ が正則点であるためには，$\displaystyle\sum_{k=p+1}^{N} y_k g_k$ の 2 階微分の行列が正則であることが必要十分である．したがって，$\mathrm{pr}_2(\boldsymbol{x}, \boldsymbol{y}) = \boldsymbol{y}$ が F のグラフ上で正則値であるためには，$\boldsymbol{y} = (-\boldsymbol{y}_2 Dg_{(\boldsymbol{x}_1)}, \boldsymbol{y}_2)$ ならば，$\displaystyle\Big(\sum_{k=p+1}^{N} y_k \frac{\partial^2 g_k}{\partial x_\ell \partial x_m}\Big)_{\ell,m=1,\dots,p}$ が正則であればよい．

一方，$(L\circ i)(\boldsymbol{x}_1, g(\boldsymbol{x}_1)) = \displaystyle\sum_{k=1}^{p} a_k x_k + \sum_{k=p+1}^{N} a_k g_k$ について，$L\circ i$ が $\boldsymbol{x}^0$ の近傍でモース関数であることは，次と同値である．

- $\boldsymbol{x}_1$ が $a_\ell + \displaystyle\sum_{k=p+1}^{N} a_k \frac{\partial g_k}{\partial x_\ell} = 0$ $(\ell = 1, \dots, p)$ を満たすとき，ヘッセ行列 $\displaystyle\Big(\sum_{k=p+1}^{N} a_k \frac{\partial^2 g_k}{\partial x_\ell \partial x_m}\Big)_{\ell,m=1,\dots,p}$ が正則である．

これは，$\boldsymbol{a} \in \boldsymbol{R}^N$ が，F のグラフ上で $\mathrm{pr}_2|X$ の正則値である条件と一致する．

M をグラフ表示する有限個の近傍をとり，同時に議論すると，$L\circ i$ がモース関数であることと，$\boldsymbol{a}$ が $\mathrm{pr}_2|X$ の正則点であることが同値であることが従う．

第 6 章 多様体上のフロー

M をコンパクト多様体とする．C^∞ 級関数の 2 つの正則値 a, b に対し，$f^{-1}(a)$, $f^{-1}(b)$ は M の部分多様体である．値 a, b が十分近ければ，$f^{-1}(a)$, $f^{-1}(b)$ も M の中で十分近くになる．それらは同じ形をしているであろうか．このような比較の問題は多様体上の配置の問題を考える上で重要である．

6.1　多様体の部分集合の比較，アイソトピー

多様体の部分集合 A_0, A_1 が本質的に同じであることをどのように言い表せばよいであろうか？

ユークリッド空間の 2 つの部分集合 A_0, A_1 に対しては，一方を他方に，回転と平行移動の合成で写すことができれば，それらは合同と呼ばれる．相似変換で写り合うものを相似な図形と呼ぶ．

多様体においては，多様体の微分同相写像で写り合うものを同じものと考えるのが適当である．すなわち，微分同相写像 $F : M \longrightarrow M$ によって，$F(A_0) = A_1$ となるときには，多様体 M の部分集合としての，A_0 の性質と A_1 の性質はまったく差がないと考えられる．

さらに，徐々に写すあるいは連続的に移動して写すということを考えると，次のようなことが考えられる．

$F_t : M \longrightarrow M$ という t に対して連続的に変化する微分同相写像によって，$F_0 = \mathrm{id}_M$ で $F_0(A_0) = A_0$ であり，$F_1(A_0) = A_1$ となる．このとき，$A_t = F_t(A_0)$ は A_0 から連続的に変化する A_0 と同じ性質を持つ部分集合である．したがって，t に対して連続的に変化する微分同相写像 $F_t : M \longrightarrow M$ を考えることが重要であろう．

$F_t : M \longrightarrow M$ が t に対して連続的ということを，$F : [0,1] \times M \longrightarrow M$

という C^∞ 級写像があって，$F_t(x) = F(t,x)$ となっていることと定義する．$F : [0,1] \times M \longrightarrow M$ という C^∞ 級写像とは，$\boldsymbol{R} \times M \longrightarrow M$ という C^∞ 級写像の $[0,1] \times M$ への制限のことである．

t に対して連続的に変化する微分同相写像 $F_t : M \longrightarrow M$ $(t \in [0,1])$ で，$F_0 = \mathrm{id}_M$ を満たすものを**アイソトピー** (isotopy) と呼ぶ．

上の C^∞ 級写像 $F : \boldsymbol{R} \times M \longrightarrow M$ について，$\boldsymbol{R} \times M$ の点 (t_0, x_0) を固定すると，$F_t(x_0)$ は $F_{t_0}(x_0)$ を通る曲線だから，$T_{F_{t_0}(x_0)}M$ の接ベクトルを定める．F_{t_0} は微分同相写像だから，任意の点 $y_0 \in M$ に対し，$x_0 = {F_{t_0}}^{-1}(y_0)$ をとれば，$T_{y_0}M$ の接ベクトルが定まる．

このような $X_t = \dfrac{\partial F_t}{\partial t} \circ {F_t}^{-1}$ は，多様体の各点 y_0 に対し，$T_{y_0}M$ の元を対応させるものである．さらに，y_0 のまわりの局所座標 (U, φ), $\varphi = (x_1, \ldots, x_n)$ をとると，$X_t = \displaystyle\sum_{i=1}^{n} \xi_i(t, x_1, \ldots, x_n) \frac{\partial}{\partial x_i}$ は次のように表される．

$$\begin{aligned}&(\varphi \circ (F_t \circ {F_{t_0}}^{-1}) \circ \varphi^{-1})(x_1, \ldots, x_n) \\ &= (f_1(t, t_0, x_1, \ldots, x_n), \ldots, f_n(t, t_0, x_1, \ldots, x_n))\end{aligned}$$

として，$f_i(t, t_0, x_1, \ldots, x_n)$ は，$(t, t_0, x_1, \ldots, x_n)$ について C^∞ 級関数であり，

$$\begin{aligned}&\sum_{i=1}^{n} \xi_i(t, f_1(t, t_0, x_1, \ldots, x_n), \ldots, f_n(t, t_0, x_1, \ldots, x_n)) \frac{\partial}{\partial x_i} \\ &= \sum_{i=1}^{n} \frac{\mathrm{d} f_i}{\mathrm{d} t}(t, t_0, x_1, \ldots, x_n) \frac{\partial}{\partial x_i}\end{aligned}$$

である．これは，$(t_0, \varphi(y_0))$ の近傍 $(\subset \boldsymbol{R} \times \varphi(U))$ 上の $\boldsymbol{R}^n$ に値を持つ C^∞ 級の写像である．接束 TM の座標近傍のとり方から，(t_0, y_0) の近傍において，$X(t, y) = X_t(y)$ により定められる写像 $X : \boldsymbol{R} \times M \longrightarrow TM$ は C^∞ 級写像となる．

各 t に対し，$X_t : M \longrightarrow TM$ は $p \circ X_t = \mathrm{id}_M$ となるような C^∞ 級写像である．この性質 $p \circ X = \mathrm{id}_M$ を持つ C^∞ 級写像 $X : M \longrightarrow TM$ を M 上の **C^∞ 級ベクトル場** (C^∞ vector field) と呼ぶ．X_t が t に依存しているときには**時刻に依存する** (time dependent) **C^∞ 級ベクトル場**と呼ぶ．

X_t から見ると，F_t は $\dfrac{\mathrm{d} F_t}{\mathrm{d} t} = X_t \circ F_t$, $F_{t_0} = \mathrm{id}_M$ を満たしている．

時刻 t が t_0 に十分近いとき，局所座標で $F_t \circ {F_{t_0}}^{-1}$ の表示を見ると，

$$\frac{\mathrm{d}}{\mathrm{d}t}\begin{pmatrix} f_1(t,t_0,x_1,\dots,x_n) \\ \vdots \\ f_n(t,t_0,x_1,\dots,x_n) \end{pmatrix}$$
$$= \begin{pmatrix} \xi_1(t, f_1(t,t_0,x_1,\dots,x_n),\dots,f_n(t,t_0,x_1,\dots,x_n)) \\ \vdots \\ \xi_n(t, f_1(t,t_0,x_1,\dots,x_n),\dots,f_n(t,t_0,x_1,\dots,x_n)) \end{pmatrix}$$

となる．ただし，

$\begin{pmatrix} f_1(t_0,t_0,x_1,\dots,x_n) \\ \vdots \\ f_n(t_0,t_0,x_1,\dots,x_n) \end{pmatrix} = \begin{pmatrix} x_1 \\ \vdots \\ x_n \end{pmatrix}$ であり，$\begin{pmatrix} f_1(t,t_0,x_1,\dots,x_n) \\ \vdots \\ f_n(t,t_0,x_1,\dots,x_n) \end{pmatrix}$ は $\begin{pmatrix} x_1 \\ \vdots \\ x_n \end{pmatrix}$ を $t=t_0$ における初期値とする正規形の 1 階常微分方程式

$$\frac{\mathrm{d}}{\mathrm{d}t}\begin{pmatrix} x_1 \\ \vdots \\ x_n \end{pmatrix} = \begin{pmatrix} \xi_1(t,x_1,\dots,x_n) \\ \vdots \\ \xi_n(t,x_1,\dots,x_n) \end{pmatrix}$$

の解となっている．

まとめると，$F_{t_0}=\mathrm{id}_M$ となる F_t により $F_{t_1}(A_0)=A_1$ となることは，時刻に依存するベクトル場の定める常微分方程式の解により A_0 を A_1 に写すことと同じである．

【例 6.1.1】 $A(t)$ を t に連続に依存する $n\times n$ 実行列とする．n 次元ユークリッド空間上で，次の常微分方程式は線形常微分方程式と呼ばれる．

$$\frac{\mathrm{d}}{\mathrm{d}t}\boldsymbol{x} = A(t)\boldsymbol{x}$$

$A(t)=(a_{ij}(t))_{i,j=1,\dots,n}$ として，ユークリッド空間の接空間の基底 $\dfrac{\partial}{\partial x_1},\dots,\dfrac{\partial}{\partial x_n}$ を用いるとこの線形常微分方程式は $\boldsymbol{R}^n$ 上の接ベクトル場

$$\sum_{i=1}^{n}\Bigl(\sum_{j=1}^{n} a_{ij}(t)x_j\Bigr)\frac{\partial}{\partial x_i}$$

と書かれる．特に，$A(t)=A$ が時刻に依存しないとき，行列の指数関数を用い

て $F_t \circ F_{t_0}{}^{-1}(\boldsymbol{x}) = e^{(t-t_0)A}\boldsymbol{x}$ となっている．ただし，$e^{(t-t_0)A} = \displaystyle\sum_{k=0}^{\infty} \frac{(t-t_0)^k}{k!} A^k$ である．

【例題 6.1.2】　微分同相写像 $F : \boldsymbol{R}^n \longrightarrow \boldsymbol{R}^n$ について，$DF_{(\boldsymbol{x})} - \mathbf{1}$ の成分の絶対値が $\varepsilon\left(< \dfrac{1}{2n}\right)$ より小であるとする．このとき $F_t(\boldsymbol{x}) = (1-t)\boldsymbol{x} + tF(\boldsymbol{x})$ とおくと，F_t も微分同相写像で，$F_0 = \mathrm{id}_{\boldsymbol{R}^n}$, $F_1 = F$ を満たす．

【解】　$D(F_t)_{(\boldsymbol{x})} = \mathbf{1} + t(DF_{(\boldsymbol{x})} - \mathbf{1})$ は正則行列である．実際，$(-t)^k(DF_{(\boldsymbol{x})} - \mathbf{1})^k$ の成分の絶対値は $n^{k-1}t^k\varepsilon^k$ 以下である．$nt\varepsilon < \dfrac{1}{2}$ だから，$\displaystyle\sum_{k=0}^{\infty}(-t)^k(DF_{(\boldsymbol{x})} - \mathbf{1})^k$ は絶対収束する．

$$(\mathbf{1} + t(DF_{(\boldsymbol{x})} - \mathbf{1}))\sum_{k=0}^{\infty}(-t)^k(DF_{(\boldsymbol{x})} - \mathbf{1})^k = \mathbf{1}$$

だから，$(D(F_t)_{(\boldsymbol{x})})^{-1} = \displaystyle\sum_{k=0}^{\infty}(-t)^k(DF_{(\boldsymbol{x})} - \mathbf{1})^k$ であり，$D(F_t)_{(\boldsymbol{x})}$ は正則行列である．

F_t が単射であることは，$H_t(\boldsymbol{x}) = \boldsymbol{x} - F_t(\boldsymbol{x})$ として，

$$\|H_t(\boldsymbol{x}) - H_t(\boldsymbol{y})\| \leqq nt\varepsilon\|\boldsymbol{x} - \boldsymbol{y}\| \leqq \frac{1}{2}\|\boldsymbol{x} - \boldsymbol{y}\|$$

すなわち $\|\boldsymbol{x}-\boldsymbol{y}-(F_t(\boldsymbol{x})-F_t(\boldsymbol{y}))\| \leqq \dfrac{1}{2}\|\boldsymbol{x}-\boldsymbol{y}\|$ だから，$\|F_t(\boldsymbol{x})-F_t(\boldsymbol{y})\| \geqq \dfrac{1}{2}\|\boldsymbol{x}-\boldsymbol{y}\|$ が導かれて示される．また全射であることは，逆写像定理の証明（13 ページ）と同様に，$\boldsymbol{y} \in \boldsymbol{R}^n$ に対し，$\boldsymbol{x}_1 = \boldsymbol{y}$, $\boldsymbol{x}_{k+1} = \boldsymbol{x}_k - (F_t(\boldsymbol{x}_k) - \boldsymbol{y}) = \boldsymbol{y} + H_t(\boldsymbol{x}_k)$ $(k \geqq 2)$ とおくと，$\|\boldsymbol{x}_{k+1} - \boldsymbol{x}_k\| \leqq \dfrac{1}{2}\|\boldsymbol{x}_k - \boldsymbol{x}_{k-1}\| \leqq \dfrac{1}{2^{k-1}}\|\boldsymbol{x}_2 - \boldsymbol{x}_1\| = \dfrac{1}{2^{k-1}}\|\boldsymbol{y} - F_t(\boldsymbol{y})\|$ となり，コーシー列 $\boldsymbol{x}_k$ は $F_t(\boldsymbol{x}) = \boldsymbol{y}$ を満たす $\boldsymbol{x}$ に収束する．

したがって，F_t は微分同相写像である．

6.2　フロー

アイソトピーの特別な場合として，$F_t : M \longrightarrow M$ が群 $\boldsymbol{R}$ の M 上への作用を定義している場合が考えられる．すなわち，$F_s \circ F_t = F_{s+t}$ となる場合である．この $\boldsymbol{R}$ の作用を**フロー** (flow, **流れ**) と呼ぶ．このとき，$F_t(x_0) = F_{t-t_0}(F_{t_0}(x_0))$ である．したがって，$X_{t_0}(y_0) = \dfrac{\partial F}{\partial t}(t_0, F_{t_0}{}^{-1}(y_0)) = \dfrac{\partial F}{\partial t}(0, y_0) = X_0(y_0)$ と

なり，ベクトル場 X_t は t に依存しない．あるいは局所座標で書いた常微分方程式は時刻 t に依存しない．$X = X_t$ を**フロー** F_t **を生成するベクトル場**と呼び，F_t を X **が生成する**（あるいは X **により生成される**）**フロー**と呼ぶ．

【例 6.2.1】　n 次元ユークリッド空間 $\boldsymbol{R}^n$ への $\boldsymbol{R}$ の作用を $F_t(\boldsymbol{x}) = e^{tA}\boldsymbol{x}$ で定めると，これは，$\boldsymbol{R}^n$ 上のベクトル場 $\displaystyle\sum_{i=1}^{n}\Big(\sum_{j=1}^{n} a_{ij}x_j\Big)\frac{\partial}{\partial x_i}$ により生成される．

フローによって配置の問題を考えるときには，A_0, A_1 がフロー F_t により，$F_1(A_0) = A_1$ とできるかどうかを考えることになる．1 つの点の動きを考えることが最初の問題である．

F_t を多様体 M 上のフローとするとき，$x \in M$ に対して $\{F_t(x) \,|\, t \in \boldsymbol{R}\}$ を x を通る**軌道**（オービット，orbit）と呼ぶ．F_t の同じ軌道上にあることは M 上の同値関係である．軌道は，1 点，円周，または $\boldsymbol{R}$ でパラメータ付けられる．円周でパラメータ付けられた軌道は 1 次元部分多様体であるが，$\boldsymbol{R}$ でパラメータ付けられている場合には，必ずしもそうであるとは限らない．

【例 6.2.2】　平面上の線形ベクトル場の生成するフローの軌道は図 6.1 のようになる．

【問題 6.2.3】　コンパクト多様体 M 上のフロー φ_t を考える．

(1)　1 点 $x_0 \in M$ に対し，$\varphi_t(x_0)$ が t について定値写像ではないとする．このとき，ある実数 T $(T \geqq 0)$ が存在し，「$\varphi_{t_1}(x_0) = \varphi_{t_2}(x_0)$ ならば，整数 n があって，$t_2 - t_1 = nT$ となる」ことを示せ．

(2)　1 点 $x_0 \in M$ に対し，$\varphi_t(x_0)$ を考える．M の点 y で，y の任意の近傍

図 6.1　例 6.2.2．ほとんどの係数行列 (a_{ij}) に対し，$\displaystyle\sum_{i,j=1}^{2} a_{ij}x_j\frac{\partial}{\partial x_i}$ の軌道は次の 3 種類のどれかになる．左のものは原点のまわりを回りながら近づく（離れる），中央のものはある方向から近づく（離れる），右のものは 4 本の軌道以外は，原点に近づかない．

$U_y \subset M$ に対し，$\sup\{t \in \boldsymbol{R} \mid \varphi_t(x_0) \in U_y\} = +\infty$ となるものが存在することを示せ．

解答例は 137 ページ．

6.3　常微分方程式の解の存在と一意性（基礎）

フローが与えられればそれを生成するベクトル場が定まることを述べたが，逆に，ベクトル場 X に対して，$F_t : M \longrightarrow M$ で，$F_s \circ F_t = F_{s+t}$ を満たすものがあるかどうかを考える．

この問題は，多様体上で常微分方程式を考える問題である．この節では，各座標近傍上あるいはユークリッド空間の開集合上での常微分方程式を復習する．

$\boldsymbol{R}^n$ の開部分集合 U，U に含まれるコンパクト部分集合 K が与えられているとする．K の各点 $\boldsymbol{x}$ に対し，ある ε 近傍 $B_\varepsilon(\boldsymbol{x})$ が存在して，$B_\varepsilon(\boldsymbol{x}) \subset U$ であるが，K はコンパクトだから，このような ε を $\boldsymbol{x} \in K$ によらずに一定にとることができる．

定理 6.3.1（常微分方程式の解の存在と一意性，初期値に対する連続性）有界連続関数 $X : (a,b) \times U \longrightarrow \boldsymbol{R}^n$ が次のリプシッツ条件を満たしているとする．正実数 L が存在して，$t \in (a,b)$, $\boldsymbol{x}_1$, $\boldsymbol{x}_2 \in U$ に対し，

$$\|X(t,\boldsymbol{x}_1) - X(t,\boldsymbol{x}_2)\| \leqq L\|\boldsymbol{x}_1 - \boldsymbol{x}_2\|$$

また，$\displaystyle\sup_{(t,\boldsymbol{x}) \in (a,b)\times U} \|X(t,\boldsymbol{x})\| \leqq M$ とする．このとき，$t_0 \in (a,b)$ に対し，正実数 ε_0 が存在して，$F : (t_0 - \varepsilon_0, t_0 + \varepsilon_0) \times K \longrightarrow U$ で，$F(t,\boldsymbol{x})$ は t について微分可能，$\boldsymbol{x}$ について連続であり，$F(t_0,\boldsymbol{x}) = \boldsymbol{x}$, $\dfrac{\mathrm{d}\,F}{\mathrm{d}\,t}(t,\boldsymbol{x}) = X(t, F(t,\boldsymbol{x}))$ を満たすものが存在する．

証明　常微分方程式を満たす $F(t,\boldsymbol{x})$ は，積分方程式

$$F(t,\boldsymbol{x}) = \boldsymbol{x} + \int_{t_0}^{t} \frac{\mathrm{d}\,F}{\mathrm{d}\,s}(s,\boldsymbol{x})\,\mathrm{d}\,s = \boldsymbol{x} + \int_{t_0}^{t} X(s, F(s,\boldsymbol{x}))\,\mathrm{d}\,s$$

を満たす．逆に，積分方程式 $F(t,\boldsymbol{x}) = \boldsymbol{x} + \displaystyle\int_{t_0}^{t} X(s, F(s,\boldsymbol{x}))\,\mathrm{d}\,s$ を満たす連

続写像 $F(t, \boldsymbol{x})$ は微分方程式の解である．

ε_0 は後で決めることにして，$I_{\varepsilon_0} = (t_0 - \varepsilon_0, t_0 + \varepsilon_0)$ とおいて，連続写像全体の空間 $\mathcal{C} = C^0(I_{\varepsilon_0} \times K, U)$ を考える．$F \in \mathcal{C}$ に対し，

$$\varGamma(F)(t, \boldsymbol{x}) = \boldsymbol{x} + \int_{t_0}^{t} X(s, F(s, \boldsymbol{x}))\,\mathrm{d}\,s$$

とすると，$\varGamma(F) \in C^0(I_{\varepsilon_0} \times K, \boldsymbol{R}^n)$ であり，F が積分方程式を満たすことは $F = \varGamma(F)$ と同値である．

$$\varGamma(F_1)(t, \boldsymbol{x}) - \varGamma(F_2)(t, \boldsymbol{x}) = \int_{t_0}^{t} \big(X(s, F_1(s, \boldsymbol{x})) - X(s, F_2(s, \boldsymbol{x}))\big)\,\mathrm{d}\,s$$

だから，

$$\begin{aligned}
&\sup_{(t,\boldsymbol{x}) \in I_{\varepsilon_0} \times K} \|\varGamma(F_1)(t, \boldsymbol{x}) - \varGamma(F_2)(t, \boldsymbol{x})\| \\
&\leqq \sup_{t \in I_{\varepsilon_0}} \left| \int_{t_0}^{t} L \sup_{\boldsymbol{x} \in K} \|F_1(s, \boldsymbol{x}) - F_2(s, \boldsymbol{x})\|\,\mathrm{d}\,s \right| \\
&\leqq \varepsilon_0 L \sup_{(t,\boldsymbol{x}) \in I_{\varepsilon_0} \times K} \|F_1(t, \boldsymbol{x}) - F_2(t, \boldsymbol{x})\|
\end{aligned}$$

$F_0 : I_{\varepsilon_0} \times K \longrightarrow \boldsymbol{R}^n$ を $F_0(t, \boldsymbol{x}) = \boldsymbol{x}$ とし，$F_1 = \varGamma(F_0)$ とすると，

$$F_1(t, \boldsymbol{x}) - F_0(t, \boldsymbol{x}) = \int_{t_0}^{t} X(s, \boldsymbol{x})\,\mathrm{d}\,s$$

だから，

$$\sup_{(t,\boldsymbol{x}) \in I_{\varepsilon_0} \times K} \|F_1(t, \boldsymbol{x}) - F_0(t, \boldsymbol{x})\| \leqq \sup_{t \in I_{\varepsilon_0}} \left| \int_{t_0}^{t} \sup_{\boldsymbol{x} \in K} \|X(s, \boldsymbol{x})\|\,\mathrm{d}\,s \right| \leqq \varepsilon_0 M$$

である．ここで，$\varepsilon_0 = \min\left\{\dfrac{1}{2L}, \dfrac{\varepsilon}{4M}\right\}$ ととる．$\varepsilon_0 \leqq \dfrac{1}{2L}$ だから，写像 $\varGamma : \mathcal{C} \longrightarrow C^0(I_{\varepsilon_0} \times K, \boldsymbol{R}^n)$ は $C^0(I_{\varepsilon_0} \times K, \boldsymbol{R}^n)$ 上の

$$\|F_1 - F_2\| = \sup_{(t,\boldsymbol{x}) \in I_{\varepsilon_0} \times K} \|F_1(t, \boldsymbol{x}) - F_2(t, \boldsymbol{x})\|$$

で定義される距離に対して，リプシッツ連続写像でリプシッツ定数が $\dfrac{1}{2}$ より小なるものである．このことから，F_i $(i = 1, 2)$ がともに $F_i = \varGamma(F_i)$ を満たすと，$\|F_1 - F_2\| \leqq \dfrac{1}{2}\|F_1 - F_2\|$ を満たし，$F_1 = F_2$ となる．すなわち，解の一意性が示される．

$\varepsilon_0 \leqq \dfrac{\varepsilon}{4M}$ だから $\|F_1 - F_0\| \leqq \dfrac{\varepsilon}{4}$ で, $F_1 \in \mathcal{C}$ である．$F_k \in \mathcal{C}$ が $F_k = \Gamma(F_{k-1})$ と定義されているときに，$F_{k+1} = \Gamma(F_k)$ とする．

$$\begin{aligned}\|F_{k+1} - F_k\| &= \|\Gamma(F_k) - \Gamma(F_{k-1})\| \\ &\leqq \frac{1}{2}\|F_k - F_{k-1}\| \leqq \frac{1}{2^k}\|F_1 - F_0\| \leqq \frac{\varepsilon}{2^{k+2}}\end{aligned}$$

したがって，

$$\|F_{k+1} - F_0\| \leqq \sum_{j=0}^{k} \|F_{j+1} - F_j\| \leqq \sum_{j=0}^{k} \frac{\varepsilon}{2^{j+2}} < \frac{\varepsilon}{2}$$

となり，$F_{k+1} \in \mathcal{C}$ であり，F_{k+1} は，$F_\infty \in C^0(I_{\varepsilon_0} \times K, \boldsymbol{R}^n)$ に一様収束する．$F_\infty \in \mathcal{C}$ であり，F_∞ は，$\Gamma(F_\infty) = F_\infty$，すなわち，

$$F_\infty(t, \boldsymbol{x}) = \boldsymbol{x} + \int_{t_0}^{t} X(s, F_\infty(s, \boldsymbol{x}))\,\mathrm{d}\,s$$

を満たす．■

この証明は，逆写像定理の証明（13 ページ）とほとんど同じであることに注意しよう．

注意 6.3.2　この定理の証明は，$X : (a,b) \times U \longrightarrow \boldsymbol{R}^n$ を有界連続写像 $X : (a,b) \times U \times \Lambda \longrightarrow \boldsymbol{R}^n$ にとり替えても成立する．ここで Λ は位相空間で，リプシッツ条件は正実数 L が存在して，$t \in (a,b)$, $\boldsymbol{x}_1$, $\boldsymbol{x}_2 \in U$, $\lambda \in \Lambda$ に対し，$\|X(t, \boldsymbol{x}_1, \lambda) - X(t, \boldsymbol{x}_2, \lambda)\| \leqq L\|\boldsymbol{x}_1 - \boldsymbol{x}_2\|$ というものである．これを λ をパラメータとする常微分方程式と呼ぶ．解は，パラメータ λ に対しても連続関数として得られている．

【問題 6.3.3】　$X(t, \boldsymbol{x}) = \displaystyle\sum_{i=1}^{n} \xi_i(t, \boldsymbol{x}) \frac{\partial}{\partial x_i}$ は，$\boldsymbol{x}$ について C^1 級であるとする．このとき，$t = t_0$ において初期値 $\boldsymbol{x}$ を持つ解 $F(t, \boldsymbol{x}) = \begin{pmatrix} f_1(t, \boldsymbol{x}) \\ \vdots \\ f_n(t, \boldsymbol{x}) \end{pmatrix}$ は，初期値 $\boldsymbol{x}$ について C^1 級で，$A_{ij}(t, \boldsymbol{x}) = \dfrac{\partial f_i}{\partial x_j}(t, \boldsymbol{x})$ は $\dfrac{\mathrm{d}}{\mathrm{d}\,t} A_{ij}(t, \boldsymbol{x}) = \displaystyle\sum_{k=1}^{n} \frac{\partial \xi_i}{\partial x_k}(t, F(t, \boldsymbol{x})) A_{kj}(t, \boldsymbol{x})$ を満たすことを示せ．

ヒント：アダマールの補題 5.1.5 (92 ページ) により，$X(t, \boldsymbol{x} + \boldsymbol{v}) - X(t, \boldsymbol{x}) =$

$\displaystyle\sum_{i=1}^{n} v_i Y_i(t,\boldsymbol{x},\boldsymbol{v})$ とする連続関数 $Y_i(t,\boldsymbol{x},\boldsymbol{v}) = \begin{pmatrix} Y_{i1}(t,\boldsymbol{x},\boldsymbol{v}) \\ \vdots \\ Y_{in}(t,\boldsymbol{x},\boldsymbol{v}) \end{pmatrix}$ が存在する．さらに，$Y_i(t,\boldsymbol{x},0) = \dfrac{\partial X}{\partial x_i}(t,\boldsymbol{x},0)$ である．$\Big(s, \dfrac{1}{s}\big(F(t,\boldsymbol{x}+s\boldsymbol{v}) - F(t,\boldsymbol{x})\big)\Big)$ の満たす常微分方程式についての解の存在と一意性，解のパラメータ s に対する連続性を用いる．解答例は 138 ページ．

注意 6.3.4 $\dfrac{\partial F(t,\boldsymbol{x})}{\partial t} = X(t,F(t,\boldsymbol{x}))$ は $\boldsymbol{x}$, t について連続だから，$F(t,\boldsymbol{x})$ は $\boldsymbol{x}$, t について C^1 級である．

【問題 6.3.5】 $X : (a,b)\times U \longrightarrow \boldsymbol{R}^n$ が C^∞ 級とする．このとき，$t=t_0$ において初期値 $\boldsymbol{x}$ を持つ解 $F(t,\boldsymbol{x}) = \begin{pmatrix} f_1(t,\boldsymbol{x}) \\ \vdots \\ f_n(t,\boldsymbol{x}) \end{pmatrix}$ は，C^∞ 級の写像であることを示せ．解答例は 138 ページ．

注意 6.3.6 問題 6.3.3，6.3.5 により，C^∞ 級ベクトル場がフローを生成すれば，そのフローは確かに C^∞ 級であることがわかる．さらに注意 6.3.2 で見たようなパラメータに依存する場合，パラメータに対して C^∞ 級に依存するベクトル場の生成するフローはパラメータに対して C^∞ 級に依存する．

6.4 コンパクト多様体上のベクトル場

実はベクトル場は必ずしもフローを生成しない．$F_t(x)$ は，t が $x\in M$ に依存する開区間 (a_x, b_x) 上でのみ定義されるのが一般の状態である．これは，$F_t(x)$ が多様体上からはみ出してしまうということである．例えば $x^2\dfrac{\partial}{\partial x}$ の定める常微分方程式の解は，初期値 x_0 に対して $x = \dfrac{x_0}{1-x_0 t}$ であり，$x_0>0$ ならば $\left(-\infty, \dfrac{1}{x_0}\right)$ で定義され，$\displaystyle\lim_{t\nearrow\frac{1}{x_0}} x(t) = \infty$ である．これは，$\boldsymbol{R}$ がコンパクトでないためにおこる現象である．

この節では，コンパクト多様体上の C^∞ 級ベクトル場 X は，フロー F_t を生成することを示す.

定理 6.4.1　M をコンパクト多様体，X を M 上の C^∞ 級ベクトル場とする．M 上のフロー F_t が存在し，$X = \dfrac{\mathrm{d}\,F_t}{\mathrm{d}\,t} \circ F_{-t}$ となる．

証明　まず，M の座標近傍系から有限部分被覆 $\{(U_i, \varphi_i)\}_{i=1,\ldots,k}$ をとる．$U_i \supset \overline{V_i} \supset V_i \supset \overline{W_i} \supset W_i$ で，$\bigcup W_i = M$ となるものをとる．$\varphi_i(\overline{V_i}) \subset \varphi_i(U_i)$ で，$\varphi_i(\overline{V_i})$ はコンパクトだから，ベクトル場 $X = \displaystyle\sum_k \xi_k^{(i)} \frac{\partial}{\partial x_k^{(i)}}$ については $\varphi_i(V_i)$ 上で有界連続でリプシッツ条件を満たす．$\varphi_i(\overline{W_i}) \subset \varphi_i(V_i)$ について，正実数 $\varepsilon^{(i)}$ に対し，$F^{(i)} : (-\varepsilon^{(i)}, \varepsilon^{(i)}) \times \varphi_i(\overline{W_i}) \longrightarrow \varphi_i(V_i)$ が存在し，$\dfrac{\mathrm{d}\,F^{(i)}}{\mathrm{d}\,t}(t, \boldsymbol{x}) = \xi^{(i)}(F^{(i)}(t, \boldsymbol{x}))$ を満たす．ここで，$\xi^{(i)}$ は $\xi_k^{(i)}$ を成分とするベクトルである．

$\varepsilon = \min\{\varepsilon^{(i)}\}$ とすると，任意の $x \in M$ に対し，$x \in W_i$ となる W_i をとれば，$F^i(t, x) = {\varphi_i}^{-1}(F^{(i)}(t, \varphi_i(x)))$ は曲線 $F_x^i : (-\varepsilon, \varepsilon) \longrightarrow M$ で，$\dfrac{\mathrm{d}\,F_x^i}{\mathrm{d}\,t}(t) = X(F_x^i(t))$ を満たす．$x \in W_j$ とすると，F_x^j も定義されるが，$F_x^j = F_x^i$ となる．M はハウスドルフだから，この等式は $(-\varepsilon, \varepsilon)$ の 0 を含む閉集合上で成立するが，$(-\varepsilon, \varepsilon)$ で成立するのは，次の議論からわかる．

常微分方程式の解

$$F^{(i)} : (-\varepsilon, \varepsilon) \times \varphi_i(W_i \cap W_j) \longrightarrow \varphi_i(V_i \cap V_j),$$
$$F^{(j)} : (-\varepsilon, \varepsilon) \times \varphi_j(W_i \cap W_j) \longrightarrow \varphi_j(V_i \cap V_j)$$

を比較する．$\dfrac{\mathrm{d}\,F_t^{(i)}}{\mathrm{d}\,t} \circ F_{-t}^{(i)}$ はベクトル場 X の $\varphi_i(W_i \cap W_j)$ における表示 $\displaystyle\sum_k \xi_k^{(i)} \frac{\partial}{\partial x_k^{(i)}}$ を与える．$(\varphi_j \circ {\varphi_i}^{-1})_* \dfrac{\mathrm{d}\,F_t^{(i)}}{\mathrm{d}\,t} \circ F_{-t}^{(i)}$ はベクトル場 X の $\varphi_j(W_i \cap W_j)$ における表示，すなわち $\displaystyle\sum_\ell \xi_\ell^{(j)} \frac{\partial}{\partial x_\ell^{(j)}}$ と一致している．

$\dfrac{\mathrm{d}}{\mathrm{d}\,t}(\varphi_j \circ {\varphi_i}^{-1})(F^{(i)}(t, \boldsymbol{x})) = (\varphi_j \circ {\varphi_i}^{-1})_* \dfrac{\mathrm{d}}{\mathrm{d}\,t} F^{(i)}(t, \boldsymbol{x})$ だから，常微分方程式の解の一意性から，t について，0 を含むある開区間上で $(\varphi_j \circ {\varphi_i}^{-1})(F^{(i)}(t, \boldsymbol{x}))$ は，$F^{(j)}(t, (\varphi_j \circ {\varphi_i}^{-1})(\boldsymbol{x}))$ と一致する．よって，$(-\varepsilon, \varepsilon)$ 上で $F_x^j = F_x^i$ となる．

したがって，写像 $F : (-\varepsilon, \varepsilon) \times M \longrightarrow M$ で，$\dfrac{\mathrm{d}\,F}{\mathrm{d}\,t}(t, x) = X(F(t, x))$ となるものがあることがわかった．これは問題 6.3.5 の結果により C^∞ 級である．

ここで，$n \geqq 2$ に対し $F(t, x)$ が $t \in \left(-\varepsilon, \dfrac{n}{2}\varepsilon\right)$ 上で定義されているときに，

$t \in \left(\dfrac{n-1}{2}\varepsilon, \dfrac{n+1}{2}\varepsilon\right)$ に対し，$F(t,x) = F\Bigl(t - \dfrac{n-1}{2}\varepsilon, F\Bigl(\dfrac{n-1}{2}\varepsilon, x\Bigr)\Bigr)$ とすると，

$$\frac{\mathrm{d}\,F}{\mathrm{d}\,t}(t,x) = X\Bigl(F\Bigl(t - \frac{n-1}{2}\varepsilon, F\Bigl(\frac{n-1}{2}\varepsilon, x\Bigr)\Bigr)\Bigr) = X(F(t,x))$$

を満たす．同様に，$t \in \left(-\dfrac{n}{2}\varepsilon, \varepsilon\right)$ 上で定義されているときに，$t \in \left(-\dfrac{n+1}{2}\varepsilon, -\dfrac{n-1}{2}\varepsilon\right)$ に対し，$F(t,x) = F\Bigl(t + \dfrac{n-1}{2}\varepsilon, F\Bigl(-\dfrac{n-1}{2}\varepsilon, x\Bigr)\Bigr)$ とすると，

$$\frac{\mathrm{d}\,F}{\mathrm{d}\,t}(t,x) = X\Bigl(F\Bigl(t + \frac{n-1}{2}\varepsilon, F\Bigl(-\frac{n-1}{2}\varepsilon, x\Bigr)\Bigr)\Bigr) = X(F(t,x))$$

を満たす．こうして，C^∞ 級写像 $F : \boldsymbol{R}\times M \longrightarrow M$ で，$\dfrac{\mathrm{d}\,F}{\mathrm{d}\,t}(t,x) = X(F(t,x))$ となるものがある．

さて，$F(t+s,x)$ を考える．これは，$t=0$ のとき，$F(0+s,x) = F(s,x)$ となる常微分方程式 $\dfrac{\mathrm{d}\,F}{\mathrm{d}\,t}(t,x) = X(F(t,x))$ の解である．そのような解は $F(t,F(s,x))$ と書かれていたから，解の一意性により $F(t+s,x) = F(t,F(s,x))$ となっている． ■

注意 6.4.2　このように常微分方程式の解の存在する時間領域を拡張していくことを**解の接続**と呼ぶ．解の存在と一意性の定理は極大区間までの解の接続の存在と一意性を与える．

【例題 6.4.3】　連結コンパクト 1 次元多様体 M 上には，向きを定めることができる（座標変換の微分が正にとれる）．このことを使って M 上に 0 にならないベクトル場が存在することを示し，M は $\boldsymbol{R}/\boldsymbol{Z}$ と微分同相であることを示せ．

【解】　M の座標近傍系 $\{(U_i,\varphi_i)\}$ が，$\gamma_{ij} = \varphi_i \circ {\varphi_j}^{-1} : \varphi_j(U_i \cap U_j) \longrightarrow \varphi_i(U_i \cap U_j)$ の微分について $D\gamma_{ij} > 0$ を満たしているとする．$\{U_i\}$ に従属する 1 の分割 λ_i をとる（例題 5.3.6（103 ページ）参照）．$t^{(i)}$ を U_i 上の座標関数とし，U_i に台を持つベクトル場 $\lambda_i \dfrac{\partial}{\partial t^{(i)}}$ を考える．

$X = \displaystyle\sum_i \lambda_i \frac{\partial}{\partial t^{(i)}}$ が M 上の 0 にならないベクトル場となることを示す．U_j 上では $X = \displaystyle\sum_i \lambda_i (D\gamma_{ji} \circ \varphi_i) \frac{\partial}{\partial t^{(j)}}$ と書かれるが，$D\gamma_{ji} > 0$, $\displaystyle\sum_i \lambda_i = 1$ であるから

X は U_j の各点で正である．

φ_t を X が生成するフローとする．φ_t の軌道は，問題 6.2.3 により，1 点，円周または実数からの単射像となる．軌道が 1 点となる点はベクトル場が 0 となる点であるから，存在しない．1 つの軌道 $\varphi_t(x_0)$ が M と一致すれば，M はコンパクトだから，円周 $\boldsymbol{R}/T\boldsymbol{Z}$ と微分同相となる．

$A = \{\varphi_t(x_0) \mid t \in \boldsymbol{R}\}$ が M と一致しないとすると，$M \setminus A$ の点 x のまわりの連結な座標近傍 U_i で A と交わるものが存在する．U_i 上で 0 とならないベクトル場 X の軌道は，U_i を含むから，$U_i \subset A$ となり，x のとり方に矛盾する．

注意 6.4.4　コンパクト連結 1 次元多様体 M が向き付けを持つことは次のように示される．M が向き付けを持たないとすると，$\widehat{M}$ は向き付けを持つコンパクト連結 1 次元多様体であるから，円周と微分同相である．$\widehat{M}$ 上に向きを変える微分同相 F で，$F^2 = \mathrm{id}_{\widehat{M}}$ であり，固定点を持たないものが存在し，$M = \widehat{M}/\{\mathrm{id}_{\widehat{M}}, F\}$ となる．円周上の向きを変える微分同相は固定点を持つことを示せば，向き付けを持たないことから矛盾が導かれる．

$\widehat{M}$ 上のフロー φ_t を用いて，$x_0 \in \widehat{M}$ をとる．T を $x_0 = \varphi_T(x_0)$ となる正実数のうち最小のものとする．$F(x_0) = \varphi_{t_0}(x_0)$ とすると，$\widehat{M} = \{\varphi_t(x_0) \mid t \in [0,T]\}$ だから，$0 < t_0 < T$ ととることができる．

$\widehat{M} = \{x_0\} \cup \{\varphi_t(x_0) \mid t \in (0,t_0)\} \cup \{F(x_0)\} \cup \{\varphi_t(x_0) \mid t \in (t_0,T)\}$ のように，$\widehat{M}$ は互いに交わりを持たない連結な集合に分割される．F は微分同相で $F \circ F = \mathrm{id}_{\widehat{M}}$ だから，$\widehat{M} \setminus \{x_0, F(x_0)\}$ の連結成分を連結成分に写す．

次の議論から，$F(\{\varphi_t(x_0) \mid t \in (0,t_0)\})$ は，$\{\varphi_t(x_0) \mid t \in (0,t_0)\}$ と一致することがわかる．

$\widehat{M}$ の向き付けられた座標近傍系 $\{(U_i, \varphi_i = t^{(i)})\}$ において，$\dfrac{\partial}{\partial t^{(i)}}$ は定義されている各点の上で互いに正実数倍になっている．F は向きを逆にするから，$(F_*)_{x_0} X(x_0)$ は $X(F(x_0))$ の負実数倍である．したがって，ε を $\varphi_\varepsilon(x_0)$ が x_0 の座標近傍に入るような十分小な正実数とすると，ある正実数 $\delta(\varepsilon)$ に対し，$F(\varphi_\varepsilon(x_0)) = \varphi_{t_0 - \delta(\varepsilon)}(x_0)$ となる．したがって $F(\{\varphi_t(x_0) \mid t \in (0,t_0)\}) = \{\varphi_t(x_0) \mid t \in (0,t_0)\}$ である．

$\{\varphi_t(x_0) \mid t \in [0,t_0]\}$ は $\varphi(\cdot, x_0)$ により $[0,t_0]$ と同相であるから，中間値の定理から，$F(x) = x$ となる $x \in \{\varphi_t(x_0) \mid t \in [0,t_0]\}$ が存在する．

【問題 6.4.5】　$\mu : \boldsymbol{R}^n \longrightarrow \boldsymbol{R}$ を $\|\boldsymbol{x}\| < 1$ ならば $\mu(\boldsymbol{x}) > 0$ を満たし，$\operatorname{supp}\mu = \{\boldsymbol{x} \in \boldsymbol{R}^n \mid \|\boldsymbol{x}\| \leqq 1\}$ となる C^∞ 級関数とする．$\boldsymbol{R}^n$ 上のベクトル場

$\mu\dfrac{\partial}{\partial x_1}$ が生成するフロー $\varPhi_t$ について，$\lim\limits_{t\to\infty}\varPhi_t(\boldsymbol{x})$, $\lim\limits_{t\to-\infty}\varPhi_t(\boldsymbol{x})$ を求めよ．解答例は 139 ページ．

6.5　連結多様体上の部分集合の比較

連結多様体上の 2 点は多様体の微分同相写像により写り合う．したがって，多様体上の点は平等であり，特別な点は存在しない．

【例題 6.5.1】　連結な多様体 M 上の 2 点 x_1, x_2 に対し，微分同相写像 $F: M \longrightarrow M$ で $F(x_1)=x_2$ となるものがあることを示せ．

【解】　$x_1 \in M$ を固定して，

$$A=\left\{x\in M \;\middle|\; \text{ある微分同相写像 } F: M\longrightarrow M \text{ により，} F(x_1)=x\right\}$$

とおく．x_1 のまわりの座標近傍 (U,φ) をとり，$\varphi(U)\subset \boldsymbol{R}^n$ に台を持つベクトル場を問題 6.4.5 のようにつくると，A は x_1 の近傍 V を含むことがわかる．$x\in A$ ならば，$F(U)$ の点は，A に含まれるので，A は開集合である．

M 上の関係 $\sim$ を

$$x\sim y \Longleftrightarrow \text{ある微分同相写像 } F: M\longrightarrow M \text{ により，} F(y)=x$$

で定義する．これは同値関係である．したがって，M は同値類に分割される．

同値類は開集合であることを示したから，閉集合でもある．したがって M が連結のとき，$A=M$ となる．

注意 6.5.2　この例題の F を，$F_0=\mathrm{id}_M$, $F_1=F$ となるアイソトピー F_t とともにとることができること，F はコンパクト集合の外では恒等写像であるような微分同相写像とできることが，同じ証明によりわかる．

【問題 6.5.3】　次元が 2 以上の連結な多様体 M 上の相異なる n 点の 2 組 $x_1,\ldots,x_n; y_1,\ldots,y_n$ に対して，微分同相写像 $F: M\longrightarrow M$ で $F(x_i)=y_i$ $(i=1,\ldots,n)$ となるものがあることを示せ．解答例は 139 ページ．

【問題 6.5.4】　次元が 2 以上の連結な多様体 M 上の 2 点 x_0, x_1 に対し，M 上のフロー F_t で $F_1(x_0)=x_1$ となるものがあることを示せ．このとき曲線

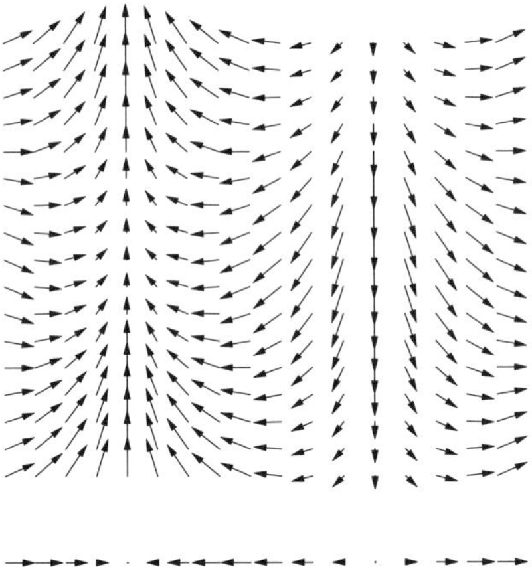

図 **6.2**　直線上のベクトル場に射影される平面上のベクトル場.

$\{F(t,x_0) \mid t \in (-\varepsilon, 1+\varepsilon)\} \subset M$ は x_0, x_1 を含む 1 次元部分多様体である.
解答例は 139 ページ.

多様体 M, N の間の写像 $F : M \longrightarrow N$ の 2 つの正則値 y_0, y_1 に対して, $F^{-1}(y_0)$, $F^{-1}(y_1)$ を比較するときには, 次の例題の状況が現れる.

【例題 6.5.5】　M, N をコンパクト多様体とする. C^∞ 級写像 $F : M \longrightarrow N$ について, M 上のベクトル場 ξ, N 上のベクトル場 η が, すべての $x \in M$ に対し, $F_*(\xi(x)) = \eta(F(x))$ を満たすとする ($F_*\xi = \eta$ とも書かれ, M 上のベクトル場 ξ が, N 上のベクトル場 η に**射影される**という). ξ が生成するフローを $\varphi_t : M \longrightarrow M$, η が生成するフローを $\psi_t : N \longrightarrow N$ とするとき次を示せ.

$$F(\varphi_t(x)) = \psi_t(F(x))$$

【解】　$F(\varphi_t(x))$ が N 上の η が生成するフローの軌道であることを見ればよい. $\dfrac{\mathrm{d}}{\mathrm{d}t}F(\varphi_t(x)) = F_*\Big(\dfrac{\mathrm{d}}{\mathrm{d}t}\varphi_t(x)\Big) = F_*(\xi(\varphi_t(x))) = \eta(F(\varphi_t(x)))$ であり, $t=0$ のとき $F(\varphi_0(x)) = F(x)$ である. η の生成するフローを ψ_t とすると (常微分方程式の解の一意性から) $\psi_t(F(x)) = F(\varphi_t(x))$ となる. 図 6.2 参照.

コンパクト多様体上の関数 f の 2 つの正則値 a, b について, $f^{-1}(a)$, $f^{-1}(b)$ が同じ形になることは, 区間 $[a,b]$ が正則値のみからなることにより保証される．

【問題 6.5.6】 M をコンパクト多様体とする．C^∞ 級写像 $f : M \longrightarrow \boldsymbol{R}$ に対し，$[a,b] \subset \boldsymbol{R}$ 上の点は，すべて正則値であるとする．$f^{-1}([a,b])$ と $f^{-1}(a) \times [a,b]$ は微分同相であることを示せ．解答例は 140 ページ．

f がモース関数で区間 $[a,b]$ が臨界点を含むときには，モースの補題 5.4.3（105 ページ），グラディエントフローにより，$f^{-1}(a)$, $f^{-1}(b)$ は比較できる（184 ページ参照）．

上の問題は次のフローボックス定理の特殊な場合とも考えられる．

【問題 6.5.7】（フローボックス定理） m 次元コンパクト多様体 M 上のフロー $\varphi_t(x)$ が，ベクトル場 ξ で生成されているとする．M の $m-1$ 次元コンパクト部分多様体 N に対し，$x \in N$ に対して，$\xi(x) \notin T_xN$ とする．このとき，正実数 ε で，写像 $(-\varepsilon, \varepsilon) \times N \ni (t,x) \longmapsto \varphi_t(x) \in M$ が M の開集合への埋め込みとなるようなものが存在することを示せ．解答例は 140 ページ．

6.6 第 6 章の問題の解答

【問題 6.2.3 の解答】 (1) $A = \{t \in \boldsymbol{R} \mid \varphi_t(x_0) = x_0\} \subset \boldsymbol{R}$ を考える．$0 \in A$ である．また A の 2 つの元 a_1, a_2 に対し，$\varphi_{a_1-a_2}(x_0) = \varphi_{a_1}(\varphi_{-a_2}(x_0)) = x_0$ だから，$a_1 - a_2 \in A$ である．したがって A は $\boldsymbol{R}$ の部分群となる．もしも，$a_i \in A$ ($i = 1, 2, \ldots$) が収束点列で $a = \lim_{i\to\infty} a_i$ とすると，$\varphi_t(x_0)$ は t について連続であるから，$\varphi_a(x_0) = \lim_{i\to\infty} \varphi_{a_i}(x_0) = \lim_{i\to\infty} x_0 = x_0$ となる．したがって，A は閉部分群である．

$A = \{0\}$ のとき，$T = 0$ として (1) が成立する．

$A \neq \{0\}$ のとき，$T = \inf\{a \in A \mid a > 0\}$ とおく．

$T > 0$ ならば $A = \{nT \mid n \in \boldsymbol{Z}\}$ である．$a \in A \setminus \{nT \mid n \in \boldsymbol{Z}\}$ に対して，$|a - nT| < T$ となる n が存在するが，$a - nT \in A$ であるから $a = nT$ となる．

$T = 0$ ならば $A = \boldsymbol{R}$ である．$a_i \in A$, $a_i > 0$, $\lim_{i\to\infty} a_i = 0$ とすると，$\bigcup_i \{na_i \mid n \in \boldsymbol{Z}\}$ は $\boldsymbol{R}$ で稠密となるが，A は閉集合であるから $A = \boldsymbol{R}$ となる．このとき，$t \in \boldsymbol{R}$ に対して $\varphi_t(x_0) = x_0$ となり，定値写像であるから条件を満たさない．

(2) $\varphi_t(x_0) = x_0$ となる正の実数 t が存在すれば，$y = x_0$ ととればよい．$\{\varphi_t(x_0) \mid t \in \boldsymbol{Z}_{>0}\}$ の集積点 y をとるとこれが求める点である．

【問題 6.3.3 の解答】

$$\begin{aligned}&\frac{\mathrm{d}}{\mathrm{d}t}\big(F(t,\boldsymbol{x}+s\boldsymbol{v})-F(t,\boldsymbol{x})\big)=X(t,F(t,\boldsymbol{x}+s\boldsymbol{v}))-X(t,F(t,\boldsymbol{x}))\\&=\sum_{i=1}^{n}\big(f_i(t,\boldsymbol{x}+s\boldsymbol{v})-f_i(t,\boldsymbol{x})\big)\ Y_i(t,F(t,\boldsymbol{x}),F(t,\boldsymbol{x}+s\boldsymbol{v})-F(t,\boldsymbol{x}))\end{aligned}$$

だから，Y_i を並べた行列を

$$\begin{aligned}Y(s)&=Y(t,F(t,\boldsymbol{x}),F(t,\boldsymbol{x}+s\boldsymbol{v})-F(t,\boldsymbol{x}))\\&=\big(Y_1(t,F(t,\boldsymbol{x}),F(t,\boldsymbol{x}+s\boldsymbol{v})-F(t,\boldsymbol{x})),\\&\qquad\ldots,\ Y_n(t,F(t,\boldsymbol{x}),F(t,\boldsymbol{x}+s\boldsymbol{v})-F(t,\boldsymbol{x}))\big)\end{aligned}$$

とすると，$\frac{1}{s}\big(F(t,\boldsymbol{x}+s\boldsymbol{v})-F(t,\boldsymbol{x})\big)$ は $t=t_0$ のとき初期値が $\boldsymbol{v}$ であるような s をパラメータとする次の微分方程式の解である．

$$\frac{\mathrm{d}}{\mathrm{d}t}\boldsymbol{u}=Y(s)\boldsymbol{u}$$

この線形常微分方程式の係数行列 $Y(s)=Y(t,F(t,\boldsymbol{x}),F(t,\boldsymbol{x}+s\boldsymbol{v})-F(t,\boldsymbol{x}))$ は，s に対して連続である．

この線形常微分方程式は，s が 0 になるときも連続に定義されている．$s=0$ においては，$\frac{\mathrm{d}}{\mathrm{d}t}\boldsymbol{u}=Y(0)\boldsymbol{u}$ で，$Y(0)=\Big(\frac{\partial\xi_i}{\partial x_j}(t,F(t,\boldsymbol{x}))\Big)$ となる．解のパラメータに対する連続性（注意 6.3.2）から $\frac{1}{s}\big(F(t,\boldsymbol{x}+s\boldsymbol{v})-F(t,\boldsymbol{x})\big)$ は，$\boldsymbol{v}$ を初期値とする線形常微分方程式 $\frac{\mathrm{d}}{\mathrm{d}t}\boldsymbol{u}=Y(0)\boldsymbol{u}$ の解に収束する．したがって，$F(t,\boldsymbol{x})$ の初期値に対する $\boldsymbol{v}$ 方向の微分が存在する．したがって，偏微分も存在する．

$F(t,\boldsymbol{x})$ の成分の偏微分を $A_{ij}(t,\boldsymbol{x})=\frac{\partial f_i}{\partial x_j}(t,\boldsymbol{x})$ とすると，$A_{ij}(t,\boldsymbol{x})$ は $A_{ij}(t_0,\boldsymbol{x})=\delta_{ij}$ であり，線形常微分方程式

$$\frac{\mathrm{d}}{\mathrm{d}t}A_{ij}(t,\boldsymbol{x})=\sum_{k=1}^{n}\frac{\partial\xi_i}{\partial x_k}(t,F(t,\boldsymbol{x}))A_{kj}(t,\boldsymbol{x})$$

を満たす．$\frac{\partial\xi_i}{\partial x_k}(t,F(t,\boldsymbol{x}))$ の $\boldsymbol{x}$ をパラメータと見ると，パラメータに対する解の連続性から，$A_{ij}(t,\boldsymbol{x})$ は，$\boldsymbol{x}$ に対し連続である．したがって，$F(t,\boldsymbol{x})$ は C^1 級の写像である．

【問題 6.3.5 の解答】 X が C^r 級のとき，$F(t,\boldsymbol{x})$ が C^r 級となることがわかっているとする．X を C^{r+1} 級として，$F(t,\boldsymbol{x})$ が C^{r+1} 級となることを示す．

$A_{ij}(t,\boldsymbol{x})=\frac{\partial f_i}{\partial x_j}(t,\boldsymbol{x})$ は，

$$\frac{\mathrm{d}}{\mathrm{d}\,t}A_{ij}(t,\boldsymbol{x}) = \sum_{k=1}^{n}\frac{\partial \xi_i}{\partial x_k}(t,F(t,\boldsymbol{x}))A_{kj}(t,\boldsymbol{x})$$

を満たす．ここで，$\dfrac{\partial \xi_i}{\partial x_k}(t,F(t,\boldsymbol{x}))$ は，$\dfrac{\partial \xi_i}{\partial x_k}$ が C^r 級，$F(t,\boldsymbol{x})$ が C^r 級だから，C^r 級である．また，$\dfrac{\mathrm{d}\,F}{\mathrm{d}\,t}(t,\boldsymbol{x}) = X(t,F(t,\boldsymbol{x}))$ は，X が C^{r+1} 級，$F(t,\boldsymbol{x})$ が C^r 級だから，C^r 級である．したがって，$F(t,\boldsymbol{x})$ は C^{r+1} 級となる．

【問題 6.4.5 の解答】 $\|\boldsymbol{x}\| \geqq 1$ ならば，$\boldsymbol{x}$ においてベクトル場は 0 であるから，$\Phi_t(\boldsymbol{x}) = \boldsymbol{x}$ であり，$\lim_{t\to\infty}\Phi_t(\boldsymbol{x}) = \lim_{t\to-\infty}\Phi_t(\boldsymbol{x}) = \boldsymbol{x}$ である．$\|\boldsymbol{x}\| < 1$ のとき，$\boldsymbol{x} = (x_1,\ldots,x_n)$ に対して，$\Phi_t(\boldsymbol{x}) = (\varphi_t(\boldsymbol{x}),x_2,\ldots,x_n)$ と書かれる．$\|\boldsymbol{x}\| < 1$ において，ベクトル場は 0 にならないので，$\lim_{t\to\pm\infty}\Phi_t(\boldsymbol{x})$ は $\|\boldsymbol{x}\| < 1$ の点にはなり得ない．$t < 0$ ならば $\varphi_t(\boldsymbol{x}) < x_1$，$t > 0$ ならば $\varphi_t(\boldsymbol{x}) > x_1$ であるから，$\lim_{t\to\pm\infty}\Phi_t(\boldsymbol{x}) = (\pm\sqrt{1-{x_2}^2-\cdots-{x_n}^2},x_2,\ldots,x_n)$ となる．

【問題 6.5.3 の解答】 n についての帰納法で示す．$n = 1$ のときには例題 6.5.1 により成立する．$n-1$ 点の組までは示されたとする．与えられた n 点の組に対して，$F_1 : M \longrightarrow M$ で $F_1(x_i) = y_i$ $(i = 1,\ldots,n-1)$ とするものがある．$M' = M \setminus \{y_1,\ldots,y_{n-1}\}$ とおくと次元が 2 以上であるから，M' は連結な多様体である．

実際，次元が 2 以上であるから，点 y_i の連結な座標近傍 U_i から 1 点 y_i を除いた開集合 $U_i \setminus \{y_i\}$ は連結であり，$M' = V_1 \sqcup V_2$ と開集合の直和に分かれれば，$U_i \setminus \{y_i\}$ は V_1 または V_2 に含まれる．$\widetilde{V}_j = V_j \cup \bigcup_{U_i\cap V_j\neq\emptyset} U_i$ とおくと，$M = \widetilde{V}_1 \sqcup \widetilde{V}_2$ と開集合の直和に分かれる．M が連結だから $\widetilde{V}_1$ または $\widetilde{V}_2$ は空集合であり，V_1 または V_2 は空集合となる．したがって，M' は連結な多様体である

$F' : M' \longrightarrow M'$ で $F'(F_1(x_n)) = y_n$ とするものが存在する．前の注意から，F' は M における y_i $(i = 1,\ldots,n-1)$ の近傍においては恒等写像であるようにとれる．$\widehat{F'}$ を F' を M に拡張した微分同相写像とする．$F = \widehat{F'}\circ F_1$ が求める微分同相写像である．

【問題 6.5.4 の解答】 問題 6.4.5 のベクトル場が生成するフローにより，点 y_0 に十分近い y_1 に対して，座標近傍に台を持つフロー F_t が構成できる．問題 6.5.3 により，微分同相 $G : M \longrightarrow M$ で $G(y_i) = x_i$ $(i = 0,\,1)$ とするものがある．このとき，$G\circ F_t\circ G^{-1}$ は求める性質を持つフローである．

【問題 6.5.6 の解答】 M の有限座標近傍系 $\{(U_i,\varphi_i)\}_{i=1,\dots,k}$ をとり，U_i に台を持つ関数 $\lambda_i \geqq 0$ による 1 の分解があるとする．$f^{-1}([a,b])$ と交わる $\varphi_i : U_i \longrightarrow \boldsymbol{R}^n$ の第 1 座標 $x_1^{(i)}$ は f であるとしてよい．このとき，U_i 上のベクトル場 $\lambda_i \dfrac{\partial}{\partial x_1^{(i)}}$ は M 上の $M \setminus U_i$ で 0 であるようなベクトル場と考えられ，$(f_*)_x\Big(\lambda_i \dfrac{\partial}{\partial x_1^{(i)}}\Big) = \lambda_i(x)\dfrac{\partial}{\partial t}$ である．$\xi = \displaystyle\sum_{i=1}^{k} \lambda_i \frac{\partial}{\partial x_1^{(i)}}$ とおくと，$(f_*)_x\xi(x) = \displaystyle\sum_{i=1}^{k} \lambda_i(x)\frac{\partial}{\partial t} = \frac{\partial}{\partial t}$ である．したがって，ξ の生成するフローを F_t とすると $x \in f^{-1}([a,b])$, $a - f(x) \leqq t \leqq b - f(x)$ に対し $f(F_t(x)) = f(x) + t$ となる．$p : f^{-1}([a,b]) \longrightarrow f^{-1}(a)$ を $p(x) = F_{a-f(x)}(x)$ とする．$(p,f) : f^{-1}([a,b]) \longrightarrow f^{-1}(a) \times [a,b]$ の逆写像は $G(x',t) = F_{t-a}(x')$ で与えられる．$(p,f), G$ ともに C^∞ 級であるので，これらは微分同相写像である．

【問題 6.5.7 の解答】 $F : \boldsymbol{R} \times N \longrightarrow M$ を $F(t,x) = \varphi_t(x)$ で定義する．$(0,x)$ における接写像 $F_* : \boldsymbol{R} \times T_xN \longrightarrow T_xM$ を考えると，$F_*|T_xN = \mathrm{id}_{T_xN}$, $F_*\Big(\dfrac{\partial}{\partial t}\Big)_{(0,x)} = \xi(x)$ であるから，$\operatorname{rank} F_* = m$ である．

F は，逆写像定理 1.2.1（6 ページ）の仮定を満たし，コンパクト部分多様体 $\{0\} \times N$ 上で単射である．したがって例題 4.3.1（78 ページ）により，F は $\{0\} \times N$ の近傍 $(-\varepsilon,\varepsilon) \times N$ から $N \subset M$ の近傍への微分同相写像，すなわち埋め込みとなる．

第7章 多様体上の曲線の長さ

多様体上の遠近は，そのままでは測ることができない．実際，2 次元以上の連結な多様体 M 上の相異なる 3 点 x_0, x_1, x_2 に対し，微分同相写像 $F : M \longrightarrow M$ で $F(x_0) = x_0$, $F(x_1) = x_2$ とするものが存在する（問題 6.5.3（135 ページ）参照）．

ユークリッド空間内の多様体に対しては，多様体上の 2 点について遠近が議論できる．しかし，ユークリッド空間内の距離と多様体上での遠近は必ずしも一致しない．例えば，1 次元部分多様体 C が $c : \boldsymbol{R} \longrightarrow \boldsymbol{R}^n$ でパラメータ付けられているとき，C 上の距離は，C に沿う弧の長さを使うのが自然である．

多様体上の 2 点の間の距離を定義するためには，多様体上の曲線の長さが定義できればよい．そのような長さが定義できる多様体がリーマン計量を持つ多様体，リーマン多様体である．

7.1 ユークリッド空間内の多様体上の曲線（基礎）

1 次元部分多様体 C が $c : \boldsymbol{R} \longrightarrow \boldsymbol{R}^n$ でパラメータ付けられているとき，C 上の距離は，C に沿う弧の長さを使うのが自然である．ユークリッド空間内の曲線 c の t_0 から t_1 までの長さは，$\displaystyle\int_{t_0}^{t_1} \left\| \frac{\mathrm{d}c}{\mathrm{d}t}(t) \right\| \mathrm{d}t$ で与えられる．

【例題 7.1.1】 (1) $\boldsymbol{R}^n$ の 2 点 $\boldsymbol{x}^0$, $\boldsymbol{x}^1$ に対し，$c(0) = \boldsymbol{x}^0$, $c(1) = \boldsymbol{x}^1$ となる曲線の中で長さが最小のものは，$\boldsymbol{x}^0$, $\boldsymbol{x}^1$ を結ぶ線分であることを示せ．

(2) $c(0) = \boldsymbol{x}^0$, $c(1) = \boldsymbol{x}^1$ となる曲線に対し，$A(c) = \displaystyle\int_0^1 \left\| \frac{\mathrm{d}c}{\mathrm{d}t} \right\|^2 \mathrm{d}t$ とおく．$A(c)$ が最小となる $c(t)$ は，$c(t) = \boldsymbol{x}^0 + t(\boldsymbol{x}^1 - \boldsymbol{x}^0)$ となることを示せ．

【解】　(1)　曲線の長さが $\displaystyle\sup_{0=t_0<\cdots<t_m=1}\sum_{k=1}^{m}\|c(t_k)-c(t_{k-1})\|$ によっても定義できることを示せば，三角不等式から従う（問題 7.1.2 参照）．

また，別の解法として $\boldsymbol{x}^1-\boldsymbol{x}^0$ 方向の単位ベクトルを $\boldsymbol{v}$ として，$c(t)\bullet\boldsymbol{v}$ を考える．$\left\|\dfrac{\mathrm{d}\,c}{\mathrm{d}\,t}(t)\right\| \geqq \left|\dfrac{\mathrm{d}\,c}{\mathrm{d}\,t}(t)\bullet\boldsymbol{v}\right|$ であるから，

$$\int_0^1\left\|\frac{\mathrm{d}\,c}{\mathrm{d}\,t}(t)\right\|\mathrm{d}\,t \geqq \int_0^1\left|\frac{\mathrm{d}\,c}{\mathrm{d}\,t}(t)\bullet\boldsymbol{v}\right|\mathrm{d}\,t \geqq \Big[c(t)\bullet\boldsymbol{v}\Big]_0^1 = (\boldsymbol{x}^1-\boldsymbol{x}^0)\bullet\boldsymbol{v} = \|\boldsymbol{x}^1-\boldsymbol{x}^0\|$$

である．

(2)
$$\begin{aligned}A(c+s\varepsilon) &= \int_0^1\left\|\frac{\mathrm{d}\,c}{\mathrm{d}\,t}+s\frac{\mathrm{d}\,\varepsilon}{\mathrm{d}\,t}\right\|^2\mathrm{d}\,t = \int_0^1\left(\frac{\mathrm{d}\,c}{\mathrm{d}\,t}+s\frac{\mathrm{d}\,\varepsilon}{\mathrm{d}\,t}\right)\bullet\left(\frac{\mathrm{d}\,c}{\mathrm{d}\,t}+s\frac{\mathrm{d}\,\varepsilon}{\mathrm{d}\,t}\right)\mathrm{d}\,t\\ &= \int_0^1\left\|\frac{\mathrm{d}\,c}{\mathrm{d}\,t}\right\|^2\mathrm{d}\,t+2s\int_0^1\frac{\mathrm{d}\,c}{\mathrm{d}\,t}\bullet\frac{\mathrm{d}\,\varepsilon}{\mathrm{d}\,t}\mathrm{d}\,t+s^2\int_0^1\left\|\frac{\mathrm{d}\,\varepsilon}{\mathrm{d}\,t}\right\|^2\mathrm{d}\,t\end{aligned}$$

s についての 2 次式が c において極小値をとるためには，$\displaystyle\int_0^1\frac{\mathrm{d}\,c}{\mathrm{d}\,t}\bullet\frac{\mathrm{d}\,\varepsilon}{\mathrm{d}\,t}\mathrm{d}\,t=0$ でなければならない．$\displaystyle\int_0^1\frac{\mathrm{d}\,c}{\mathrm{d}\,t}\bullet\frac{\mathrm{d}\,\varepsilon}{\mathrm{d}\,t}\,\mathrm{d}\,t=\left[\frac{\mathrm{d}\,c}{\mathrm{d}\,t}\bullet\varepsilon\right]_0^1-\int_0^1\frac{\mathrm{d}^2\,c}{\mathrm{d}\,t^2}\bullet\varepsilon\,\mathrm{d}\,t=-\int_0^1\frac{\mathrm{d}^2\,c}{\mathrm{d}\,t^2}\bullet\varepsilon\,\mathrm{d}\,t$ だから，$\dfrac{\mathrm{d}^2\,c}{\mathrm{d}\,t^2}=0$ でなければならない．このとき c は t についての 1 次式で $c(t)=\boldsymbol{x}^0+t(\boldsymbol{x}^1-\boldsymbol{x}^0)$ となる．$A(c)\geqq(L(c))^2$ で，c は $L(c)$ の最小値を与えているから，$A(c)$ の最小値も与えている．

【問題 7.1.2】　ユークリッド空間内の C^1 級曲線 $c:[0,1]\longrightarrow\boldsymbol{R}^n$ の 0 から 1 までの長さ $\displaystyle\int_0^1\left\|\frac{\mathrm{d}\,c}{\mathrm{d}\,t}(t)\right\|\mathrm{d}\,t$ は，$\displaystyle\sup_{0=t_0<\cdots<t_m=1}\sum_{k=1}^{m}\|c(t_k)-c(t_{k-1})\|$ と一致することを示せ．解答例は 167 ページ．

【問題 7.1.3】　一葉双曲面 $\{(x,y,z)\in\boldsymbol{R}^3 \mid x^2+y^2-z^2=1\}$ 上の点 $(1,0,0)$，$(-1,0,0)$ を結ぶ曲線の長さの最小値は π であることを示せ．解答例は 168 ページ．

ユークリッド空間内の連結な多様体 $M\subset\boldsymbol{R}^n$ を考える．M 上の曲線 $[0,1]\longrightarrow M\subset\boldsymbol{R}^n$ の長さは $L(c)=\displaystyle\int_0^1\left\|\frac{\mathrm{d}\,c}{\mathrm{d}\,t}(t)\right\|\mathrm{d}\,t$ で与えられる．連結な多様体上の 2 点は，滑らかな曲線で結ぶことができるから，$x,y\in M$ に対し，$\mathrm{dist}(x,y)=\inf\{L(c)\mid c:[0,1]\longrightarrow M, c(0)=x, c(1)=y\}$ と定義すると，これは，対称 $(\mathrm{dist}(x,y)=\mathrm{dist}(y,x))$ であり，三角不等式を満たす．$\mathrm{dist}(x,y)\geqq 0$ であり，$\mathrm{dist}(x,y)=0$ とすると，例題 7.1.1 により，$\mathrm{dist}(x,y)\geqq\|x-y\|$ であるから，$x=y$ となる．したがって，$\mathrm{dist}(x,y)$ は距離となる．

【例題 7.1.4】 $\Phi : \boldsymbol{R}^2 \longrightarrow \boldsymbol{R}^3$ を $\Phi(x_1, x_2) = \begin{pmatrix} (2+\cos x_2)\cos x_1 \\ (2+\cos x_2)\sin x_1 \\ \sin x_2 \end{pmatrix}$ で定める．M を Φ の像として定義される $\boldsymbol{R}^3$ の部分多様体とする．$\boldsymbol{R}^2$ 上の曲線 $c(t) = (\xi(t), \eta(t))$ $(t \in [0,1])$ に対し，$\Phi \circ c : [0,1] \longrightarrow M$ の長さを書き表せ．

【解】 $D\Phi = \begin{pmatrix} -(2+\cos x_2)\sin x_1 & -\sin x_2 \cos x_1 \\ (2+\cos x_2)\cos x_1 & -\sin x_2 \sin x_1 \\ 0 & \cos x_2 \end{pmatrix}$ であるから，${}^tD\Phi\, D\Phi = \begin{pmatrix} (2+\cos x_2)^2 & 0 \\ 0 & 1 \end{pmatrix}$．したがって，$L(\Phi\circ c) = \displaystyle\int_0^1 \sqrt{(2+\cos\eta)^2\left(\frac{\mathrm{d}\xi}{\mathrm{d}t}\right)^2 + \left(\frac{\mathrm{d}\eta}{\mathrm{d}t}\right)^2}\,\mathrm{d}t$.

【問題 7.1.5】 3 次元ユークリッド空間 $\boldsymbol{R}^3$ 内の $(0,0,-R)$ を中心とする半径 R の球面を $S_R = \{(x,y,z) \in \boldsymbol{R}^3 \mid x^2 + y^2 + (z+R)^2 = R^2\}$ とする．このとき $p : S_R \setminus \{(0,0,-2R)\} \longrightarrow \boldsymbol{R}^2$ を $(0,0,-2R)$, $\boldsymbol{x}$, $(p(\boldsymbol{x}), 0)$ が同一直線上にあることで定義する．$\boldsymbol{R}^2$ 上の曲線 $c(t) = (\xi(t), \eta(t))$ $(t \in [0,1])$ に対し，$p^{-1} \circ c : [0,1] \longrightarrow S_R$ の長さを書き表せ．解答例は 169 ページ．

一般の多様体上で曲線の長さを測るために何が必要かを見るために，座標近傍のモデルであった，ユークリッド空間内の多様体のパラメータ表示において，曲線の長さがどのように計算されるかを考える．

$M \subset \boldsymbol{R}^n$ をユークリッド空間内の多様体として，そのパラメータ表示 $\Phi : W \longrightarrow \boldsymbol{R}^n$ をとる．$W \subset \boldsymbol{R}^p$ は開集合で，$D\Phi$ のランクは p である．曲線 $c : [0,1] \longrightarrow M$ に対して，$0 = t_0 < t_1 < \cdots < t_m = 1$ という分割をとり，$c([t_{i-1}, t_i]) \subset \Phi(W)$ とする．曲線は $\Phi^{-1} \circ c|[t_{i-1}, t_i] : [t_{i-1}, t_i] \longrightarrow W$ を定める．

$$\frac{\mathrm{d}c}{\mathrm{d}t}(t) = (D\Phi)_{((\Phi^{-1}\circ c)(t))} \frac{\mathrm{d}(\Phi^{-1}\circ c)}{\mathrm{d}t}(t)$$

の長さ

$$\sqrt{{}^t\left(\frac{\mathrm{d}(\Phi^{-1}\circ c)}{\mathrm{d}t}\right) {}^t(D\Phi)(D\Phi)\left(\frac{\mathrm{d}(\Phi^{-1}\circ c)}{\mathrm{d}t}\right)}$$

が接ベクトルの長さである．ここで，$\left(\dfrac{\mathrm{d}(\Phi^{-1}\circ c)}{\mathrm{d}t}\right) \in \boldsymbol{R}^p$ であり，$A = {}^t(D\Phi)(D\Phi)$ は $p \times p$ 正値対称行列である．**正値**とは，${}^t\boldsymbol{x}A\boldsymbol{x} \geqq 0$ であり，

${}^t\boldsymbol{x}A\boldsymbol{x} = 0$ ならば $\boldsymbol{x} = 0$ であることである．あるいは，A の固有値がすべて正であるといってもよい．

正値対称行列 A により，${}^t\boldsymbol{v}A\boldsymbol{v}$ の形で表されるものは，内積または双 1 次形式 $(\boldsymbol{u}, \boldsymbol{v}) \longmapsto {}^t\boldsymbol{u}A\boldsymbol{v}$ を考えることに関係している．ベクトルの長さが表されると，余弦定理により角度が定まる．これは，ユークリッドの内積については，$\boldsymbol{v} \bullet \boldsymbol{v} = \|\boldsymbol{v}\|^2$ として，2 つのベクトル $\boldsymbol{u}, \boldsymbol{v}$ の間の角度を θ とするとき，$\boldsymbol{u} \bullet \boldsymbol{v} = \|\boldsymbol{u}\|\,\|\boldsymbol{v}\|\cos\theta$ であったことに対応している．

長さを測るにあたって，長さの 2 乗を表すのが自然である．

一般の実線形空間 V に対し $q : V \longrightarrow \boldsymbol{R}$ が **2 次形式**とは，$a \in \boldsymbol{R}, v \in V$ に対し，$q(av) = a^2 q(v)$，$u, v \in V$ に対し，$q(u+v) = q(u) + q(v) + 2B(u,v)$ という双 1 次形式 $B : V \times V \longrightarrow \boldsymbol{R}$ があることである．さらに 2 次形式 q が**正値**であるとは，$q(v) \geqq 0$ であり，$q(v) = 0$ ならば $v = 0$ を満たすことである．上の双 1 次形式は，対称性 $B(u,v) = B(v,u)$ を満たす．B から q は容易に復元される，$2^2 q(v) = q(v+v) = 2q(v) + 2B(v,v)$ であるから，$q(v) = B(v,v)$ である．$\dim V = n$ のとき，V の基底 $(e_1, \dots, e_n)$ をとって，$A_{ij} = B(e_i, e_j)$ とすると，$B(\sum_{i=1}^n u_i e_i, \sum_{i=1}^n v_i e_i) = \sum_{i,j=1}^n A_{ij} u_i v_j$ と書かれ，A_{ij} は正値対称行列である．

対称行列 A は直交行列 P により対角行列と共役となる．

$$
{}^tPAP = \begin{pmatrix} \lambda_1 & \cdots & 0 \\ \vdots & \ddots & \vdots \\ 0 & \cdots & \lambda_n \end{pmatrix}
$$

A が正値ならば A の固有値 λ_i は正であり，$\delta = \min\{\lambda_i\}$ に対して，$\sum_{i,j} A_{ij} v_i v_j \geqq \delta \sum_{i=1}^n {v_i}^2$ が満たされる．すなわち，正値 2 次形式 q に対して，V の基底をとり，$\boldsymbol{R}^n$ と V を同一視すると，ある正実数 δ があって，$q(v) \geqq \delta\|\boldsymbol{v}\|^2$ となる．

7.2　リーマン計量

一般の多様体 M 上では，x のまわりの座標近傍 (U, φ) をとると，T_xM の基底 $\dfrac{\partial}{\partial x_1}, \dots, \dfrac{\partial}{\partial x_n}$ が定まる．T_xM の元の長さの 2 乗を与える関数 $q(x) : T_xM \longrightarrow \boldsymbol{R}$ を考える．x は M 上の点であるから，C^∞ 級関数 $q : TM \longrightarrow \boldsymbol{R}$

で，$q|T_xM$ が正値 2 次形式となるものを与えれば接ベクトルの長さの 2 乗が定まる．これに付随して，正値対称双 1 次形式 $g: T_xM \times T_xM \longrightarrow \boldsymbol{R}$ が定まる．通常，この g を**リーマン計量**と呼ぶ．g は $x \in M$ に滑らかに依存する T_xM 上の正値対称双 1 次形式である．

x のまわりの座標近傍 (U, φ) により，$x \in U$ に対し T_xM の基底 $\dfrac{\partial}{\partial x_1}, \dots, \dfrac{\partial}{\partial x_n}$ が同時に定まる．そのような基底について，$v \in T_xM$ は $v = \displaystyle\sum_i v_i \frac{\partial}{\partial x_i}$ と書かれ，$q(v) = g(v, v) = \displaystyle\sum_{i,j} g_{ij}(x) v_i v_j$ と書かれる．$x \in U$ に対し，$(g_{ij}(x))$ は正値対称行列，i, j を固定すると $g_{ij}: U \longrightarrow \boldsymbol{R}$ は C^∞ 級関数である．

このようなリーマン計量を持つ多様体を**リーマン多様体**と呼ぶ．

定義 7.2.1　多様体 M 上のリーマン計量とは，C^∞ 級写像 $q: TM \longrightarrow \boldsymbol{R}$ で各接空間 T_xM 上正値 2 次形式となるものである．q に付随する各接空間 T_xM 上の正値対称双 1 次形式 $g: T_xM \times T_xM \longrightarrow \boldsymbol{R}$ をリーマン計量と呼ぶことが多い．

リーマン多様体 M 上では曲線の長さを測ることができる．すなわち，$c: [0, 1] \longrightarrow M$ に対して，

$$L(c) = \int_0^1 \sqrt{q\Big(\frac{\mathrm{d}\,c}{\mathrm{d}\,t}\Big)}\,\mathrm{d}\,t = \int_0^1 \sqrt{g\Big(\frac{\mathrm{d}\,c}{\mathrm{d}\,t}, \frac{\mathrm{d}\,c}{\mathrm{d}\,t}\Big)}\,\mathrm{d}\,t$$

で定める．

M の座標近傍系を $\{(U_k, \varphi_k)\}$ とする．$c: [0, 1] \longrightarrow M$ に対して，$0 = t_0 < t_1 < \cdots < t_m = 1$ という分割をとり，$c([t_{k-1}, t_k]) \subset U_k$ とする．U_k 上では，リーマン計量は $g_{ij}^{(k)}$ と書かれ，$\varphi_k(c(t)) = (c_1^{(k)}(t), \dots, c_n^{(k)}(t))$ とすれば，曲線の長さは

$$L(c) = \sum_k \int_{t_{k-1}}^{t_k} \sqrt{\sum_{i,j} g_{ij}^{(k)}(c(t)) \frac{\mathrm{d}\,c_i^{(k)}}{\mathrm{d}\,t}(t) \frac{\mathrm{d}\,c_j^{(k)}}{\mathrm{d}\,t}(t)}\,\mathrm{d}\,t$$

で与えられる．

【例 7.2.2】　a を実数とする．$\boldsymbol{R}^n$ の原点の近傍において，

$$q\Big(\sum_{i=1}^n v_i \frac{\partial}{\partial x_i}\Big) = \sum_{i=1}^n {v_i}^2 \Big/ \Big(1 + a\big(\sum_{i=1}^n {x_i}^2\big)\Big)^2$$

とする．この式で，$a > 0$ のときには $\boldsymbol{R}^n$ 全体で，$a < 0$ のときには $\left\{\boldsymbol{x} \in \boldsymbol{R}^n \;\middle|\; \|\boldsymbol{x}\| < \dfrac{1}{\sqrt{|a|}}\right\}$ においてリーマン計量が定義されている．0 と $(r, 0, \ldots, 0)$ を結ぶ線分 $[0, r] \longrightarrow \boldsymbol{R}^n$ の長さは，$\displaystyle\int_0^r \frac{1}{1+at^2}\,\mathrm{d}\,t$ で与えられる．$a > 0$ ならば，

$$\int_0^r \frac{1}{1+at^2}\,\mathrm{d}\,t = \frac{1}{\sqrt{a}}\Big[\tan^{-1}\sqrt{a}t\Big]_0^r = \frac{1}{\sqrt{a}}\tan^{-1}\sqrt{a}r$$

となる．これは $r \to \infty$ のときに有限値 $\dfrac{\pi}{2\sqrt{a}}$ に収束する．$a < 0$ ならば，

$$\int_0^r \frac{1}{1+at^2}\,\mathrm{d}\,t = \frac{1}{2\sqrt{|a|}}\left[\log\frac{1+\sqrt{|a|}t}{1-\sqrt{|a|}t}\right]_0^r = \frac{1}{2\sqrt{|a|}}\log\frac{1+\sqrt{|a|}r}{1-\sqrt{|a|}r}$$

となる．これは $r \to \dfrac{1}{\sqrt{|a|}}$ のときに無限大に発散する．また，$\boldsymbol{R}^n$ の円 $(r\cos\theta, r\sin\theta, 0, \ldots, 0)$ の長さは，$\displaystyle\int_0^{2\pi} \frac{r}{1+ar^2}\,\mathrm{d}\,\theta = \frac{2\pi r}{1+ar^2}$ で与えられる．このような空間での円周率は半径に依存する．問題 7.1.5 参照．

連結なリーマン多様体上の 2 点は，滑らかな曲線で結ぶことができる（問題 6.5.4（135 ページ））から，$x,\ y \in M$ に対し，

$$\mathrm{dist}(x, y) = \inf\{L(c) \mid c : [0, 1] \longrightarrow M, c(0) = x, c(1) = y\}$$

と定義すると，これは，対称性，三角不等式を満たす．$x,\ y \in M$ に対し $\mathrm{dist}(x, y) \geqq 0$ である．$\mathrm{dist}(x, y) = 0$ とすると $x = y$ となることは次のようにして示す．x の座標近傍 (U, φ) 上でリーマン計量を g_{ij} と表示すると，ある $\varepsilon, \delta > 0$ に対し，$\varphi^{-1}(B_\varepsilon(\varphi(x)))$ 上で $\displaystyle\sum_{i,j} g_{ij}(x)v_iv_j \geqq \delta\sum_i {v_i}^2$ となる（この不等式は，$\big(g_{ij}(x)\big)_{i,j=1,\ldots,n}$ の固有値の最小値よりも小であるような $\delta > 0$ に対し，$\varphi(x)$ の ε 近傍 $B_\varepsilon(\varphi(x)) = \{\boldsymbol{z} \in \boldsymbol{R}^n \mid \|\boldsymbol{z} - \varphi(x)\| < \varepsilon\}$ で成立する）．したがって，$y \in \varphi^{-1}(B_\varepsilon(\varphi(x)))$ ならば，$\mathrm{dist}(x, y) \geqq \sqrt{\delta}\,\|\varphi(x) - \varphi(y)\|$ となり，$\mathrm{dist}(x, y) = 0$ とすると $x = y$ となる．$y \notin \varphi^{-1}(B_\varepsilon(\varphi(x)))$ とすると，$\varphi^{-1}(B_\varepsilon(\varphi(x)))$ の近傍で定義された関数 $z \longmapsto \|\varphi(x) - \varphi(z)\|^2$ を M 上に拡張する $\varphi^{-1}(B_\varepsilon(\varphi(x)))$ の外で ε^2 より大きな値をとる関数を考え

ることにより，中間値の定理から，x, y を結ぶ曲線は $\varphi^{-1}(\partial B_\varepsilon(\varphi(x)))$ と交わる．ただし，$\partial B_\varepsilon(\varphi(x)) = \{\|\boldsymbol{z} - \varphi(x)\| = \varepsilon\}$ である．したがって，$\mathrm{dist}(x,y) \geqq \min\{\mathrm{dist}(z,x) \mid \varphi(z) \in \partial B_\varepsilon(\varphi(x))\} \geqq \sqrt{\delta}\,\varepsilon$ となる．

これにより，リーマン多様体上の距離が定まった．

定義 7.2.3 連結なリーマン多様体 M に対して $\mathrm{dist}(x,y) = \mathrm{dist}_g(x,y) = \inf\{L(c) \mid c : [0,1] \longrightarrow M, c(0) = x, c(1) = y\}$ をリーマン計量 g により定まる距離と呼ぶ．

7.3 測地線

連結な多様体上の 2 点を結ぶ長さが最も短い曲線を求めることを考える．

1 つの座標近傍上で考えると，$\boldsymbol{R}^n$ の開集合 V 上の C^1 級曲線 $c : [0,1] \longrightarrow V \subset \boldsymbol{R}^n$ の長さを積分 $L(c) = \displaystyle\int_0^1 \sqrt{\sum_{i,j} g_{ij} \frac{\mathrm{d}\,c_i}{\mathrm{d}\,t}\frac{\mathrm{d}\,c_j}{\mathrm{d}\,t}}\,\mathrm{d}\,t$ により定義しているときに，$c(0) = \boldsymbol{x}^0$, $c(1) = \boldsymbol{x}^1$ を満たす c の中で $L(c)$ の値が最小になるものを探すという問題になる．

このような $L(c)$ を最小にする曲線が微分可能であり，常に $\dfrac{\mathrm{d}\,c}{\mathrm{d}\,t} \neq 0$ となることがわかっているとすると，実際に最小を与える曲線 c に対し，c のパラメータをとり替えたものも $L(c)$ を最小にする．すなわち，C^1 級写像 $\tau : [0,1] \longrightarrow [0,1]$ が $\tau(0) = 0$, $\tau(1) = 1$, $\dfrac{\mathrm{d}\,\tau}{\mathrm{d}\,s} > 0$ を満たしていれば，$L(c) = L(c\circ\tau)$ である．特に，速さを一定にするために，$\sigma(t) = \dfrac{1}{L(c)}\displaystyle\int_0^t \sqrt{\sum_{i,j} g_{ij}\circ c\,\frac{\mathrm{d}\,c_i}{\mathrm{d}\,t}\frac{\mathrm{d}\,c_j}{\mathrm{d}\,t}}\,\mathrm{d}\,t$ とし，τ を σ の逆関数とすると，$\displaystyle\sqrt{\sum_{i,j} g_{ij}\circ(c\circ\tau)\,\frac{\mathrm{d}(c_i\circ\tau)}{\mathrm{d}\,s}\frac{\mathrm{d}(c_j\circ\tau)}{\mathrm{d}\,s}} = L(c)$ で一定となる．このとき，

$$
\begin{aligned}
&\left(\int_0^1 \sqrt{\sum_{i,j} g_{ij}\circ(c\circ\tau)\,\frac{\mathrm{d}(c_i\circ\tau)}{\mathrm{d}\,s}\frac{\mathrm{d}(c_j\circ\tau)}{\mathrm{d}\,s}}\,\mathrm{d}\,s\right)^2 \\
&= \int_0^1 \sum_{i,j} g_{ij}\circ(c\circ\tau)\,\frac{\mathrm{d}(c_i\circ\tau)}{\mathrm{d}\,s}\frac{\mathrm{d}(c_j\circ\tau)}{\mathrm{d}\,s}\,\mathrm{d}\,s
\end{aligned}
$$

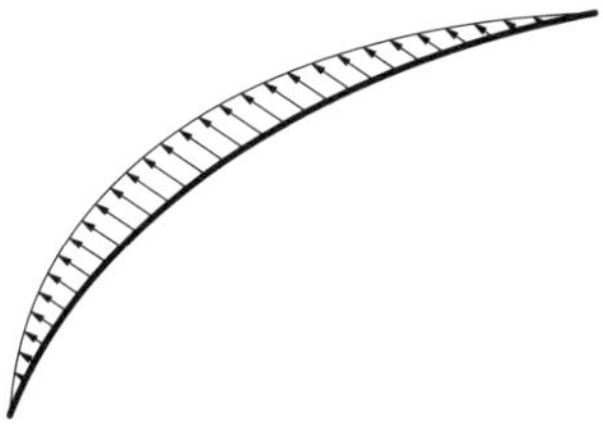

図 7.1 曲線 $c(t)$ と $c(t)+s\varepsilon(t)$.

であることに注意する．

一般に，C^1 級曲線 c に対し，**作用**と呼ばれる積分

$$A(c)=\int_0^1\sum_{i,j}g_{ij}\circ c\,\frac{\mathrm{d}c_i}{\mathrm{d}t}\frac{\mathrm{d}c_j}{\mathrm{d}t}\,\mathrm{d}t$$

を考えると，$L(c)^2\leqq A(c)$ が成立する．実際，$[0,1]$ 上の実数値連続関数 f,g に対し，内積 $f\bullet g=\displaystyle\int_0^1 f(t)g(t)\,\mathrm{d}t$ が考えられる．この内積に対するコーシー・シュワルツの不等式 $(f\bullet g)^2\leqq(f\bullet f)(g\bullet g)$ について，$g=1$ とすれば，$\left(\displaystyle\int_0^1 f(t)\,\mathrm{d}t\right)^2\leqq\displaystyle\int_0^1(f(t))^2\,\mathrm{d}t$ が得られる．ここで $f=\sqrt{\displaystyle\sum_{i,j}g_{ij}\frac{\mathrm{d}c_i}{\mathrm{d}t}\frac{\mathrm{d}c_j}{\mathrm{d}t}}$ とすれば $L(c)^2\leqq A(c)$ がわかる．このコーシー・シュワルツの不等式の等号が成立することと f が $g=1$ の定数倍，すなわち f が定値関数であることは同値である．C^1 級曲線 c が $A(c)$ を最小にするとき，もしも $\displaystyle\sum_{i,j}g_{ij}\frac{\mathrm{d}c_i}{\mathrm{d}t}\frac{\mathrm{d}c_j}{\mathrm{d}t}$ が 0 にならず，一定でもなければ，上のように $c\circ\tau$ を考えれば，$A(c\circ\tau)=L(c\circ\tau)^2=L(c)^2<A(c)$ となり $A(c)$ の最小性に反する．

上に述べたように，$L(c)$ の最小を与える c が常に $\dfrac{\mathrm{d}c}{\mathrm{d}t}\neq 0$ を満たす C^1 級曲線であることがわかれば，これは $A(c)$ の最小を与えているので，問題をとり替えて，$A(c)$ の最小を与える $c(t)$ を求めることにする．

$A(c)=\displaystyle\int_0^1\sum_{i,j}g_{ij}\frac{\mathrm{d}c_i}{\mathrm{d}t}\frac{\mathrm{d}c_j}{\mathrm{d}t}\,\mathrm{d}t$ が，C^1 級曲線 c を変化させたときの最小となっているための必要条件を調べる．**変分法**と呼ばれる方法である．そのために，C^∞ 級写像 $\varepsilon:[0,1]\longrightarrow\boldsymbol{R}^n$ で $\varepsilon(0)=\varepsilon(1)=0$ となるものをとる．十分小さい s に対し $c(t)+s\varepsilon(t)\in V$ であるから（図 7.1 参照），$A(c+s\varepsilon)$ が定まるが，s の関数として $s=0$ のときに，最小値 $A(c)$ をとることを仮定している．

$$A(c+s\varepsilon) = \int_0^1 \sum_{i,j} g_{ij}(c(t)+s\varepsilon(t)) \frac{\mathrm{d}(c_i+s\varepsilon_i(t))}{\mathrm{d}\,t} \frac{\mathrm{d}(c_j+s\varepsilon_j(t))}{\mathrm{d}\,t} \,\mathrm{d}\,t$$

であるから，

$$\begin{aligned} &\left.\frac{\mathrm{d}}{\mathrm{d}\,s}\right|_{s=0} A(c+s\varepsilon) \\ &= \int_0^1 \Bigl(\sum_{i,j,k} \frac{\partial g_{ij}}{\partial x_k}(c(t))\ \varepsilon_k(t) \frac{\mathrm{d}\,c_i}{\mathrm{d}\,t} \frac{\mathrm{d}\,c_j}{\mathrm{d}\,t} + 2\sum_{i,j} g_{ij}(c(t))\ \frac{\mathrm{d}\,c_i}{\mathrm{d}\,t} \frac{\mathrm{d}\,\varepsilon_j}{\mathrm{d}\,t} \Bigr) \mathrm{d}\,t \end{aligned}$$

の値が 0 でなければならない．ここで $\left.\dfrac{\mathrm{d}}{\mathrm{d}\,s}\right|_{s=0}$ は s について微分して $s=0$ と代入することを示す．第 2 項を部分積分すると，

$$\int_0^1 \sum_{i,j} g_{ij}\ \frac{\mathrm{d}\,c_i}{\mathrm{d}\,t} \frac{\mathrm{d}\,\varepsilon_j}{\mathrm{d}\,t} \,\mathrm{d}\,t = \Bigl[\sum_{i,j} g_{ij}\ \frac{\mathrm{d}\,c_i}{\mathrm{d}\,t} \varepsilon_j \Bigr]_0^1 - \int_0^1 \sum_j \frac{\mathrm{d}}{\mathrm{d}\,t} \Bigl\{ \sum_i g_{ij}\ \frac{\mathrm{d}\,c_i}{\mathrm{d}\,t} \Bigr\} \varepsilon_j \,\mathrm{d}\,t$$

であり，右辺の第 1 項は $\varepsilon(0)=\varepsilon(1)=0$ により 0 である．$g_{ij}(c(t))$ を g_{ij} と略記している．添え字を付け替えて代入すると，

$$\int_0^1 \sum_k \Bigl\{ \sum_{i,j} \frac{\partial g_{ij}}{\partial x_k}\ \frac{\mathrm{d}\,c_i}{\mathrm{d}\,t} \frac{\mathrm{d}\,c_j}{\mathrm{d}\,t} - 2\sum_i \frac{\mathrm{d}}{\mathrm{d}\,t} \Bigl(g_{ik} \circ c\ \frac{\mathrm{d}\,c_i}{\mathrm{d}\,t} \Bigr) \Bigr\} \varepsilon_k(t) \,\mathrm{d}\,t = 0$$

となるが，これが ε のとり方によらず成立している．このとき，中括弧の値 $\{\ldots\}=0$ でなければならない．実際，一般の $[0,1]$ 上の $\boldsymbol{R}^n$ 値 C^∞ 級関数 $F=(f_1,\ldots,f_n)$, $G=(g_1,\ldots,g_n)$ に対し，内積 $F \bullet G = \displaystyle\int_0^1 \sum_i f_i(t) g_i(t) \,\mathrm{d}\,t$ が考えられるが，$F(t_0) \neq 0$ ならば，$G(0)=G(1)=0$, $F \bullet G > 0$ となるような G を，台が t_0 の近傍にある関数を用いてつくることができる．したがって，各 k に対し，

$$\sum_{i,j} \frac{\partial g_{ij}}{\partial x_k} \circ c\ \frac{\mathrm{d}\,c_i}{\mathrm{d}\,t} \frac{\mathrm{d}\,c_j}{\mathrm{d}\,t} - 2\sum_i \frac{\mathrm{d}}{\mathrm{d}\,t} \Bigl(g_{ik} \circ c\ \frac{\mathrm{d}\,c_i}{\mathrm{d}\,t} \Bigr) = 0$$

が成立する．書き直すと，

$$\sum_{i,j} \frac{\partial g_{ij}}{\partial x_k} \frac{\mathrm{d}\,c_i}{\mathrm{d}\,t} \frac{\mathrm{d}\,c_j}{\mathrm{d}\,t} - 2\sum_{i,j} \frac{\partial g_{ik}}{\partial x_j} \frac{\mathrm{d}\,c_j}{\mathrm{d}\,t} \frac{\mathrm{d}\,c_i}{\mathrm{d}\,t} - 2\sum_i g_{ik} \frac{\mathrm{d}^2\,c_i}{\mathrm{d}\,t^2} = 0$$

すなわち，

$$\sum_i g_{ik} \frac{\mathrm{d}^2\,c_i}{\mathrm{d}\,t^2} = \sum_{i,j} \Bigl(\frac{1}{2} \frac{\partial g_{ij}}{\partial x_k} - \frac{\partial g_{ik}}{\partial x_j} \Bigr) \frac{\mathrm{d}\,c_j}{\mathrm{d}\,t} \frac{\mathrm{d}\,c_i}{\mathrm{d}\,t}$$

となる．さらに，g^{ij} を g_{ij} の逆行列として，$\sum_k g^{\ell k} g_{kj} = \delta_{\ell j}$，$g_{ij}$ は対称行列だから，g^{ij} も対称行列であることに注意して，

$$\frac{\mathrm{d}^2 c_\ell}{\mathrm{d}t^2} = \sum_{i,k} g^{k\ell} g_{ik} \frac{\mathrm{d}^2 c_i}{\mathrm{d}t^2} = \sum_k g^{k\ell} \sum_{i,j} \Big(\frac{1}{2}\frac{\partial g_{ij}}{\partial x_k} - \frac{\partial g_{ik}}{\partial x_j}\Big) \frac{\mathrm{d}c_j}{\mathrm{d}t}\frac{\mathrm{d}c_i}{\mathrm{d}t}$$

のように正規形の 2 階の常微分方程式に書く．これが $A(c)$ が最小になるための c が満たすべき必要条件である．この必要条件の常微分方程式を満たす曲線 c を**測地線**と呼ぶ．

測地線の微分方程式に現れる $\Big(\frac{1}{2}\frac{\partial g_{ij}}{\partial x_k} - \frac{\partial g_{ik}}{\partial x_j}\Big)$ は，i, j について対称ではない．しかし，微分方程式において効いてくるのは，$\frac{\mathrm{d}c_j}{\mathrm{d}t}\frac{\mathrm{d}c_i}{\mathrm{d}t}$ をかけてたし合わせて意味のあるものだから，その対称成分である $\frac{1}{2}\Big(\frac{\partial g_{ij}}{\partial x_k} - \frac{\partial g_{jk}}{\partial x_i} - \frac{\partial g_{ik}}{\partial x_j}\Big)$ が測地線を決定している．

測地線の微分方程式を

$$\frac{\mathrm{d}^2 c_\ell}{\mathrm{d}t^2} + \sum_{i,j} \Gamma^\ell_{ij} \frac{\mathrm{d}c_j}{\mathrm{d}t}\frac{\mathrm{d}c_i}{\mathrm{d}t} = 0$$

の形に書いたとき，$\frac{\mathrm{d}c_j}{\mathrm{d}t}\frac{\mathrm{d}c_i}{\mathrm{d}t}$ の係数として現れる Γ^ℓ_{ij} を**クリストッフェルの記号**というが，$\Gamma^\ell_{ij} = \Gamma^\ell_{ji}$ となるようにとれば，

$$\Gamma^\ell_{ij} = -\frac{1}{2} \sum_k g^{k\ell} \Big(\frac{\partial g_{ij}}{\partial x_k} - \frac{\partial g_{jk}}{\partial x_i} - \frac{\partial g_{ik}}{\partial x_j}\Big)$$

となる．

測地線の方程式を眺めると，$c(t)$, $\frac{\mathrm{d}c}{\mathrm{d}t}$, $\frac{\mathrm{d}^2 c}{\mathrm{d}t^2}$ の方程式であり，通常 $v = \frac{\mathrm{d}c}{\mathrm{d}t}$ として，

$$v_\ell = \frac{\mathrm{d}c_\ell}{\mathrm{d}t}, \ \frac{\mathrm{d}v_\ell}{\mathrm{d}t} + \sum_{i,j} \Gamma^\ell_{ij} v_i v_j = 0$$

と見る．これを見方を変えて，うまく $v_\ell = \frac{\mathrm{d}c_\ell}{\mathrm{d}t}$ を満たすように定まった $c(t)$ に対して $v(t) \in T_{c(t)}M$ に対しての線形常微分方程式

$$(*) \qquad \frac{\mathrm{d}v_\ell}{\mathrm{d}t} + \sum_{i,j} \Gamma^\ell_{ij} \frac{\mathrm{d}c_i}{\mathrm{d}t} v_j = 0$$

の解を与えていると見ることができる．

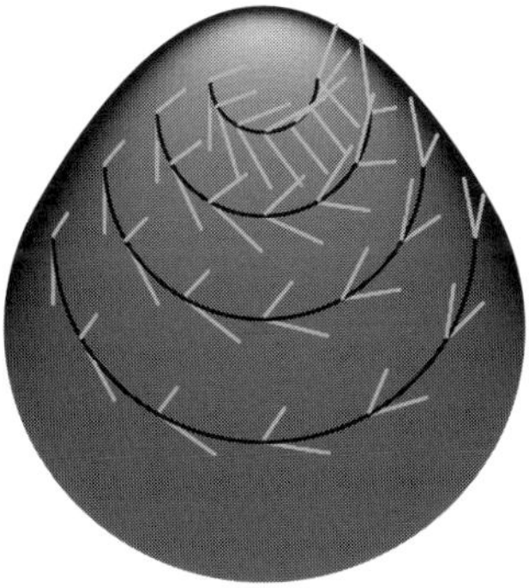

図 7.2 放物面上の曲線に沿うレビ・チビタ接続による平行移動．放物面の頂点を通る測地線に沿う平行移動との差を考えると平行移動が曲線に依存していることがわかる．放物面上の測地線については図 7.7 参照．

$v_\ell = \dfrac{\mathrm{d}\,c_\ell}{\mathrm{d}\,t}$ という条件を除き，曲線 $c(t)$ を任意に与えても上の時刻 t に依存する線形常微分方程式 $(*)$ は意味を持ち，解の存在と一意性の定理から，初期値 $v^0 \in T_{c(0)}M$ に対し， $v(0) = v^0$ となる解 $v(t) \in T_{c(t)}M$ が一意に定まる．ユークリッドの計量 $g_{ij} = \delta_{ij}$ に対しては，$\Gamma_{ij}^\ell = 0$ となり，$v(t)$ は定ベクトルで，$v^0 \in T_{c(0)}\boldsymbol{R}^n$ を $v^0 \in T_{c(t)}\boldsymbol{R}^n$ に平行移動したものになる．したがって $v(t)$ を $v(0) = v^0$ の**平行移動**と呼ぶ．線形常微分方程式の解の空間は，初期値の空間と同型なベクトル空間である．

【問題 7.3.1】 曲線 $c(t)$ を任意に与える．リーマン計量から $\Gamma_{ij}^\ell = \Gamma_{ji}^\ell$ となるように定めた線形常微分方程式 $(*)$ の解 $v(t)$ については，$q(v(t))$ は一定となることを示せ．解答例は 169 ページ．

この問題の結論から，曲線 $c(t)$ に沿う線形常微分方程式の解 $v(t)$ に対し $q(v(t))$ は一定となったが，線形常微分方程式の解の空間は n 次元実ベクトル空間であるから，2 つの解 $v(t)$, $w(t)$ に対し，$q(v(t) + w(t))$ も一定で，$g(v(t), w(t)) = \dfrac{1}{2}\big(q(v(t)+w(t)) - q(v(t)) - q(w(t))\big)$ も一定である．したがって正規直交基底 $(v^{(1)}(0), \ldots, v^{(n)}(0))$ をなすベクトル $v^{(m)}(0)$ $(m = 1, \ldots, n)$ を初期値として，常微分方程式の解 $v^{(m)}(t)$ を求めると $(v^{(1)}(t), \ldots, v^{(n)}(t))$ も正規直交基底となる．

このように，線形常微分方程式 $\dfrac{\mathrm{d}\,v_\ell}{\mathrm{d}\,t} + \displaystyle\sum_{i,j} \Gamma_{ij}^\ell \frac{\mathrm{d}\,c_i}{\mathrm{d}\,t} v_j = 0$ の解を用いて，

$T_{c(0)}M$ の 1 つの基底を，曲線 $c(t)$ に沿って動かすことにより，$T_{c(t)}M$ に基底を定めることができる．Γ^{ℓ}_{ij} により，**接続**が与えられているという．特にリーマン計量から定まる $\Gamma^{\ell}_{ij}=\Gamma^{\ell}_{ji}$ となる接続を**レビ・チビタ接続**と呼ぶ．レビ・チビタ接続は正規直交基底を正規直交基底に平行移動する．図 7.2 参照.

注意 7.3.2　$T_{c(0)}M$ から $T_{c(1)}M$ への平行移動は曲線 $c(t)$ に依存して定まるもので，$c(t)$ を異なる曲線にとり替えると一般には異なる基底に移る．

7.4　局所的最短性

前節で得た測地線が 2 点を結ぶ最短の曲線であるということは局所的には正しい.

測地線の方程式を導くときに，論理的には次を示した．

$$\begin{aligned}&\left(c \text{ が } C^1 \text{ 級，} L(c) \text{ 最小，} \frac{\mathrm{d}\,c}{\mathrm{d}\,t}\neq 0\right)\\&\qquad\Longrightarrow \left(c\circ\tau \text{ は } C^1 \text{ 級，} A(c)=L(c\circ\tau)^2 \text{ 最小}\right)\\&\left(c \text{ が } C^1 \text{ 級，} A(c) \text{ 最小}\right)\Longrightarrow\left(c \text{ は測地線の方程式の解，} \left\|\frac{\mathrm{d}\,c}{\mathrm{d}\,t}\right\|\neq 0 \text{ で一定}\right)\end{aligned}$$

曲線 c が測地線の方程式の解であるときに，c の長さが 2 点の距離を表すかどうかはここまでの議論だけでは（必要条件を求めただけであるから）まだわからない．$L(c)$ の最小を与える曲線としては，$\dfrac{\mathrm{d}\,c}{\mathrm{d}\,t}=0$ となる点を持つような曲線もともに考える必要がある．

まず，測地線の方程式の性質を見る．

$V\subset \boldsymbol{R}^n$ 上で定義された正規形の 2 階の常微分方程式は，$V\times\boldsymbol{R}^n$ 上の正規形の 1 階の常微分方程式に書き直される．初期値は $c(0)=\boldsymbol{x}\in V$，$\dfrac{\mathrm{d}\,c}{\mathrm{d}\,t}(0)=\boldsymbol{v}\in\boldsymbol{R}^n$ として与えられる．そのような初期値を持つ解 $c:(-\varepsilon,\varepsilon)\longrightarrow V$ は十分小さい ε に対し存在する．また，$c(t)$ が $(\boldsymbol{x},\boldsymbol{v})$ を初期値とする解のとき $a\in\boldsymbol{R}_{>0}$ に対し，$c(at)$ は $\left(-\dfrac{\varepsilon}{a},\dfrac{\varepsilon}{a}\right)$ 上定義された $(\boldsymbol{x},a\boldsymbol{v})$ を初期値とする解となる．実際，149 ページの測地線の方程式について，

$$\sum_i g_{ik}(c(at))\frac{\mathrm{d}^2\,c_i(at)}{\mathrm{d}\,t^2}=\sum_i a^2 g_{ik}(c(at))\frac{\mathrm{d}^2\,c_i}{\mathrm{d}\,t^2}(at),$$

$$\sum_{i,j}\Big(\frac{1}{2}\frac{\partial g_{ij}}{\partial x_k}(c(at))-\frac{\partial g_{ik}}{\partial x_j}(c(at))\Big)\frac{\mathrm{d}\,c_j(at)}{\mathrm{d}\,t}\frac{\mathrm{d}\,c_i(at)}{\mathrm{d}\,t}$$
$$=\sum_{i,j}a^2\Big(\frac{1}{2}\frac{\partial g_{ij}}{\partial x_k}(c(at))-\frac{\partial g_{ik}}{\partial x_j}(c(at))\Big)\frac{\mathrm{d}\,c_j}{\mathrm{d}\,t}(at)\frac{\mathrm{d}\,c_i}{\mathrm{d}\,t}(at)$$

だから，$c(at)$ も解となる．

$V\times\boldsymbol{R}^n$ 上の初期値を $(\boldsymbol{x},\boldsymbol{X})$ とする解は $\Big(c(t,\boldsymbol{x},\boldsymbol{X}),\dfrac{\mathrm{d}\,c}{\mathrm{d}\,t}(t,\boldsymbol{x},\boldsymbol{X})\Big)$ の形のものである．1 階の常微分方程式を $V\times\boldsymbol{R}^n$ 上のベクトル場として書くと，座標

$$\sum_i X_i\Big(\frac{\partial}{\partial x_i}\Big)_{\boldsymbol{x}}\longmapsto(x_1,\ldots,x_n,X_1,\ldots,X_n)$$

について，

$$\sum_\ell\Big\{\sum_k g^{k\ell}\sum_{i,j}\Big(\frac{1}{2}\frac{\partial g_{ij}}{\partial x_k}-\frac{\partial g_{ik}}{\partial x_j}\Big)X_iX_j\Big\}\frac{\partial}{\partial X_\ell}+\sum_i X_i\frac{\partial}{\partial x_i}$$

と書かれる．このベクトル場が生成するフロー F は，$V\times\boldsymbol{R}^n$ のコンパクト集合 K 上の点を初期値として，t が十分小さいときに定義されている：

$$F:(-\varepsilon_0,\varepsilon_0)\times K\longrightarrow V\times\boldsymbol{R}^n$$

$F(t,\boldsymbol{x},0)=\boldsymbol{x}$ であり，$(\boldsymbol{x},0)\in\operatorname{int}K$ とする．上に示したことから $F(at,\boldsymbol{x},\boldsymbol{v})=F(t,\boldsymbol{x},a\boldsymbol{v})$ である．したがって，0 の近傍の $\boldsymbol{v}$ に対しては $E_{\boldsymbol{x}}(\boldsymbol{v})=F(1,\boldsymbol{x},\boldsymbol{v})$ が定義される．この $E_{\boldsymbol{x}}:\boldsymbol{v}\longmapsto F(1,\boldsymbol{x},\boldsymbol{v})$ は $0\in\boldsymbol{R}^n$ の近傍から $\boldsymbol{x}$ の近傍への微分同相写像となる．実際，

$$\begin{aligned}\frac{\mathrm{d}\,E_{\boldsymbol{x}}(a\boldsymbol{v})}{\mathrm{d}\,a}&=\lim_{a\to0}\frac{1}{a}(F(1,\boldsymbol{x},a\boldsymbol{v})-F(1,\boldsymbol{x},0))\\&=\lim_{a\to0}\frac{1}{a}(F(a,\boldsymbol{x},\boldsymbol{v})-F(0,\boldsymbol{x},\boldsymbol{v}))=\frac{\mathrm{d}\,F(t,\boldsymbol{x},\boldsymbol{v})}{\mathrm{d}\,t}\Big|_{t=0}=\boldsymbol{v}\end{aligned}$$

であるから，$D(E_{\boldsymbol{x}})_{(0)}=\mathrm{id}$ である．したがって，逆写像定理により，$E_{\boldsymbol{x}}$ は $0\in\boldsymbol{R}^n$ の近傍から $\boldsymbol{x}\in V$ の近傍への微分同相写像である．

$E_x:T_xM\longrightarrow M$，あるいは，$E:TM\longrightarrow M$ は，**指数写像**（エクスポネンシャル写像）と呼ばれる．

【問題 7.4.1】 3 次元ユークリッド空間 $\boldsymbol{R}^3$ 内の単位球面を $S^2=\{(x,y,z)\in\boldsymbol{R}^3\mid x^2+y^2+z^2=1\}$ とする．S^2 上の 2 点を結ぶ S^2 上の曲線で長さが最小のものは，原点を通る平面と S^2 の交わり（大円）上の弧であることを示せ．

ヒント：1 点を通る大円の族，1 点を中心とする小円の族を考える．解答例は 169 ページ．

さて，$E_x : T_xM \longrightarrow M$ による T_xM の同心球面の像と x から出る測地線の関係を観察する．

$H(t,s) = E_{\boldsymbol{x}}(t\boldsymbol{v}(s)) = F(1,\boldsymbol{x},t\boldsymbol{v}(s)) = F(t,\boldsymbol{x},\boldsymbol{v}(s))$ を考える．ただし $q(\boldsymbol{v}(s)) = g(\boldsymbol{v}(s)) = \sum_{i,j} g_{ij}(\boldsymbol{x})v_i(s)v_j(s) = 1$ とする．ここで，$\dfrac{\partial H}{\partial s}$ と $\dfrac{\partial H}{\partial t}$ が直交することが示される．実際それらの内積について，

$$
\begin{aligned}
&\frac{\partial}{\partial t}\Big(\sum_{i,j} g_{ij}(H(t,s))\frac{\partial H_i}{\partial t}\frac{\partial H_j}{\partial s}\Big)\\
&=\sum_j \frac{\partial}{\partial t}\Big(\sum_i g_{ij}(H(t,s))\frac{\partial H_i}{\partial t}\Big)\frac{\partial H_j}{\partial s} + \sum_{i,j} g_{ij}(H(t,s))\frac{\partial H_i}{\partial t}\frac{\partial^2 H_j}{\partial s\partial t}\\
&=\sum_j \Big(\frac{1}{2}\sum_{i,k}\frac{\partial g_{ik}}{\partial x_j}\frac{\partial H_i}{\partial t}\frac{\partial H_k}{\partial t}\Big)\frac{\partial H_j}{\partial s} + \sum_{i,j} g_{ij}(H(t,s))\frac{\partial H_i}{\partial t}\frac{\partial^2 H_j}{\partial s\partial t}\\
&=\frac{1}{2}\frac{\partial}{\partial s}\Big(\sum_{i,j} g_{ij}(H(t,s))\frac{\partial H_i}{\partial t}\frac{\partial H_j}{\partial t}\Big) = 0
\end{aligned}
$$

途中で，測地線の方程式を導いた途中の式（149 ページ）を使った．最後の式は，測地線 $c(t)$ の $q\Big(\dfrac{\mathrm{d}\,c}{\mathrm{d}\,t}\Big) = g\Big(\dfrac{\mathrm{d}\,c}{\mathrm{d}\,t}, \dfrac{\mathrm{d}\,c}{\mathrm{d}\,t}\Big)$ が一定であることから 0 となるが，$t = 0$ のとき，$\dfrac{\partial H}{\partial s} = 0$ であるから，$\displaystyle\sum_{i,j} g_{ij}(H(t,s))\frac{\partial H_i}{\partial t}\frac{\partial H_j}{\partial s} = 0$ が常に成立する．

さて，測地線の局所的最短性は次のように示される．

$c : [0,1] \longrightarrow \boldsymbol{R}^n$ が，$c(0) = \boldsymbol{x}$, $c(1) = \boldsymbol{y}$ となる曲線とする．$\boldsymbol{y} = E_{\boldsymbol{x}}(\boldsymbol{v})$ のとき，$c(0) = \boldsymbol{x}$, $c(1) = \boldsymbol{y}$ に対し，$c(s) = E_{\boldsymbol{x}}(t(s)\boldsymbol{v}(s))$ と書くことができる．ここで，最短性を議論するためには $t(s) = 0$ となる s は $s = 0$ だけであるとしてよい．ここで，$t(s)$ は s について微分可能，$\boldsymbol{v}(s)$ は $s = 0$ を除いて微分可能である．このとき，$H(t,s) = E_{\boldsymbol{x}}(t\boldsymbol{v}(s))$ とおいて，$\dfrac{\mathrm{d}\,c}{\mathrm{d}\,s} = \dfrac{\partial H}{\partial t}\dfrac{\mathrm{d}\,t}{\mathrm{d}\,s} + \dfrac{\partial H}{\partial s}$ となるが，上の計算から $\dfrac{\partial H}{\partial t}$ と $\dfrac{\partial H}{\partial s}$ は直交し，$g\Big(\dfrac{\partial H}{\partial t}, \dfrac{\partial H}{\partial s}\Big) = 0$. したがって次の不等式が $s \in (0,1]$ に対して成立する．

$$
\sqrt{q\Big(\frac{\mathrm{d}\,c}{\mathrm{d}\,s}\Big)} \geqq \sqrt{q\Big(\frac{\partial H}{\partial t}\frac{\mathrm{d}\,t}{\mathrm{d}\,s}\Big)} = \sqrt{\Big(\frac{\mathrm{d}\,t}{\mathrm{d}\,s}\Big)^2} = \Big|\frac{\mathrm{d}\,t}{\mathrm{d}\,s}\Big|
$$

よって，$\displaystyle\int_0^1 \sqrt{q\Big(\frac{\mathrm{d}\,c}{\mathrm{d}\,s}\Big)}\,\mathrm{d}\,s \geqq \int_0^1 \Big|\frac{\mathrm{d}\,t}{\mathrm{d}\,s}\Big|\,\mathrm{d}\,s \geqq |t(1) - t(0)|$.

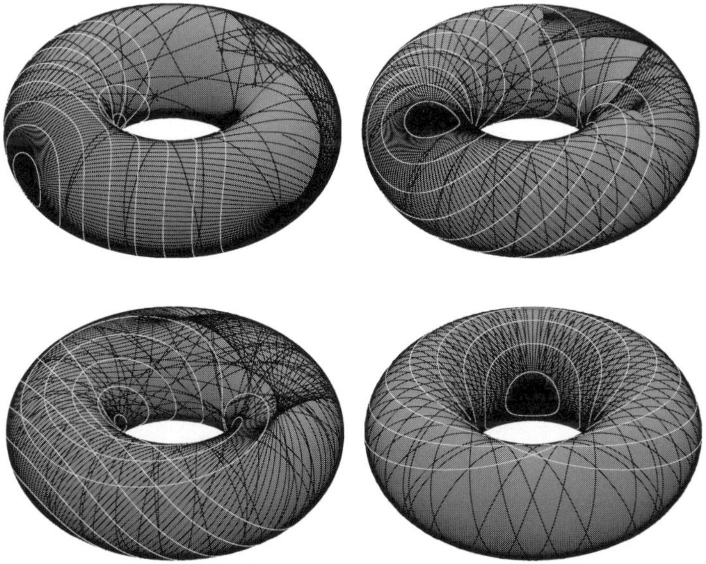

図 7.3 例 7.4.2. トーラス上の指数写像の像．左上は外側の点からの測地線，右下は内側の点からの測地線，右上は中間の点からの測地線，左下は右上のものを裏側から見たものである．測地線の挙動はかなり複雑である．長さが一定のベクトルの像が白く見えるように描いた．

したがって，$\boldsymbol{x}$ と $\boldsymbol{y}$ を結ぶ測地線は，最短の曲線である．

【例 7.4.2】 例題 7.1.4 により，$\boldsymbol{R}^3$ のユークリッドの計量によって引き起こされたトーラス上のリーマン計量についての測地線の方程式は次のように計算される．$g = \begin{pmatrix} (2+\cos x_2)^2 & 0 \\ 0 & 1 \end{pmatrix}$ と書かれる．$g^{-1} = \begin{pmatrix} \dfrac{1}{(2+\cos x_2)^2} & 0 \\ 0 & 1 \end{pmatrix}$ である．$\dfrac{\partial g}{\partial x_1} = \begin{pmatrix} 0 & 0 \\ 0 & 0 \end{pmatrix}$，$\dfrac{\partial g}{\partial x_2} = \begin{pmatrix} -2(2+\cos x_2)\sin x_2 & 0 \\ 0 & 0 \end{pmatrix}$ だから，

$$\frac{1}{2}\Big(\frac{\partial g_{ij}}{\partial x_1} - \frac{\partial g_{j1}}{\partial x_i} - \frac{\partial g_{i1}}{\partial x_j}\Big) = \begin{pmatrix} 0 & (2+\cos x_2)\sin x_2 \\ (2+\cos x_2)\sin x_2 & 0 \end{pmatrix},$$

$$\frac{1}{2}\Big(\frac{\partial g_{ij}}{\partial x_2} - \frac{\partial g_{j2}}{\partial x_i} - \frac{\partial g_{i2}}{\partial x_j}\Big) = \begin{pmatrix} -(2+\cos x_2)\sin x_2 & 0 \\ 0 & 0 \end{pmatrix}$$

を得る．したがって，測地線の方程式は次で与えられる．

$$\begin{pmatrix} \dfrac{\mathrm{d}^2 x_1}{\mathrm{d}t^2} \\ \dfrac{\mathrm{d}^2 x_2}{\mathrm{d}t^2} \end{pmatrix} = \begin{pmatrix} \dfrac{2\sin x_2}{2+\cos x_2}\dfrac{\mathrm{d}x_1}{\mathrm{d}t}\dfrac{\mathrm{d}x_2}{\mathrm{d}t} \\ -\sin x_2(2+\cos x_2)\left(\dfrac{\mathrm{d}x_1}{\mathrm{d}t}\right)^2 \end{pmatrix}$$

この方程式の解を描いたものが図 7.3 である．

指数写像の応用範囲は広い．次の問題は多様体 M の接束と $M \times M$ の対角集合の近傍は微分同相であることを主張する．

【問題 7.4.3】　コンパクトリーマン多様体 M について，写像 $F : TM \longrightarrow M \times M$ を $X \in T_xM \subset TM$ に対し，$F(X) = (x, E_x(X))$ で定義する．F は TM の**零切断** (zero section) の像の近傍から $M \times M$ の**対角集合** $\Delta = \{(x,x) \mid x \in M\} \subset M \times M$ の近傍への微分同相写像となることを示せ．ただし，零切断とは $s_0(x) = 0 \in T_xM$ で定義される写像 $s_0 : M \longrightarrow TM$ である．解答例は 170 ページ．

この問題の応用として恒等写像に十分近い微分同相写像は，恒等写像とアイソトピックであることがわかる．微分同相の群の**局所可縮性** (local contractibility) という．

【問題 7.4.4】　コンパクト連結リーマン多様体 M の微分同相写像 $\Phi : M \longrightarrow M$ が恒等写像に C^1 位相で十分に近ければ，M のアイソトピー Φ_t で $\Phi_0 = \mathrm{id}_M$, $\Phi_1 = \Phi$ となるものが存在することを示せ．解答例は 170 ページ．

7.5　測地流（展開）

ここで，多様体 M 上にリーマン計量が与えられている状況にもどる．M の座標近傍系 $\{(U_k, \varphi_k)\}_k$ に対して，T_xM $(x \in U_k)$ の基底 $\dfrac{\partial}{\partial x_i^{(k)}}$ が定まり，$g_{ij}^{(k)}$ という形でリーマン計量が表示される．

$\gamma_{\ell m} = \varphi_\ell \circ {\varphi_m}^{-1} : \varphi_m(U_\ell \cap U_m) \longrightarrow \varphi_\ell(U_\ell \cap U_m)$ とおいて，$\bigsqcup V_k \times \boldsymbol{R}^n$ に $(\gamma_{\ell m}, D\gamma_{\ell m})$ による同値関係を入れたものが接束 TM であった．

座標近傍 (U_k, φ_k) に対し，153 ページで述べたように，$\varphi(U_k) \times \boldsymbol{R}^n$ 上のベクトル場が定まるが，このベクトル場は，

$$(\gamma_{\ell m}, D\gamma_{\ell m})_* : T(\varphi_m(U_\ell \cap U_m) \times \boldsymbol{R}^n) \longrightarrow T(\varphi_\ell(U_\ell \cap U_m) \times \boldsymbol{R}^n)$$

で写り合わなければならない．それは $A(c)$ が $c : [0,1] \longrightarrow M$ に対して定義されていて，$c([0,1]) \in U_a \cap U_b$ に対して $A(c)$ を最小にするものが，解となるものであるからである．

したがって，測地線の方程式は，接束 TM 上のベクトル場として表示される．

ここでリーマン計量に付随する 2 次形式写像 $q : TM \longrightarrow \boldsymbol{R}$ を考える．測地線 $c(t)$ について，前に計算したように $q\Big(\dfrac{\mathrm{d}\,c}{\mathrm{d}\,t}\Big)$ は一定である．

また，$a \in \boldsymbol{R}_{>0}$ に対して，$q^{-1}(a)$ は余次元 1 の部分多様体である．実際，$q(av) = a^2 q(v)$ だから $\dfrac{\mathrm{d}\,q(av)}{\mathrm{d}\,a} = 2aq(v) \neq 0$ であるから，$v \in T_xM$ が $\neq 0 \in T_xM$ を満たせば，v は正則点である．さらに，M がコンパクトならば $q^{-1}(a)$ はコンパクトである．

したがって，M がコンパクトならば $q^{-1}(a)$ はコンパクトで，定理 6.4.1（132 ページ）により，コンパクト多様体上のベクトル場はフローを生成するから，$F_t : q^{-1}(a) \longrightarrow q^{-1}(a)$ が定義される．したがって，$F_t : TM \longrightarrow TM$ がフローとして定義されていたことになる．

定理 7.5.1（ホップ・リノウの定理） M をコンパクト連結多様体とすると，M の 2 点 x, y に対し，曲線 $c : [0,1] \longrightarrow M$ で $c(0) = x$, $c(1) = y$, $\mathrm{dist}(x,y) = L(c)$ となるものがある．

証明 まず，$\varepsilon > 0$ で，各点 x における T_xM の半径 2ε の閉球体は E_x で M に単射されるとする．正整数 k に対し，$E_x : T_xM \longrightarrow M$ が $\{y \in M \mid \mathrm{dist}(x,y) < k\varepsilon\}$ へ全射となるという命題を k についての帰納法で示す．$k = 2$ のときにこの命題は正しい．さて，k のときに正しいと仮定する．このとき，$y \in M$ が $k\varepsilon \leqq \mathrm{dist}_g(x,y) < (k+1)\varepsilon$ にあるとする．$E_y : T_yM \longrightarrow M$ による半径 ε の球面 $S_\varepsilon = \{v \in T_yM \mid g(v,v) = \varepsilon^2\}$ の像 $E_y(S_\varepsilon)$ を考える．$E_y(S_\varepsilon)$ はコンパクトだから，$M \ni z \longmapsto \mathrm{dist}(x,z)$ を $E_y(S_\varepsilon)$ に制限した実数値連続関数が最小値 m をとる点 $z = E_y(v) \in E_y(S_\varepsilon)$ が存在する．x, y を結ぶ曲線は，$E_y(S_\varepsilon)$ の点を通るから，$m < k\varepsilon$ である．$z = E_y(v) = E_x(w)$ と書かれ，$\sqrt{g_x(w,w)} = \mathrm{dist}(x,z)$, $\mathrm{dist}(z,y) = \varepsilon$ である．$\left.\dfrac{\mathrm{d}\,E_x(tw)}{\mathrm{d}\,t}\right|_{t=1}$ と $\left.\dfrac{\mathrm{d}\,E_y(tv)}{\mathrm{d}\,t}\right|_{t=1}$

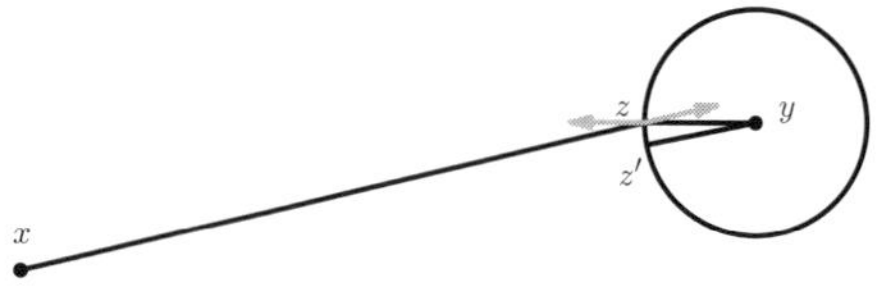

図 7.4　$z \longmapsto \mathrm{dist}(x, z)$ の最小値を与える点を考える．

とはともに T_zM の元であるが，もしもこの 2 つのベクトルが実数倍でないとすると z をずらして $z' \in E_y(S_\varepsilon)$ をとって $\mathrm{dist}(x, z') < \mathrm{dist}(x, z)$ とすることができる．図 7.4 参照．これは z で dist の最小値をとることに反するから，2 つの測地線は z においてちょうど真反対の方向を向いている．このことから，$w' = \dfrac{m+\varepsilon}{m} w$ とすると $E_x w' = y$ となる．したがって，帰納法が成立し，任意の M の点は $E_x : T_xM \longrightarrow M$ の像となった．■

この証明によって，コンパクト連結リーマン多様体の 2 点 x, y に対し，それを結ぶ最小の長さの曲線が存在し，それは測地線で表される．これを**最短測地線**という．

実は，リーマン多様体が距離空間として完備であれば，最短測地線が存在する．このときに，$E_x : T_xM \longrightarrow M$ は全射となる．

【例 7.5.2】　$M = S^2 = \{(x_1, x_2, x_3) \in \boldsymbol{R}^3 \mid {x_1}^2 + {x_2}^2 + {x_3}^2 = 1\}$ に $\boldsymbol{R}^3$ のユークリッドの計量から導かれたリーマン計量を定める．T_1S^2 を TS^2 の長さ 1 の接ベクトルの全体とする．測地流は，T_1S^2 上のフローであり，軌道は大円の接ベクトルとなるから，すべての軌道は閉軌道である．T_1S^2 は $SO(3)$ と同一視できる．$SO(3) \ni A = \begin{pmatrix} \boldsymbol{v}_1 & \boldsymbol{v}_2 & \boldsymbol{v}_3 \end{pmatrix}$ に対して，$\boldsymbol{v}_1 \in S^2$ における接ベクトル $\boldsymbol{v}_2$ を対応させるとき，$F_t : T_1S^2 \longrightarrow T_1S^2$ は，

$$
\begin{aligned}
F_t\left(\begin{pmatrix} \boldsymbol{v}_1 & \boldsymbol{v}_2 & \boldsymbol{v}_3 \end{pmatrix}\right) &= \begin{pmatrix} \cos t\boldsymbol{v}_1 + \sin t\boldsymbol{v}_2 & -\sin t\boldsymbol{v}_1 + \cos t\boldsymbol{v}_2 & \boldsymbol{v}_3 \end{pmatrix} \\
&= \begin{pmatrix} \boldsymbol{v}_1 & \boldsymbol{v}_2 & \boldsymbol{v}_3 \end{pmatrix} \begin{pmatrix} \cos t & -\sin t & 0 \\ \sin t & \cos t & 0 \\ 0 & 0 & 1 \end{pmatrix}
\end{aligned}
$$

と計算される．

【例 7.5.3】　$T^2 = \boldsymbol{R}^2/\boldsymbol{Z}^2$ に $\boldsymbol{R}^2$ のユークリッドの計量から導かれたリーマン計量を定める．T_1T^2 を接束 TT^2 の長さ 1 の接ベクトルの全体とする．測

図 7.5　例 7.5.4. (x_2, θ) 空間は 2 次元のトーラスであり，その上のベクトル場の生成するフローの軌道は $[0, 2\pi] \times [0, 2\pi]$ 上でこの図のようになる．格子の幅は $\dfrac{\pi}{2}$ である．$\theta = \pm\dfrac{\pi}{2}$ の軌道は x_1 が一定の測地線である．中央および上下の固定点が $x_2 = \pi$ の測地線，頂点および左右の固定点が $x_2 = 0$ の測地線に対応する．

地流は，T_1T^2 上のフローであり，

$$T_1T^2 = \{((x_1, x_2), (v_1, v_2)) \in (\boldsymbol{R}/\boldsymbol{Z})^2 \times \boldsymbol{R}^2 \mid {v_1}^2 + {v_2}^2 = 1\} = T^2 \times S^1$$

と見るとき，$F_t((x_1, x_2), (v_1, v_2)) = ((x_1 + tv_1, x_2 + tv_2), (v_1, v_2))$ と書かれる．測地流の軌道は，$\dfrac{v_2}{v_1} \in \boldsymbol{Q} \cup \{\infty\}$ のとき，閉軌道，$\dfrac{v_2}{v_1} \in \boldsymbol{R} \setminus \boldsymbol{Q}$ のとき，$(\boldsymbol{R}/\boldsymbol{Z})^2 \times \{(v_1, v_2)\}$ において稠密な軌道となる．問題 8.1.1 の解答例（189 ページ）参照．

【例 7.5.4】　例 7.4.2，図 7.3 のトーラスの測地線は複雑であるが，測地流の振る舞いは次のように説明できる．

ベクトルの長さの 2 乗 ${v_1}^2(2 + \cos x_2)^2 + {v_2}^2$ はフローで不変であるから，その値が 1 であるような軌道の全体を考える．

$$\cos\theta = v_1(2 + \cos x_2), \quad \sin\theta = v_2$$

とおくと，

$$-\frac{\mathrm{d}\theta}{\mathrm{d}t}\sin\theta = \frac{\mathrm{d}\cos\theta}{\mathrm{d}t} = \frac{\mathrm{d}(v_1(2+\cos x_2))}{\mathrm{d}t} = \frac{\mathrm{d}v_1}{\mathrm{d}t}(2+\cos x_2) - v_1 v_2 \sin x_2$$
$$= v_1 v_2 \sin x_2 = \frac{\sin x_2}{2+\cos x_2}\cos\theta\sin\theta,$$
$$\frac{\mathrm{d}\theta}{\mathrm{d}t}\cos\theta = \frac{\mathrm{d}\sin\theta}{\mathrm{d}t} = \frac{\mathrm{d}v_2}{\mathrm{d}t} = -\sin x_2(2+\cos x_2){v_1}^2$$
$$= -\frac{\sin x_2}{2+\cos x_2}\cos\theta\cos\theta$$

である．したがって，$\dfrac{\mathrm{d}\theta}{\mathrm{d}t} = -\dfrac{\sin x_2}{2+\cos x_2}\cos\theta$, $\dfrac{\mathrm{d}x_2}{\mathrm{d}t} = \sin\theta$ を得る．これはさらに積分できる．$\dfrac{\sin\theta}{\cos\theta}\dfrac{\mathrm{d}\theta}{\mathrm{d}t} + \dfrac{\sin x_2}{2+\cos x_2}\dfrac{\mathrm{d}x_2}{\mathrm{d}t} = 0$ だから，$f(x_2,\theta) = (2+\cos x_2)\cos\theta$ とおくと，$\dfrac{\mathrm{d}f(x_2,\theta)}{\mathrm{d}t} = 0$ となる．したがって，軌道は f の等位線上にある．

この (x_2,θ) 空間におけるベクトル場の様子はよくわかる．図 7.5 参照．ベクトル場の対称性から，4 本の軌道を除いてすべて閉軌道である．x_2 座標は，2π 以下の幅で振動するか，無限に増加あるいは減少するかのどちらかである．x_1 座標は $x_1 = \displaystyle\int_0^t \frac{\cos\theta}{2+\cos x_2}$ としてわかる．これは，x_1 が一定の測地線以外では単調に限りなく減少するか限りなく増加するかのどちらかである．

7.6　等長変換群（展開）

リーマン計量の一般論は，例えばユークリッド空間の多様体上の測地線などを書き表すために必要ということもあるが，もっと積極的に多様体を考えるときに，その多様体に最も適合したリーマン計量を考えることができることにある．リーマン計量を持つ多様体上で距離を不変に保つ等長変換を考えると多様体の性質がよくわかることも多い．

定義 7.6.1　リーマン多様体 (M,g_M), (N,g_N) に対し，微分同相写像 $F: M \longrightarrow N$ が $F^*g_N = g_M$ を満たすとき，F を**等長変換**（アイソメトリー，isometry）と呼ぶ．ただし，F^*g_N は $v_1, v_2 \in T_xM$ に対し，$(F^*g_N)(v_1,v_2) = g_N(F_*v_1, F_*v_2)$ で定義され，M 上のリーマン計量となる．

連結 n 次元リーマン多様体 (M,g) に対して，(M,g) から自分自身への等長写像の全体は群になるが，それは高々 $\dfrac{n(n+1)}{2}$ 次元の多様体となる．その理由は次のようなものである．

$x \in M$ に対し，T_xM の正規直交基底を考える．そのようなものはラプラス・グラム・シュミットの直交化プロセスにより存在がわかるが，T_xM の 2 つの正規直交基底は n 次直交群 $O(n)$ で写り合う．シュミットの直交化は，M の点 x の近傍上で同時に行なうことができるので，x のある座標近傍 (U, φ) 上で T_yM $(y \in U)$ の正規直交基底の全体は多様体 $U \times O(n)$ でパラメータ付けられている．これを M の各点の近傍で考えると，T_xM $(x \in M)$ の正規直交基底の全体は，多様体 $U \times O(n)$ の座標近傍により，$\dfrac{n(n+1)}{2}$ 次元の多様体 $\mathrm{Fr}\, M$ となる．自然に定義される写像 $p : \mathrm{Fr}\, M \longrightarrow M$ について，$p^{-1}(U)$ は $U \times O(n)$ と微分同相で，ファイバー束の構造を持つこともわかる．$\mathrm{Fr}\, M$ を M の**接正規直交 n 枠束** (tangent orthnormal n frame bundle) という．そこで，$x_0 \in M$ および $T_{x_0}M$ の正規直交基底 $E_0 = (e_1, \ldots, e_n)$ を固定し，等長写像 $F : M \longrightarrow M$ に対して，$F_*E_0 = (F_*e_1, \ldots, F_*e_n)$ は $\mathrm{Fr}\, M$ の元である．$y \in M$ に対し，x_0 から y への測地線 $E_{x_0}(tv)$ $(v \in T_{x_0}M,\ E_{x_0}(v) = y)$ をとると，$F(E_{x_0}(tv)) = E_{F(x_0)}(tF_*v)$ だから，$F(y) = E_{F(x_0)}(F_*v)$ となり，F は F_*E_0 で定まる．したがって，(M, g) から自分自身への等長変換の全体 $\mathrm{Isom}(M)$ は $\mathrm{Fr}\, M$ に埋め込まれる．さて，$\mathrm{Isom}(M)$ が閉部分集合であることは容易にわかるが，部分多様体となることは自明ではない．

これは，マイヤーズ・スティンロッドの定理と呼ばれている．証明にはもう少し予備知識も必要である．現在，多少抽象的ではあるがより簡明な証明として [小林] のものがある．

【例 7.6.2】 n 次元単位球面の等長変換群は $O(n+1)$ で，$O(n+1)$ の次元は $\dfrac{n(n+1)}{2}$ である．また，n 次元ユークリッド空間の等長変換群は平行移動の群 $\boldsymbol{R}^n$ と直交群 $O(n)$ の半直積 $O(n) \ltimes \boldsymbol{R}^n$ で，その次元も $\dfrac{n(n+1)}{2}$ である．しかし $m \neq n, m \geqq 1, n \geqq 1$ のとき，$S^m \times S^n$ のリーマン計量を g_{S^m}, g_{S^n} の直和として，$\mathrm{Isom}(S^m \times S^n) = O(m+1) \times O(n+1)$ となる．

コンパクト連結 2 次元多様体 M には，次のようなリーマン計量 g が存在する．各点 $x \in M$ における長さ 1 の接ベクトル v に対し，近傍 $x \in U_v \subset M$ が定まり，$v_1 \in T_{x_1}M,\ v_2 \in T_{x_2}M$ に対し，等長変換 $F_{v_1v_2} : U_{v_2} \longrightarrow U_{v_1}$ で $(F_{v_1v_2})_*v_2 = v_1$ となる．このようなリーマン計量は，局所的にはきわめて対称性が高く，特にガウス曲率が一定であることがわかる．このことから，コンパクト 2 次元連結多様体 M には次の 3 通りの可能性しかないことになる．

- S^2, $\boldsymbol{R}P^2$
- $\boldsymbol{R}^2/\boldsymbol{Z}^2$, $\boldsymbol{R}^2/G$ （$G \cong \boldsymbol{Z}/2\boldsymbol{Z} \ltimes \boldsymbol{Z}^2$ は 2 次元ユークリッド空間の等長変換群 $O(2) \ltimes \boldsymbol{R}^2$ の部分群，クライン・ボトルと呼ばれる）
- D^2/G （G はポアンカレ円板の等長変換群の部分群）

多様体の与えられたリーマン計量を変形してよりよいリーマン計量を得るという問題の立て方が非常に自然である．この場合，多様体上でリーマン計量を変形するためには，多様体，リーマン計量と概念が純粋に定義される必要があった．

もともと与えられたリーマン計量 g および正値の関数 f に対し，fg もリーマン計量であるが，fg のスカラー曲率が一定とできるかという問題は山辺の問題と呼ばれ，何人もの数学者の研究により肯定的に解かれた．

3 次元多様体に対しては，リッチ曲率流を考えてリーマン計量を変形することにより，3 次元多様体を標準的なものに分解し，それぞれの部分がよくわかる幾何構造を持つようにできるという研究がハミルトン，ペレルマンなどにより行なわれている．これが正しければ，サーストンの予想が肯定的に解かれ，その結果ポアンカレの予想も肯定的に解かれる．

7.7 リーマン計量の存在

コンパクトな多様体はユークリッド空間へ埋め込まれる（定理 5.2.3（95 ページ））から，リーマン計量を持つが，リーマン計量の存在自体はもう少し簡明に証明できる．

定理 7.7.1 n 次元コンパクト多様体上には，リーマン計量が存在する．

証明 n 次元コンパクト多様体 M の座標近傍系 $\{(U_i, \varphi_i)\}$ をとる．有限部分被覆 $\{(U_i, \varphi_i)\}_{i=1,\dots,k}$ であって，$U_i \supset \overline{V_i} \supset V_i$ となる $\{(V_i, \varphi_i)\}_{i=1,\dots,k}$ が開被覆であり，U_i に台を持ち $\overline{V_i}$ 上で正となる非負関数 $\mu_i : M \longrightarrow \boldsymbol{R}$ をとる．$\varphi_i = (x_1^{(i)}, \dots, x_n^{(i)})$ とするとき，$x \in U_i$, $v = \displaystyle\sum_{j=1}^{n} v_j^{(i)} \frac{\partial}{\partial x_j^{(i)}} \in T_xM$ に対し，

$\mu_i q_i$ を $\mu_i q_i(v) = \mu_i(x)\sum_{j=1}^{n}(v_j^{(i)})^2$ で定義する．$v \in T_xM$ $(x \in M \setminus U_i)$ のとき $\mu_i(x)q_i(v) = 0$ と考えて，$\mu_i q_i$ は TM 上の C^∞ 級関数であり，各 T_xM 上では 2 次形式である．$q(v) = \sum_{i=1}^{k}\mu_i q_i(v)$ とおくと，q は TM 上の C^∞ 級関数であり，各 T_xM 上では正値 2 次形式である．2 次形式であることは，次のように容易にわかる．

$$q(av) = \sum_{i=1}^{k}\mu_i q_i(av) = a^2\sum_{i=1}^{k}\mu_i q_i(v) = a^2 q(v),$$
$$q(u+v) - q(u) - q(v) = \sum_{i=1}^{k}\mu_i\{q_i(u+v) - q_i(u) - q_i(v)\}$$

であるが，$\{q_i(u+v) - q_i(u) - q_i(v)\}$ が u, v について双 1 次形式であるから，その和も双 1 次形式である．正値性も容易である．$q(v) = 0, v \in T_xM$ ならば，$x \in V_i$ となる i に対して，$v = \sum_{j=1}^{n} v_j^{(i)}\dfrac{\partial}{\partial x_j^{(i)}}$, $q_i(v) = \sum_{j=1}^{n}(v_j^{(i)})^2 = 0$ であり，$v = 0$ となる． ■

有限群の作用を持つとき，その作用で不変なリーマン計量も存在する．

【問題 7.7.2】 F をコンパクト多様体 M の微分同相写像からなる有限群とする．M 上のリーマン計量 g で F の任意の元 f について $f^*g = g$ を満たすものがあることを示せ．

ヒント：1 つのリーマン計量をとり，有限群の作用で移り合う点でのリーマン計量を平均する．解答例は 171 ページ．

【問題 7.7.3】 リーマン多様体の間の等長変換はリーマン計量をリーマン計量に写す微分同相写像であることを示せ．すなわち $f : M \longrightarrow N$ が，$d_{g_N}(f(x), f(y)) = d_{g_M}(x, y)$ を満たせば，f は微分可能で $g_N(f_*v_1, f_*v_2) = g_M(v_1, v_2)$ を満たすことを示せ．解答例は 171 ページ．

リーマン多様体をユークリッド空間にうまく埋め込んでリーマン計量がユークリッドの計量から引き起こされたものと一致するようにできるかどうかは，ナッシュにより解決された．

7.8　ユークリッド空間の超曲面の測地線

n 次元ユークリッド空間内で $f(\boldsymbol{x})=0$ で与えられた超曲面の測地線は比較的わかりやすい．超曲面上をできるだけまっすぐに進むということは，ニュートンの力学にしたがって，超曲面上にあり続けるための最小の力を受けて運動することであると考えられる．このような最小の力，すなわち速度の変化は，超曲面の法線の方向であることになる．

実際，$f(\boldsymbol{x}(t))=0$ を微分して $\displaystyle\sum_{i=1}^{n}\frac{\partial f}{\partial x_i}(\boldsymbol{x}(t))v_i(t)=0$ を得る．さらにもう1度微分して，

$$(*)\qquad \sum_{i,j=1}^{n}\frac{\partial^2 f}{\partial x_i\partial x_j}(\boldsymbol{x}(t))v_i(t)v_j(t)+\sum_{i=1}^{n}\frac{\partial f}{\partial x_i}(\boldsymbol{x}(t))\frac{\mathrm{d}\,v_i}{\mathrm{d}\,t}(t)=0$$

を得る．この式は，$\dfrac{\mathrm{d}\,\boldsymbol{v}}{\mathrm{d}\,t}$ と超曲面の法線方向のベクトルの内積についての方程式であり，$\dfrac{\mathrm{d}\,\boldsymbol{v}}{\mathrm{d}\,t}$ の法線方向の成分を与えていると見ることができる．したがって，最小の力を受けるとすると，$\dfrac{\mathrm{d}\,\boldsymbol{v}}{\mathrm{d}\,t}$ は法線方向であることになる．

そこで，ある関数 $a(\boldsymbol{x},\boldsymbol{v})$ に対して，測地線の微分方程式は次のように立てられる．

$$\frac{\mathrm{d}\,x_i}{\mathrm{d}\,t}=v_i,$$
$$\frac{\mathrm{d}\,v_i}{\mathrm{d}\,t}=a(\boldsymbol{x},\boldsymbol{v})\frac{\partial f}{\partial x_i}(\boldsymbol{x})$$

このとき，速さが不変であることも次のようにしてわかる．

$$\frac{\mathrm{d}}{\mathrm{d}\,t}\Big(\sum_{i=1}^{n}{v_i}^2\Big)=2\sum_{i=1}^{n}\frac{\mathrm{d}\,v_i}{\mathrm{d}\,t}v_i=2\sum_{i=1}^{n}a(\boldsymbol{x}(t),\boldsymbol{v}(t))\frac{\partial f}{\partial x_i}(\boldsymbol{x}(t))v_i(t)=0$$

$\dfrac{\mathrm{d}\,v_i}{\mathrm{d}\,t}=a(\boldsymbol{x},\boldsymbol{v})\dfrac{\partial f}{\partial x_i}(\boldsymbol{x})$ を $(*)$ に代入して，

$$\sum_{i,j=1}^{n}\frac{\partial^2 f}{\partial x_i\partial x_j}v_iv_j+a(\boldsymbol{x},\boldsymbol{v})\sum_{i=1}^{n}\Big(\frac{\partial f}{\partial x_i}\Big)^2=0$$

を得る．したがって，

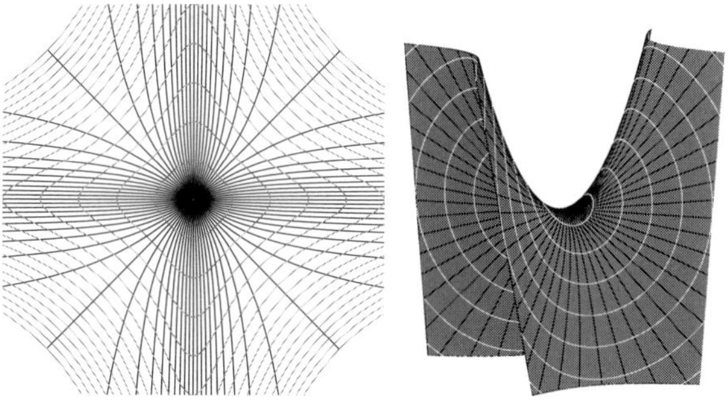

図 7.6 例 7.8.1. 左は x_1x_2 平面における測地線の様子であり，右は $\boldsymbol{R}^3$ の曲面上での測地線の様子である．

$$a(\boldsymbol{x},\boldsymbol{v}) = -\frac{\displaystyle\sum_{i,j=1}^{n}\frac{\partial^2 f}{\partial x_i\partial x_j}(\boldsymbol{x})v_iv_j}{\displaystyle\sum_{i=1}^{n}\Big(\frac{\partial f}{\partial x_i}(\boldsymbol{x})\Big)^2}$$

と書かれる．

測地線の微分方程式は次のようになる．

$$\frac{\mathrm{d}\,x_i}{\mathrm{d}\,t} = v_i,$$

$$\frac{\mathrm{d}\,v_k}{\mathrm{d}\,t} = -\frac{\dfrac{\partial f}{\partial x_k}(\boldsymbol{x})}{\displaystyle\sum_{i=1}^{n}\Big(\frac{\partial f}{\partial x_i}(\boldsymbol{x})\Big)^2}\sum_{i,j=1}^{n}\frac{\partial^2 f}{\partial x_i\partial x_j}(\boldsymbol{x})v_iv_j$$

例えば，$z = h(x_1, x_2)$ とグラフ表示される曲面では，$f = -h(x_1, x_2) + z$ ととることができ，

$$\frac{\mathrm{d}\,v_i}{\mathrm{d}\,t} = -\frac{\dfrac{\partial h}{\partial x_i}}{1+\Big(\dfrac{\partial h}{\partial x_1}\Big)^2+\Big(\dfrac{\partial h}{\partial x_2}\Big)^2}\Big(\frac{\partial^2 h}{\partial {x_1}^2}{v_1}^2 + 2\frac{\partial^2 h}{\partial x_1\partial x_2}v_1v_2 + \frac{\partial^2 h}{\partial {x_2}^2}{v_2}^2\Big)$$

$(i = 1, 2)$ となる．

前に示した測地線の方程式はもっと複雑そうに見えるが，同じものになる．

実際，$\boldsymbol{R}^{n+1}$ 内の曲面 $z = h(\boldsymbol{x})$ に対し，$\boldsymbol{x} = (x_1, \ldots, x_n)$ を局所座標としてとると，$g_{ij} = \delta_{ij} + \dfrac{\partial h}{\partial x_i}\dfrac{\partial h}{\partial x_j}$ であるが，これから，

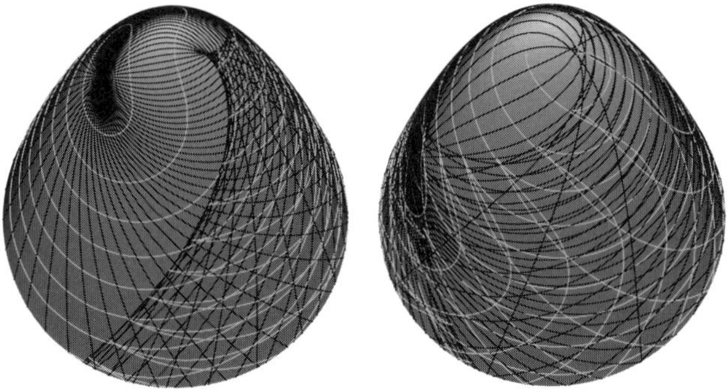

図 **7.7** 例 7.8.2. 放物面上の測地線の様子.

$$\frac{1}{2}\frac{\partial g_{ij}}{\partial x_k}-\frac{\partial g_{ik}}{\partial x_j}=-\frac{\partial^2 h}{\partial x_i\partial x_j}\frac{\partial h}{\partial x_k}+\frac{1}{2}\frac{\partial^2 h}{\partial x_i\partial x_k}\frac{\partial h}{\partial x_j}-\frac{1}{2}\frac{\partial^2 h}{\partial x_j\partial x_k}\frac{\partial h}{\partial x_i}$$

となる．したがって，次の i, j についての和をとるときに後ろの 2 項は打ち消し合うことから，

$$\sum_{i=1}^{n} g_{ik}\frac{\mathrm{d}^2 c_i}{\mathrm{d}t^2}=\sum_{i,j=1}^{n}\Big(\frac{1}{2}\frac{\partial g_{ij}}{\partial x_k}-\frac{\partial g_{ik}}{\partial x_j}\Big)\frac{\mathrm{d}c_j}{\mathrm{d}t}\frac{\mathrm{d}c_i}{\mathrm{d}t}$$

は，

$$\sum_{i=1}^{n} g_{ik}\frac{\mathrm{d}^2 c_i}{\mathrm{d}t^2}=-\sum_{i,j=1}^{n}\frac{\partial^2 h}{\partial x_i\partial x_j}\frac{\partial h}{\partial x_k}\frac{\mathrm{d}c_j}{\mathrm{d}t}\frac{\mathrm{d}c_i}{\mathrm{d}t}$$

と書かれる．

$g_{ij}=\delta_{ij}+\dfrac{\partial h}{\partial x_i}\dfrac{\partial h}{\partial x_j}$ について，$\Big(\dfrac{\partial h}{\partial x_1},\dots,\dfrac{\partial h}{\partial x_n}\Big)$ は固有値 $1+\displaystyle\sum_{i=1}^{n}\Big(\frac{\partial h}{\partial x_i}\Big)^2$ に対する固有ベクトルである．実際，

$$\sum_{j=1}^{n} g_{ij}\frac{\partial h}{\partial x_j}=\sum_{j=1}^{n}\Big(\delta_{ij}+\frac{\partial h}{\partial x_i}\frac{\partial h}{\partial x_j}\Big)\frac{\partial h}{\partial x_j}=\frac{\partial h}{\partial x_i}\Big(1+\sum_{j=1}^{n}\Big(\frac{\partial h}{\partial x_j}\Big)^2\Big)$$

である．したがって，g_{ik} の逆行列 $g^{\ell k}$ について

$$\sum_{k=1}^{n} g^{\ell k}\frac{\partial h}{\partial x_k}=\frac{1}{1+\displaystyle\sum_{j=1}^{n}\Big(\frac{\partial h}{\partial x_j}\Big)^2}\frac{\partial h}{\partial x_\ell}$$

となり，

$$\frac{\mathrm{d}\,v_\ell}{\mathrm{d}\,t} = -\frac{\dfrac{\partial h}{\partial x_\ell}}{1+\displaystyle\sum_{i=1}^{n}\Big(\frac{\partial h}{\partial x_i}\Big)^2}\sum_{i,j=1}^{n}\frac{\partial^2 h}{\partial x_i \partial x_j}v_i v_j$$

を得る．

【例 7.8.1】 3 次元ユークリッド空間内の双曲放物面 $S=\{(x_1,x_2,z)\mid z= x_1x_2\}$ に対し，(x_1,x_2) を座標としてとる．$h=x_1x_2$ に対し，$\Big(\dfrac{\partial h}{\partial x_1},\dfrac{\partial h}{\partial x_2}\Big)=(x_2,x_1)$，$\Big(\dfrac{\partial^2 h}{\partial x_i\partial x_j}\Big)=\begin{pmatrix}0&1\\1&0\end{pmatrix}$ だから，

$$\begin{pmatrix}\dfrac{\mathrm{d}^2\,x_1}{\mathrm{d}\,t^2}\\ \dfrac{\mathrm{d}^2\,x_2}{\mathrm{d}\,t^2}\end{pmatrix} = -\frac{2}{1+{x_1}^2+{x_2}^2}\frac{\mathrm{d}\,x_1}{\mathrm{d}\,t}\frac{\mathrm{d}\,x_2}{\mathrm{d}\,t}\begin{pmatrix}x_2\\ x_1\end{pmatrix}$$

この測地線の様子は，図 7.6 に描かれたとおりである．

【例 7.8.2】 3 次元ユークリッド空間内の放物面 $S=\{(x_1,x_2,z)\mid z= -x_1^2-x_2^2\}$ について同様の計算を行なうと図 7.7 のような測地線を得る．

7.9 第 7 章の問題の解答

【問題 7.1.2 の解答】 $c(t)=(c_1(t),\ldots,c_n(t))$ とする．$0=t_0<t_1<\cdots<t_m=1$ に対して，平均値の定理により，$c_j(t_i)-c_j(t_{i-1}) = c_j'(s_{ji})\ (t_i-t_{i-1})$ となる $s_{ji}\in(t_{i-1},t_i)$ が存在する．したがって

$$\sum_{i=1}^{m}\sqrt{\sum_{j=1}^{n}(c_j(t_i)-c_j(t_{i-1}))^2} = \sum_{i=1}^{m}\sqrt{\sum_{j=1}^{n}c_j'(s_{ji})^2}\ |t_i-t_{i-1}|$$

と書かれる．微分 $c_j'(t)$ は閉区間 $[0,1]$ 上で連続だから一様連続である．微分積分の本参照．したがって，任意の正実数 $\varepsilon>0$ に対し，正実数 δ で，$|s-t|<\delta$ ならば $|c_j'(s)-c_j'(t)|<\varepsilon$ $(j=1,\ldots,n)$ となるものが存在する．$t_i-t_{i-1}\leqq\delta$ とすると，$t_{i-1}\leqq s_i\leqq t_i$ を満たす任意の点 s_i に対し，

$$\left|\sqrt{\sum_{j=1}^{n}c_j'(s_{ji})^2}-\sqrt{\sum_{j=1}^{n}c_j'(s_i)^2}\right|\leqq\sqrt{n}\varepsilon$$

となる．したがって，

$$\begin{aligned}&\left|\sum_{i=1}^{m}\sqrt{\sum_{j=1}^{n}c_j'(s_{ji})^2}\ |t_i-t_{i-1}|-\sum_{i=1}^{m}\sqrt{\sum_{j=1}^{n}c_j'(s_i)^2}\ |t_i-t_{i-1}|\right|\\&\leqq\sqrt{n}\varepsilon\sum_{i=1}^{m}|t_i-t_{i-1}|\leqq\sqrt{n}\varepsilon\end{aligned}$$

分点の間隔を細かくすると，$\displaystyle\sum_{i=1}^{m}\sqrt{\sum_{j=1}^{n}c_j'(s_i)^2}\ |t_i-t_{i-1}|$ は $\displaystyle\int_{t_0}^{t}\sqrt{\sum_{j=1}^{n}(c_j'(t))^2}\,\mathrm{d}t$ に収束する．ε は任意であるから，分点の間隔を細かくすると，
$\displaystyle\sum_{i=1}^{m}\sqrt{\sum_{j=1}^{n}(c_j(t_i)-c_j(t_{i-1}))^2}$ は $\displaystyle\int_{t_0}^{t}\sqrt{\sum_{j=1}^{n}(c_j'(t))^2}\,\mathrm{d}t$ に収束する．

このように分点の間隔を細かくした極限が上限となっていることは，次のようにしてわかる．分点 $\{t_0,t_1,\ldots,t_m\}$ を含む分点 $\{\bar{t}_0,\bar{t}_1,\ldots,\bar{t}_\ell\}$ に対しては，三角不等式から，$\{\bar{t}_0,\bar{t}_1,\ldots,\bar{t}_\ell\}$ に対する折れ線の長さは，$\{t_0,t_1,\ldots,t_m\}$ に対する折れ線の長さよりも長いか等しいことがわかる．このことから，2 通りの分点のとり方に対し，それをあわせた分点のとり方に対する折れ線の長さの方が長いか等しいことがわかる．したがって，分点を細かくした極限は，上限となっている．

【問題 7.1.3 の解答】 一葉双曲面から xy 平面の単位円周への写像 $p:(x,y,z)\longmapsto\left(\dfrac{x}{\sqrt{x^2+y^2}},\dfrac{y}{\sqrt{x^2+y^2}},0\right)$ を考え，一葉双曲面上の曲線 $c(t)=(x(t),y(t),z(t))$ と，$(p\circ c)(t)$ の長さを比較する．$\boldsymbol{R}^3$ 上で定義される p のヤコビ行列は $\dfrac{1}{(\sqrt{x^2+y^2})^3}\begin{pmatrix}y^2&-xy&0\\-xy&x^2&0\\0&0&0\end{pmatrix}$ である．

$$\begin{aligned}&\|(Dp)_{c(t)}c'(t)\|\\&=\frac{\sqrt{y(t)^2(y(t)x'(t)-x(t)y'(t))^2+x(t)^2(-y(t)x'(t)+x(t)y'(t))^2}}{(\sqrt{x(t)^2+y(t)^2})^3}\\&=\frac{|y(t)x'(t)-x(t)y'(t)|}{x(t)^2+y(t)^2}\leqq\frac{\sqrt{x(t)^2+y(t)^2}\sqrt{x'(t)^2+y'(t)^2}}{x(t)^2+y(t)^2}\\&=\frac{\sqrt{x'(t)^2+y'(t)^2}}{\sqrt{x(t)^2+y(t)^2}}\leqq\sqrt{x'(t)^2+y'(t)^2}\leqq\|c'(t)\|\end{aligned}$$

ここで，コーシー・シュワルツの不等式と $x(t)^2+y(t)^2=z(t)^2+1\geqq 1$ を用いた．したがって，$\displaystyle\int_0^1\left\|\frac{\mathrm{d}(p\circ c)}{\mathrm{d}t}\right\|\mathrm{d}t\leqq\int_0^1\left\|\frac{\mathrm{d}c}{\mathrm{d}t}\right\|\mathrm{d}t$ である．xy 平面の単位円上で $(1,0,0)$, $(-1,0,0)$ を結ぶ曲線の長さは π 以上であるから，一葉双曲面上で $(1,0,0)$, $(-1,0,0)$ を結ぶ曲線の長さの最小値は π である．

【問題 7.1.5 の解答】 $p(x,y,z)=\Big(\dfrac{2Rx}{2R+z},\dfrac{2Ry}{2R+z}\Big)$ であり，

$$p^{-1}(u,v)=\Big(\frac{4R^2u}{u^2+v^2+4R^2},\frac{4R^2v}{u^2+v^2+4R^2},-\frac{2R(u^2+v^2)}{u^2+v^2+4R^2}\Big)$$

である．ヤコビ行列を計算すると次のようになる．

$$Dp^{-1}=\begin{pmatrix}\dfrac{4R^2(-u^2+v^2+4R^2)}{(u^2+v^2+4R^2)^2} & -\dfrac{8R^2uv}{(u^2+v^2+4R^2)^2}\\ -\dfrac{8R^2uv}{(u^2+v^2+4R^2)^2} & \dfrac{4R^2(u^2-v^2+4R^2)}{(u^2+v^2+4R^2)^2}\\ -\dfrac{8R^3(2u)}{(u^2+v^2+4R^2)^2} & -\dfrac{8R^3(2v)}{(u^2+v^2+4R^2)^2}\end{pmatrix}$$

$${}^t(Dp^{-1})(Dp^{-1})=\begin{pmatrix}\dfrac{(4R^2)^2}{(u^2+v^2+4R^2)^2} & 0\\ 0 & \dfrac{(4R^2)^2}{(u^2+v^2+4R^2)^2}\end{pmatrix}$$

だから，

$$\int_0^1\Big\|\frac{\mathrm{d}(p^{-1}\circ c)}{\mathrm{d}t}\Big\|\,\mathrm{d}t=\int_0^1\frac{4R^2\sqrt{\xi'(t)^2+\eta'(t)^2}}{\xi(t)^2+\eta(t)^2+4R^2}\,\mathrm{d}t$$

【問題 7.3.1 の解答】 微分方程式は，

$$\sum_i g_{ik}(c(t))\frac{\mathrm{d}v_i}{\mathrm{d}t}=\frac{1}{2}\sum_{i,j}\Big(\frac{\partial g_{ij}}{\partial x_k}(c(t))-\frac{\partial g_{jk}}{\partial x_i}(c(t))-\frac{\partial g_{ik}}{\partial x_j}(c(t))\Big)\frac{\mathrm{d}c_i}{\mathrm{d}t}v_j$$

と書かれる．

$$\begin{aligned}\frac{\mathrm{d}}{\mathrm{d}t}\Big(\sum_{i,j}g_{ik}v_iv_k\Big)&=\sum_{i,j,k}\frac{\partial g_{ik}}{\partial x_j}\frac{\mathrm{d}c_j}{\mathrm{d}t}v_iv_k+2\sum_{i,k}g_{ik}\frac{\mathrm{d}v_i}{\mathrm{d}t}v_k\\&=\sum_{i,j,k}\frac{\partial g_{ik}}{\partial x_j}\frac{\mathrm{d}c_j}{\mathrm{d}t}v_iv_k+\sum_{i,j,k}\Big(\frac{\partial g_{ij}}{\partial x_k}-\frac{\partial g_{jk}}{\partial x_i}-\frac{\partial g_{ik}}{\partial x_j}\Big)\frac{\mathrm{d}c_i}{\mathrm{d}t}v_jv_k=0\end{aligned}$$

最後は，括弧をはずして，第 1 項と第 3 項，第 2 項と第 4 項が打ち消し合う．

【問題 7.4.1 の解答】 S^2 の点は $(\cos\psi\cos\theta,\cos\psi\sin\theta,\sin\psi)$ のように表される．ψ が一定の円が緯線，θ が一定の大円が経線である．S^2 は特殊直交群 $SO(3)$ の作用で不変だから，$(0,0,1)$ と $(\cos\psi_0\cos\theta_0,\cos\psi_0\sin\theta_0,\sin\psi_0)$ を結ぶ曲線について，$\theta=\theta_0$ であるような大円の弧が最短の曲線を与えることを見ればよい．$(\theta,\psi)\longmapsto(\cos\psi\cos\theta,\cos\psi\sin\theta,\sin\psi)$ のヤコビ行列は $\begin{pmatrix}-\cos\psi\sin\theta & -\sin\psi\cos\theta\\ \cos\psi\cos\theta & -\sin\psi\sin\theta\\ 0 & \cos\psi\end{pmatrix}$ である．$(\theta(t),\psi(t))$ で表される曲線の接ベクトルの長さの 2 乗は，

$$
\begin{aligned}
&((-\cos\psi\sin\theta)\theta' + (-\sin\psi\cos\theta)\psi')^2\\
&+((\cos\psi\cos\theta)\theta' + (-\sin\psi\sin\theta)\psi')^2 + ((\cos\psi)\psi')^2\\
=\ &(\cos\psi)^2(\theta')^2 + (\psi')^2
\end{aligned}
$$

であるから，曲線の長さは，

$$
\begin{aligned}
&\int_0^1 \sqrt{(\cos\psi)^2(\theta')^2 + (\psi')^2}\ \mathrm{d}\,t\\
\geqq &\int_0^1 \sqrt{(\psi')^2}\ \mathrm{d}\,t = \int_0^1 |\psi'|\ \mathrm{d}\,t \geqq |\psi(1) - \psi(0)| = \frac{\pi}{2} - \psi_0
\end{aligned}
$$

となる．したがって，$\theta = \theta_0$ であるような大円の弧が最短の曲線を与える．

【問題 7.4.3 の解答】 $F : TM \longrightarrow M \times M$ の接写像

$$F_* : T_X TM \longrightarrow T(M \times M) = T_x M \times T_x M$$

について，$s_0(x)$ においては TM の接空間も

$$T_{s_0(x)}(TM) = T_x(s_0(M)) \times T_x M = T_x M \times T_x M$$

と同一視される．

$$
\begin{aligned}
(F_*)_{s_0(x)}|(T_x(s_0(M)) \times \{0\}) &= (\mathrm{id}_{T_xM} \quad 0)\\
(F_*)_{s_0(x)}|(\{0\} \times T_x M) &= (0 \quad \mathrm{id}_{T_xM})
\end{aligned}
$$

であるから，$(F_*)_{s_0(x)} = \begin{pmatrix} \mathrm{id}_{T_xM} & 0 \\ 0 & \mathrm{id}_{T_xM} \end{pmatrix}$ である．したがって，F は $s_0(M)$ の各点で逆写像定理 1.2.1（6 ページ）の仮定を満たし，コンパクト部分多様体 $s_0(M)$ 上で単射である．したがって例題 4.3.1（78 ページ）により，F は $s_0(M)$ の近傍から $\Delta \subset M \times M$ の近傍への微分同相写像となる．

【問題 7.4.4 の解答】 恒等写像 $\mathrm{id}_M : M \longrightarrow M$ のグラフが $\Delta = \{(x,x) \mid x \in M\} \subset M \times M$ であるから，$\Phi : M \longrightarrow M$ が id_M に C^1 位相で近いならば，Φ のグラフ $\{(x, \Phi(x)) \mid x \in M\} \subset M \times M$ は，問題 7.4.3 により F が微分同相写像となるような $\Delta \subset M \times M$ の近傍に含まれる．このとき $\xi(x) = F^{-1}(x, \Phi(x))$ とおくと，ξ は M 上のベクトル場である．F は $s_0(M)$ の近傍から Δ の近傍への微分同相写像であったから，Φ が id_M に C^1 位相で近いことと $\xi : M \longrightarrow TM$ が 0 に C^1 位相で近いことは同値である．$\Phi_t : M \longrightarrow M$ を $(x, \Phi_t(x)) = F(t\xi(x))$ で定義すると，Φ_t は恒等写像に C^1 位相で近い C^∞ 級写像であるから微分同相写像

である．

【問題 7.7.2 の解答】 $F=\{f_1=\mathrm{id}, f_2, \ldots, f_k\}$ とする．$q: TM \longrightarrow \boldsymbol{R}$ をリーマン計量を与える各接空間で 2 次形式を与える写像とする．$\widehat{q}(v)=\dfrac{1}{k}\displaystyle\sum_{i=1}^{k} q((f_i)_* v)$ とおく．$(f_i)_*: T_x M \longrightarrow T_{f_i(x)} M$ は線形写像だから，$q((f_i)_* v)$ は $T_x M$ 上では正値 2 次形式であり，その平均 $\widehat{q}$ も $T_x M$ 上では正値 2 次形式である．したがって $\widehat{q}$ は M 上のリーマン計量 g を与える．

$$
\begin{aligned}
(f^* \widehat{q})(v)=\widehat{q}(f_* v) &= \frac{1}{k} \sum_{i=1}^{k} q((f_i)_* f_* v)=\frac{1}{k} \sum_{i=1}^{k} q((f_i f)_* v) \\
&= \frac{1}{k} \sum_{i=1}^{k} q((f_i)_* v)=\widehat{q}(v)
\end{aligned}
$$

から，$f^* g=g$ が従う．ここで，群 F が $\{f_1 f, f_2 f, \ldots, f_k f\}$ と一致することを用いた．$\dfrac{1}{k}$ は証明には必要がないが，平均をとるということは，例えばコンパクト群ならば無限群でも定義される．したがってコンパクト群の作用で不変なリーマン計量があることの証明も同様である．

【問題 7.7.3 の解答】 リーマン多様体の間の等長変換は同相写像であるが，測地線を測地線に写すことがわかる．したがって，$F: TM \longrightarrow TN$ が定まる．方向微分が方向微分に写るから，写像が各方向に微分可能であることがわかる．1 つの測地線 $\gamma(t)$ $(t \in[-\varepsilon, \varepsilon])$ で $v=\dfrac{\mathrm{d} \gamma}{\mathrm{d} t}(0) \in T_x M$ が与えられているとすると，v の TM における近傍は $\gamma(-\varepsilon)$ の小近傍から $\gamma(\varepsilon)$ の小近傍への測地線の定める接ベクトルの全体として表される．この測地線の像の測地線は $F(v)$ の TN における近傍に含まれるから F は連続である．

$E_x: T_x M \longrightarrow M$ は局所微分同相である．$v_1, v_2 \in T_x M$ に対して，$E_x(s v_1)$, $E_x(s v_2)$ を結ぶ最短測地線分 ℓ_s は ${E_x}^{-1}$ により $T_x M$ の C^{∞} 級曲線族となる．$E_x(s v_1), E_x(s v_2)$ を $1-t: t$ に内分する ℓ_s 上の点を $p_{s,t}$ とし，$w_{s,t}={E_x}^{-1}(p_{s,t})$ とすると $\displaystyle\lim_{s \rightarrow 0} \frac{w_{s,t}}{s}=t v_1+(1-t) v_2$ となる．このことから，F は線形である．したがって，f は微分可能で F が接写像である．このとき，$g_N(f_* v_1, f_* v_2)=g_M(v_1, v_2)$ となる．

第 8 章　多様体上のベクトル場

多様体は解析ができる空間の枠組みを与えるために考えられた．この章では微分法を多様体上で考える．多様体上の座標は局所座標としてしか与えられていないので多様体上の対象の変化はフローに対して考えるのが自然である．

8.1　フローと関数

M を多様体とする．フロー F_t が与えられると，$f : M \longrightarrow \boldsymbol{R}$ に対して，フローの軌道に沿う値の変化が計算できる．実際 $x \in M$ に対して，$(f \circ F_t)(x)$ を考えると，f の曲線 $F_t(x)$ に沿う微分であるから，$X = \dfrac{\mathrm{d}F_t}{\mathrm{d}t} \circ {F_t}^{-1}$ として，$f \circ F_t : M \longrightarrow \boldsymbol{R}$ に対し，$\dfrac{\mathrm{d}(f \circ F_t)(x)}{\mathrm{d}t} = (Xf)(F_t(x))$ となる．C^∞ 級関数 f の C^∞ 級関数ベクトル場 X による微分は，C^∞ 級関数$Xf : M \longrightarrow \boldsymbol{R}$ である．

$X : C^\infty(M) \longrightarrow C^\infty(M)$ は線形写像であり，ライプニッツ・ルールと呼ばれる次の性質を持つ：$X(fg) = X(f)g + fX(g)$. $X(x) \in T_xM$ は同様の式で方向微分としても定義されることを問題 5.1.6（93 ページ）で述べた．

Xf は X が生成するフロー φ_t の軌道に沿う微分であるから，$Xf = 0$ ならば $f(\varphi_t(x)) = f(x)$ である．

【問題 8.1.1】　$\boldsymbol{R}^2$ 上のベクトル場 $X = \dfrac{\partial}{\partial x} + \alpha \dfrac{\partial}{\partial y}$ は平行移動について不変である．したがって $\boldsymbol{R}^2/\boldsymbol{Z}^2$ 上のベクトル場 X を与える．α を無理数とするとき，C^∞ 級関数 f が $Xf = 0$ を満たすならば f は定数であることを示せ．解答例は 189 ページ．

【問題 8.1.2】　コンパクト多様体上のベクトル場 X に対し，C^∞ 級関数 f が $Xf = f$ を満たすならば $f = 0$ であることを示せ．解答例は 190 ページ．

いろいろなフローに沿う微分は，偏微分と考えることができる．ユークリッド空間においては，関数の 2 つの座標の方向への偏微分 $\dfrac{\partial}{\partial x_i}, \dfrac{\partial}{\partial x_j}$ は可換であるが，多様体上の 2 つのベクトル場を順に作用させた結果は次に見るように順序に依存する．

8.2　フローとベクトル場

M 上のベクトル場 X, Y が，フロー F_t, G_s を生成するとする．$(F_t)_*Y$ は $((F_t)_*Y)(F_t(x)) = (F_t)_*Y(x)$ によって定義される．$((F_{-t})_*Y)(x) = (F_{-t})_*Y(F_t(x))$ であるから，$\dfrac{\mathrm{d}((F_{-t})_*Y)(x)}{\mathrm{d}\,t} \in T_xM$ である．

座標近傍 (U,φ) によって，$X = \sum_i X_i \dfrac{\partial}{\partial x_i}$, $Y = \sum_i Y_i \dfrac{\partial}{\partial x_i}$ とする．

$$F_t(x_1,\dots,x_n) = (x_1^t(x_1,\dots,x_n),\dots,x_n^t(x_1,\dots,x_n))$$

と書くと，$(F_{-t})_*Y(F_t(x)) = \sum_{i,j} Y_i(F_t(x)) \dfrac{\partial x_j^{-t}}{\partial x_i} \dfrac{\partial}{\partial x_j}$ であるから，

$$\frac{\mathrm{d}\big((F_{-t})_*Y(F_t(x))\big)}{\mathrm{d}\,t} = \sum_j \Big\{ \sum_{i,k} \frac{\partial Y_i}{\partial x_k} \frac{\mathrm{d}\,x_k^t}{\mathrm{d}\,t} \frac{\partial x_j^{-t}}{\partial x_i} + \sum_i Y_i(F_t(x)) \frac{\mathrm{d}}{\mathrm{d}\,t} \frac{\partial x_j^{-t}}{\partial x_i} \Big\} \frac{\partial}{\partial x_j}$$

である．中括弧の中の第 2 項は

$$\begin{aligned}\sum_i Y_i(F_t(x)) \frac{\mathrm{d}}{\mathrm{d}\,t} \frac{\partial x_j^{-t}}{\partial x_i} &= \sum_i Y_i(F_t(x)) \frac{\partial}{\partial x_i} \frac{\mathrm{d}\,x_j^{-t}}{\mathrm{d}\,t} \\ &= -\sum_i Y_i(F_t(x)) \frac{\partial}{\partial x_i} X_j(F_{-t}(x))\end{aligned}$$

であり，$t=0$ とすると，

$$\begin{aligned}\left.\frac{\mathrm{d}}{\mathrm{d}\,t}\right|_{t=0} ((F_{-t})_*Y)(x) &= \sum_j \Big\{ \sum_{i,k} \frac{\partial Y_i}{\partial x_k} X_k(x) \delta_{ij} - \sum_i Y_i(x) \frac{\partial X_j}{\partial x_i}(x) \Big\} \frac{\partial}{\partial x_j} \\ &= \sum_j \Big\{ \sum_k X_k \frac{\partial Y_j}{\partial x_k} - \sum_i Y_i(x) \frac{\partial X_j}{\partial x_i} \Big\} \frac{\partial}{\partial x_j}\end{aligned}$$

となる．

定義 8.2.1　多様体上のベクトル場 X, Y に対し，$[X,Y] = \left.\dfrac{\mathrm{d}}{\mathrm{d}\,t}\right|_{t=0} (F_{-t})_*Y$ と定義し，X と Y の**ブラケット積**（bracket product, **括弧積**）と呼ぶ．

ベクトル場の括弧積はベクトル場となる．この定義から，Y に対して線形であることがわかるが，計算の結果を見ると，$[Y,X]=-[X,Y]$ であり，X に対しても線形である．

$\mathcal{X}(M)$ を M 上のベクトル場全体のなす実線形空間とすると，ブラケット積は，$\mathcal{X}(M)\times\mathcal{X}(M)\longrightarrow\mathcal{X}(M)$ という演算を与えている．括弧積に対して，**ヤコビ恒等式** (Jacobi identity)

$$[[X,Y],Z]+[[Y,Z],X]+[[Z,X],Y]=0$$

が成立する．

接ベクトルは，関数の空間に対する方向微分であるという議論をしたが，その意味で，ベクトル場は，関数の空間から関数の空間への微分作用素である．ベクトル場 X が 0 であることと任意の関数 f に対して，$Xf=0$ であることは同値である．

$[X,Y]$ を計算した式から，関数 $f:M\longrightarrow\boldsymbol{R}$ に対して，

$$[X,Y]f=X(Yf)-Y(Xf)$$

となる．計算上はずっと使いやすく，X,Y に対して線形であることも，すぐにわかる．したがって，任意の $f\in C^\infty(M)$ に対して，$X(Yf)-Y(Xf)$ を与えるベクトル場として $[X,Y]$ を定義することが多い．

例えば，ヤコビの恒等式は，

$$\begin{aligned}
&[[X,Y],Z]f+[[Y,Z],X]f+[[Z,X],Y]f\\
&=[X,Y](Zf)-Z([X,Y]f)+[Y,Z](Xf)-X([Y,Z]f)\\
&\qquad+[Z,X](Yf)-Y([Z,X]f)\\
&=X(Y(Zf))-Y(X(Zf))-Z(X(Yf))+Z(Y(Xf))\\
&\qquad+Y(Z(Xf))-Z(Y(Xf))-X(Y(Zf))+X(Z(Yf))\\
&\qquad+Z(X(Yf))-X(Z(Yf))-Y(Z(Xf))+Y(X(Zf))\\
&=0
\end{aligned}$$

のように簡単に計算できる．

計算上は，局所座標において $X=\sum_i X_i\dfrac{\partial}{\partial x_i}$, $Y=\sum_j Y_j\dfrac{\partial}{\partial x_j}$ と書かれているときに，

$$[X,Y]=\Big[\sum_i X_i\frac{\partial}{\partial x_i},\sum_j Y_j\frac{\partial}{\partial x_j}\Big]=\sum_{i,j}\Big[X_i\frac{\partial}{\partial x_i},Y_j\frac{\partial}{\partial x_j}\Big]$$
$$=\sum_{i,j}\Big(X_i\frac{\partial}{\partial x_i}Y_j\frac{\partial}{\partial x_j}-Y_j\frac{\partial}{\partial x_j}X_i\frac{\partial}{\partial x_i}\Big)=\sum_{i,j}\Big(X_i\frac{\partial Y_j}{\partial x_i}\frac{\partial}{\partial x_j}-Y_j\frac{\partial X_i}{\partial x_j}\frac{\partial}{\partial x_i}\Big)$$

のように形式的に計算される．

幾何的応用に対しては，ベクトル場 Y を F_{-t} で動かしたときの変化率と考えるほうがよい．

【例題 8.2.2】 (1) n 次元ユークリッド空間上の線形ベクトル場 $X=\displaystyle\sum_{i,j=1}^n a_{ij}x_j\frac{\partial}{\partial x_i}$, $Y=\displaystyle\sum_{i,j=1}^n b_{ij}x_j\frac{\partial}{\partial x_i}$ に対して，$[X,Y]$ を求めよ．

(2) X が生成するフロー φ_t について, $(\varphi_{-t})_*Y$ を書き下し, $\displaystyle\frac{\mathrm{d}}{\mathrm{d}\,t}\Big|_{t=0}\big((\varphi_{-t})_*Y\big)$ を求めよ．ただし，$(\varphi_t)_*Y$ はベクトル場 Y を微分同相 φ_t で写したもの $((\varphi_t)_*Y)(\varphi_t(x))=(\varphi_t)_*(Y(x))$，すなわち $((\varphi_t)_*Y)(x)=(\varphi_t)_*(Y(\varphi_{-t}(x)))$ で定義される．

【解】 (1)
$$\begin{aligned}[X,Y]&=\Big[\sum_{i,j=1}^n a_{ij}x_j\frac{\partial}{\partial x_i},\sum_{k,\ell=1}^n b_{k\ell}x_\ell\frac{\partial}{\partial x_k}\Big]\\&=\sum_{i,j=1}^n\sum_{k,\ell=1}^n\Big(a_{ij}x_j\frac{\partial b_{k\ell}x_\ell}{\partial x_i}\frac{\partial}{\partial x_k}-b_{ij}x_j\frac{\partial a_{k\ell}x_\ell}{\partial x_i}\frac{\partial}{\partial x_k}\Big)\\&=\sum_{i,j,k=1}^n\Big(a_{ij}x_jb_{ki}\frac{\partial}{\partial x_k}-b_{ij}x_ja_{ki}\frac{\partial}{\partial x_k}\Big)\\&=\sum_{k=1}^n\Big(\sum_{j=1}^n\Big(\sum_{i=1}^n b_{ki}a_{ij}-\sum_{i=1}^n a_{ki}b_{ij}\Big)x_j\Big)\frac{\partial}{\partial x_k}\end{aligned}$$

この係数は行列 $BA-AB$ に対応している $(A=(a_{ij}),B=(b_{ij}))$.

(2) $\varphi_t(\boldsymbol{x})=e^{tA}\boldsymbol{x}$ である．$(\varphi_{-t})_*Y$ の $\boldsymbol{x}\in\boldsymbol{R}^n$ におけるベクトル場の値は $((\varphi_{-t})_*Y)(\boldsymbol{x})=e^{-tA}Be^{tA}\boldsymbol{x}$ となる．

$$\frac{\mathrm{d}}{\mathrm{d}\,t}\big((\varphi_{-t})_*Y\big)(\boldsymbol{x})=\frac{\mathrm{d}}{\mathrm{d}\,t}(e^{-tA}Be^{tA}\boldsymbol{x})=-e^{-tA}ABe^{tA}\boldsymbol{x}+e^{-tA}BAe^{tA}\boldsymbol{x}$$

だから，$\displaystyle\frac{\mathrm{d}}{\mathrm{d}\,t}\Big|_{t=0}\big((\varphi_{-t})_*Y\big)(\boldsymbol{x})=(BA-AB)\boldsymbol{x}$ となる．

【例題 8.2.3】 M,N をコンパクト多様体とし，$F:M\longrightarrow N$ を C^∞ 級写像とする．M 上のベクトル場 $\widetilde{X},\widetilde{Y}$，$N$ 上のベクトル場 X,Y に対し，$F_*\widetilde{X}=X$, $F_*\widetilde{Y}=Y$ が成立しているとする．このとき $F_*([\widetilde{X},\widetilde{Y}])=[X,Y]$ となること

を示せ．特に $F : N \longrightarrow N$ が微分同相写像のときには，N 上のベクトル場 X, Y に対し，$F_*([X,Y]) = [F_*X, F_*Y]$ となる．

【解】　$\widetilde{X}$ が生成するフローを $\widetilde{\varphi}_t$ とし，X が生成するフローを φ_t とすれば，例題 6.5.5 (136 ページ) により $F\circ\widetilde{\varphi}_t = \varphi_t\circ F$ が成立する．したがって，$F_*\circ\widetilde{\varphi}_{t*} = \varphi_{t*}\circ F_*$ である．$[\widetilde{X},\widetilde{Y}] = \lim_{t\to 0}\dfrac{1}{t}(\widetilde{\varphi}_{-t*}\widetilde{Y} - \widetilde{Y})$ だから，

$$\begin{aligned} F_*([\widetilde{X},\widetilde{Y}]) &= F_*\Big(\lim_{t\to 0}\frac{1}{t}(\widetilde{\varphi}_{-t*}\widetilde{Y} - \widetilde{Y})\Big) \\ &= \lim_{t\to 0}\frac{1}{t}(\varphi_{-t*}F_*\widetilde{Y} - F_*\widetilde{Y}) \\ &= \lim_{t\to 0}\frac{1}{t}(\varphi_{-t*}Y - Y) = [X,Y] \end{aligned}$$

【例題 8.2.4】　コンパクト多様体 M 上のベクトル場 ξ, η が $[\xi,\eta] = 0$ を満たすとする．φ_s, ψ_t を ξ, η が生成するフローとするとき，$\varphi_s\circ\psi_t = \psi_t\circ\varphi_s$ を示せ．

【解】　$(\varphi_s)_*\eta = \eta$ を示せば，$\varphi_s\circ\psi_t = \psi_t\circ\varphi_s$ がいえる．

$$\begin{aligned} \left.\frac{\mathrm{d}((\varphi_{-s})_*\eta)(x)}{\mathrm{d}\,s}\right|_s &= (\varphi_{-s})_*\left(\left.\frac{\mathrm{d}((\varphi_{-u})_*\eta)(\varphi_s(x))}{\mathrm{d}\,u}\right|_{u=0}\right) \\ &= (\varphi_{-s})_*([\xi,\eta](\varphi_s(x))) = (\varphi_{-s})_*(0) = 0 \end{aligned}$$

$s = 0$ において，$((\varphi_{-s})_*\eta)(x) = (\mathrm{id}_*\,\eta)(x) = \eta(x)$ だから，$(\varphi_s)_*\eta = \eta$ である．

【問題 8.2.5】　コンパクト多様体 M 上のベクトル場 ξ, η が $[\xi,\eta] = \eta$ を満たすとする．φ_s, ψ_t を ξ, η が生成するフローとするとき，$(\varphi_{-s})_*\eta = e^s\eta$, $\varphi_{-s}\circ\psi_t\circ\varphi_s = \psi_{e^st}$ を示せ．解答例は 190 ページ．

多様体であり，群の演算が C^∞ 級であるものをリー群と呼ぶが，リー群は応用上非常に重要な多様体である．問題 4.3.3 (79 ページ) 参照．その構造の解析には，リー群の構造に即したベクトル場が用いられる．

【問題 8.2.6】　G をリー群とする．

(1)　G 上のベクトル場で任意の $g \in G$ に対し，$(L_g)_*\xi = \xi$ を満たすものを，左不変ベクトル場という．G 上の左不変ベクトル場全体 $\mathfrak{g}$ は $\dim G$ 次元のベクトル空間をなすことを示せ（$\mathfrak{g}$ を G の**リー環**あるいは**リー代数**と呼ぶ）．

(2)　ξ, η を左不変ベクトル場とするとき，$[\xi, \eta]$ も左不変ベクトル場であることを示せ．

(3)　$\mathbf{1}$ を G の単位元とする．左不変ベクトル場 ξ が生成するフローを φ_t と書くとき，任意の $g \in G$ に対し，$\varphi_t(g) = g\varphi_t(\mathbf{1})$ を示せ（$\varphi_t(\mathbf{1}) = \exp(t\xi)$ と書く）．

(4)　ξ に対し，$\exp(\xi)$ を対応させる写像は，$\mathfrak{g}$ の 0 の近傍から G の $\mathbf{1}$ の近傍への微分同相写像であることを示せ．

ヒント：(4) 逆写像定理を使う．解答例は 190 ページ．

注意 8.2.7　G が $GL(n; \boldsymbol{R})$ の部分群のとき，接ベクトルも行列で書かれる．ベクトル $A \in G$ における接ベクトルが AX の形をしていることがベクトル場が左不変であることである．このベクトル場が生成するフロー F_t は $\dfrac{\mathrm{d}F_t}{\mathrm{d}t}(A) = F_t(A)X$ を満たし，$F_t(A) = A\exp(tX)$ であることがわかる．ここで $\exp tX = \displaystyle\sum_{k=0}^{\infty} \frac{1}{n!} t^n X^n$ は行列の指数関数である．このことから，問題 8.2.6 の exp をリー群の指数写像と呼ぶ．

8.3　行列群上の計量（展開）

行列のなす群 $G = GL(n; \boldsymbol{R})$ を考える．G 上の曲線 $c(t)$ の接ベクトル $\dfrac{\mathrm{d}c}{\mathrm{d}t}(t)$ の長さの 2 乗を

$$\mathrm{tr}\,{}^t\Big(c(t)^{-1}\frac{\mathrm{d}c}{\mathrm{d}t}(t)\Big)\Big(c(t)^{-1}\frac{\mathrm{d}c}{\mathrm{d}t}(t)\Big) = \mathrm{tr}\,{}^t\Big(\frac{\mathrm{d}c}{\mathrm{d}t}(t)\Big)\,{}^t(c(t)^{-1})(c(t)^{-1})\Big(\frac{\mathrm{d}c}{\mathrm{d}t}(t)\Big)$$

で定義する．ここで tr はトレース $\mathrm{tr}(a_{ij}) = \displaystyle\sum_{i=1}^{n} a_{ii}$ である．単位行列 $\mathbf{1} \in G$ においては，$\boldsymbol{R}^{n^2}$ のユークリッドの計量となり，G への G の左作用が，接ベクトルの長さを保つように定義している．このとき，G 上の測地線がどのように書かれるかを見るために，$c(0) = \mathbf{1}$, $c(1)$ を固定して，曲線 c について変分法を行なう．148 ページ参照．

$$\frac{\mathrm{d}}{\mathrm{d}s}\bigg|_{s=0} \int_0^1 \mathrm{tr}\,{}^t\Big(\frac{\mathrm{d}(c+s\varepsilon)}{\mathrm{d}t}\Big)\,{}^t(c+s\varepsilon)^{-1}(c+s\varepsilon)^{-1}\Big(\frac{\mathrm{d}(c+s\varepsilon)}{\mathrm{d}t}\Big)\,\mathrm{d}t$$

$$= 2\int_0^1 \mathrm{tr}\,{}^t\!\left(\frac{\mathrm{d}\varepsilon}{\mathrm{d}t}\right)\,{}^t c^{-1}\ c^{-1}\frac{\mathrm{d}c}{\mathrm{d}t}\,\mathrm{d}t - 2\int_0^1 \mathrm{tr}\,{}^t\!\left(\frac{\mathrm{d}c}{\mathrm{d}t}\right)\,{}^t(c^{-1}\varepsilon c^{-1})c^{-1}\frac{\mathrm{d}c}{\mathrm{d}t}\,\mathrm{d}t$$

$$= -2\int_0^1 \mathrm{tr}\,{}^t\varepsilon\ \frac{\mathrm{d}}{\mathrm{d}t}\left\{{}^t c^{-1}\ c^{-1}\frac{\mathrm{d}c}{\mathrm{d}t}\right\}\mathrm{d}t - 2\int_0^1 \mathrm{tr}\,{}^t\varepsilon\ {}^t c^{-1}c^{-1}\left(\frac{\mathrm{d}c}{\mathrm{d}t}\right)\,{}^t\!\left(\frac{\mathrm{d}c}{\mathrm{d}t}\right)\,{}^t c^{-1}\,\mathrm{d}t$$

これが任意の ε に対して 0 となるためには次が成立することが必要である．

$$-\frac{\mathrm{d}}{\mathrm{d}t}\left\{{}^t c^{-1}\ c^{-1}\frac{\mathrm{d}c}{\mathrm{d}t}\right\} - {}^t c^{-1}c^{-1}\left(\frac{\mathrm{d}c}{\mathrm{d}t}\right)\,{}^t\!\left(\frac{\mathrm{d}c}{\mathrm{d}t}\right)\,{}^t c^{-1} = 0$$

微分を計算し，左から ${}^t c$ をかけて次を得る．

$$-c^{-1}\frac{\mathrm{d}^2 c}{\mathrm{d}t^2} + {}^t\!\left(c^{-1}\frac{\mathrm{d}c}{\mathrm{d}t}\right)\left(c^{-1}\frac{\mathrm{d}c}{\mathrm{d}t}\right) + \left(c^{-1}\frac{\mathrm{d}c}{\mathrm{d}t}\right)\left(c^{-1}\frac{\mathrm{d}c}{\mathrm{d}t}\right) - \left(c^{-1}\frac{\mathrm{d}c}{\mathrm{d}t}\right){}^t\!\left(c^{-1}\frac{\mathrm{d}c}{\mathrm{d}t}\right) = 0$$

これが，上で定めた計量に対しての測地線の方程式である．

【例題 8.3.1】　行列の指数関数 $c(t) = e^{tA}$ が上の計量に対して測地線であるための条件を求めよ．

【解】　$c(t) = e^{tA}$ とすると，$c(t)^{-1}\dfrac{\mathrm{d}c}{\mathrm{d}t}(t) = A$, $c(t)^{-1}\dfrac{\mathrm{d}^2 c}{\mathrm{d}t^2}(t) = A^2$ である．したがって，

$$-c^{-1}\frac{\mathrm{d}^2 c}{\mathrm{d}t^2} + {}^t\!\left(c^{-1}\frac{\mathrm{d}c}{\mathrm{d}t}\right)\left(c^{-1}\frac{\mathrm{d}c}{\mathrm{d}t}\right) + \left(c^{-1}\frac{\mathrm{d}c}{\mathrm{d}t}\right)\left(c^{-1}\frac{\mathrm{d}c}{\mathrm{d}t}\right) - \left(c^{-1}\frac{\mathrm{d}c}{\mathrm{d}t}\right){}^t\!\left(c^{-1}\frac{\mathrm{d}c}{\mathrm{d}t}\right)$$
$$= {}^t AA - A\,{}^t A$$

A が正規行列であることと式の値が零行列となることは同値である．このとき，$c(t) = e^{tA}$ は測地線となる．例えば，$O(n) \subset GL(n;\boldsymbol{R})$ に制限すると，$c(t) = e^{tA}$ は測地線である．

行列群上の計量として，リーマン計量でないものを考えるのがよいことが知られている．リーマン計量の定義の中で $q : TM \longrightarrow \boldsymbol{R}$ は各ファイバーで正定値という条件を課したが，それを，非退化という条件，すなわち $g : T_xM \times T_xM \longrightarrow \boldsymbol{R}$ が正則対称行列であるとする．このときでも，測地線の方程式は定義される．このときは，曲線の長さ自体が，正にも負にもなるような幾何学が定義される．測地線は，もはや局所的最短性を持つ曲線ではないが，局所的に（負になるかもしれない）曲線の長さが，臨界的であることで定義されている．

行列の群 $G = GL(n;\boldsymbol{R})$ に対して，今度は G 上の曲線 $c(t)$ の接ベクトル $\dfrac{\mathrm{d}c}{\mathrm{d}t}(t)$ の「長さ」の 2 乗をより単純に，

$$\mathrm{tr}\Big(c(t)^{-1}\frac{\mathrm{d}\,c}{\mathrm{d}\,t}(t)\Big)^2 = \mathrm{tr}\ \Big(c(t)^{-1}\Big)\Big(\frac{\mathrm{d}\,c}{\mathrm{d}\,t}(t)\Big)\Big(c(t)^{-1}\Big)\Big(\frac{\mathrm{d}\,c}{\mathrm{d}\,t}(t)\Big)$$

で定義する．$\mathbf{1} \in G$ においては，$A \longmapsto \mathrm{tr}\,A^2 = \sum_{i,j} a_{ij}a_{ji} \in \boldsymbol{R}$ は，符号が $\Big(\dfrac{n(n+1)}{2}, \dfrac{n(n-1)}{2}\Big)$ となる．再び，G への G の左作用が，接ベクトルの長さを保つように定義している．

このとき，変分を考えると以下のようになる．

$$\begin{aligned}
&\frac{\mathrm{d}}{\mathrm{d}\,s}\bigg|_{s=0}\int_0^1 \mathrm{tr}\ (c+s\varepsilon)^{-1}\Big(\frac{\mathrm{d}(c+s\varepsilon)}{\mathrm{d}\,t}\Big)(c+s\varepsilon)^{-1}\Big(\frac{\mathrm{d}(c+s\varepsilon)}{\mathrm{d}\,t}\Big)\,\mathrm{d}\,t\\
&= -\int_0^1 \mathrm{tr}\ (c^{-1}\varepsilon c^{-1})\Big(\frac{\mathrm{d}\,c}{\mathrm{d}\,t}\Big)c^{-1}\frac{\mathrm{d}\,c}{\mathrm{d}\,t}\,\mathrm{d}\,t + \int_0^1 \mathrm{tr}\ \ c^{-1}\Big(\frac{\mathrm{d}\,\varepsilon}{\mathrm{d}\,t}\Big)c^{-1}\frac{\mathrm{d}\,c}{\mathrm{d}\,t}\,\mathrm{d}\,t\\
&\quad -\int_0^1 \mathrm{tr}\ \ c^{-1}\frac{\mathrm{d}\,c}{\mathrm{d}\,t}(c^{-1}\varepsilon c^{-1})\Big(\frac{\mathrm{d}\,c}{\mathrm{d}\,t}\Big)\,\mathrm{d}\,t + \int_0^1 \mathrm{tr}\ \ c^{-1}\frac{\mathrm{d}\,c}{\mathrm{d}\,t}c^{-1}\Big(\frac{\mathrm{d}\,\varepsilon}{\mathrm{d}\,t}\Big)\,\mathrm{d}\,t\\
&= 2\int_0^1 \mathrm{tr}\ \ c^{-1}\Big(\frac{\mathrm{d}\,\varepsilon}{\mathrm{d}\,t}\Big)c^{-1}\frac{\mathrm{d}\,c}{\mathrm{d}\,t}\,\mathrm{d}\,t - 2\int_0^1 \mathrm{tr}\ (c^{-1}\varepsilon c^{-1})\Big(\frac{\mathrm{d}\,c}{\mathrm{d}\,t}\Big)c^{-1}\frac{\mathrm{d}\,c}{\mathrm{d}\,t}\,\mathrm{d}\,t\\
&= -2\int_0^1 \mathrm{tr}\ \varepsilon\ \frac{\mathrm{d}}{\mathrm{d}\,t}\Big\{c^{-1}\frac{\mathrm{d}\,c}{\mathrm{d}\,t}c^{-1}\Big\}\,\mathrm{d}\,t - 2\int_0^1 \mathrm{tr}\ \varepsilon\ c^{-1}\Big(\frac{\mathrm{d}\,c}{\mathrm{d}\,t}\Big)\ c^{-1}\Big(\frac{\mathrm{d}\,c}{\mathrm{d}\,t}\Big)\ c^{-1}\,\mathrm{d}\,t
\end{aligned}$$

この式の値が任意の ε に対して 0 であるためには，次の方程式が満たされなければならない．

$$-\frac{\mathrm{d}}{\mathrm{d}\,t}\Big\{c^{-1}\frac{\mathrm{d}\,c}{\mathrm{d}\,t}c^{-1}\Big\} - c^{-1}\Big(\frac{\mathrm{d}\,c}{\mathrm{d}\,t}\Big)\ c^{-1}\Big(\frac{\mathrm{d}\,c}{\mathrm{d}\,t}\Big)\ c^{-1} = 0$$

これを変形すると

$$-\frac{\mathrm{d}}{\mathrm{d}\,t}\Big\{c^{-1}\frac{\mathrm{d}\,c}{\mathrm{d}\,t}\Big\}c^{-1} - c^{-1}\frac{\mathrm{d}\,c}{\mathrm{d}\,t}\frac{\mathrm{d}}{\mathrm{d}\,t}\{c^{-1}\} - c^{-1}\Big(\frac{\mathrm{d}\,c}{\mathrm{d}\,t}\Big)\ c^{-1}\Big(\frac{\mathrm{d}\,c}{\mathrm{d}\,t}\Big)\ c^{-1} = 0$$

を得るから，

$$-\frac{\mathrm{d}}{\mathrm{d}\,t}\Big\{c^{-1}\frac{\mathrm{d}\,c}{\mathrm{d}\,t}\Big\} = 0$$

を得る．したがって，$c^{-1}\dfrac{\mathrm{d}\,c}{\mathrm{d}\,t} = A$ は一定の行列で，$c(t) = e^{tA}$ となる．したがって，上に定めた不定値の計量に対しての測地線は行列の指数関数で与えられる．

このように，行列の指数関数が測地線を与えることから，リーマン多様体上の測地線の方程式により定義される写像を**指数写像**と呼ぶ．

8.4　k 枠場（展開）

n 次元多様体上の各接空間上で 1 次独立な k 個のベクトル場の組を多様体上の k **枠場** (k-frame field) という．1 枠場は，0 にならないベクトル場，2 枠場は 2 つの平行でない（0 にならない）ベクトル場の組である．

このような k 枠場 $(0 \leqq k \leqq n)$ は，局所座標 $(U, \varphi = (x_1, \dots, x_n))$ の上には，例えば $\dfrac{\partial}{\partial x_1}, \dots, \dfrac{\partial}{\partial x_k}$ があるように，常に存在するが，多様体上に存在するとは限らない．証明は与えないが，コンパクト多様体 M 上では，1 枠場が存在することと，M のオイラー数が 0 であることは同値である．したがって，2 次元球面 S^2 および種数 g の向き付けられた曲面 Σ_g $(g \geqq 2)$ 上には，1 枠場，2 枠場ともに存在しないが，2 次元トーラス T^2 上にはともに存在する．向き付け可能な 3 次元多様体上には 3 枠場が存在する．n 枠場を持つ n 次元多様体を**平行化可能多様体** (parallelizable manifold) と呼ぶ．向き付け可能な 3 次元多様体は平行化可能多様体である．

さて，2 枠場 (ξ_1, ξ_2) が与えられている多様体上で，$[\xi_1, \xi_2] = 0$ であったとする．ξ_1, ξ_2 が生成するフローを $\varphi_1^{t_1}, \varphi_2^{t_2}$ とすると，例題 8.2.4 により，これらのフローは可換である．

$$\varphi_1^{t_1} \circ \varphi_2^{t_2} = \varphi_2^{t_2} \circ \varphi_1^{t_1}$$

加法群 $\boldsymbol{R}^2$ の M への作用 $\boldsymbol{R}^2 \times M \longrightarrow M$ を，$(t_1, t_2) \cdot x = (\varphi_1^{t_1} \circ \varphi_2^{t_2})(x)$ で定義することができる．実際，$(0, 0)$ は恒等写像として作用し，

$$\begin{aligned}(s_1, s_2) \cdot ((t_1, t_2) \cdot x) &= (\varphi_1^{s_1} \circ \varphi_2^{s_2})((\varphi_1^{t_1} \circ \varphi_2^{t_2})(x)) \\ &= (\varphi_1^{s_1} \circ \varphi_1^{t_1})((\varphi_2^{s_2} \circ \varphi_2^{t_2})(x)) \\ &= (\varphi_1^{s_1+t_1} \circ \varphi_2^{s_2+t_2})(x) = (s_1 + t_1, s_2 + t_2) \cdot x\end{aligned}$$

となる．$x_0 \in M$ を固定して写像 $\boldsymbol{R}^2 \ni (t_1, t_2) \longmapsto (\varphi_1^{t_1} \circ \varphi_2^{t_2})(x_0) \in M$ を考えると，任意の $(t_1^0, t_2^0) \in \boldsymbol{R}^2$ において，接写像のランクは 2 であり，$(t_1^0, t_2^0) \in \boldsymbol{R}^2$ の近傍の像は 2 次元の部分多様体となる．多様体 M は $\boldsymbol{R}^2$ 作用の軌道 $\{(t_1, t_2) \cdot x \mid (t_1, t_2) \in \boldsymbol{R}^2\}$ の族で分割されるが，軌道は M の各点の近傍 U と（高々可算個の）2 次元の交わりを持つ．

一般に k 枠場 $(\xi_1, \dots, \xi_k)$ が，$[\xi_i, \xi_j] = 0$ を満たしていれば，加法群 $\boldsymbol{R}^k$ の

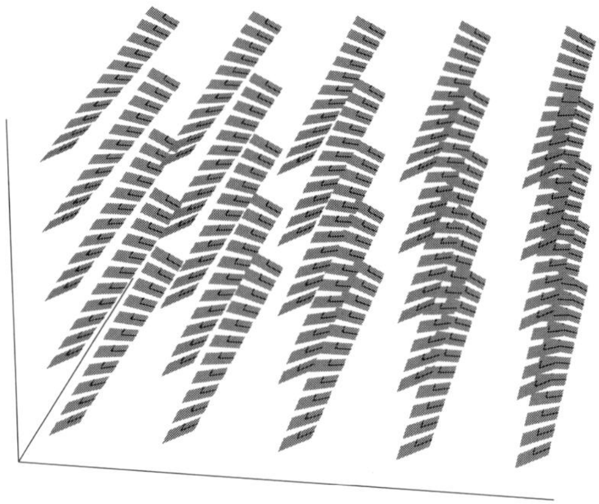

図 **8.1** 例 8.4.2 の 2 枠場.

M への作用，$\boldsymbol{R}^k \times M \longrightarrow M$ を，$(t_1, \ldots, t_k) \cdot x = (\varphi_1^{t_1} \circ \cdots \circ \varphi_k^{t_k})(x)$ で定義することができる．M は k 次元の $\boldsymbol{R}^k$ 作用の軌道に分割され，M の各点 x の近傍 U において，ランクが $n-k$ であるような写像 $F : U \longrightarrow \boldsymbol{R}^{n-k}$ があって軌道と U の交わりは F によって定まる U の k 次元部分多様体の和集合となる．

【例 **8.4.1**】 C^∞ 級関数 $f : \boldsymbol{R}^2 \longrightarrow \boldsymbol{R}$ に対し，$\boldsymbol{R}^3$ 上の 2 枠場として $\xi_1 = \dfrac{\partial}{\partial x_1} + \dfrac{\partial f}{\partial x_1}\dfrac{\partial}{\partial x_3}$, $\xi_2 = \dfrac{\partial}{\partial x_2} + \dfrac{\partial f}{\partial x_2}\dfrac{\partial}{\partial x_3}$ をとると，$[\xi_1, \xi_2] = 0$ となり，$h(x_1, x_2, x_3) = x_3 - f(x_1, x_2)$ が一定である曲面が $\boldsymbol{R}^2$ 作用の軌道となる．

【例 **8.4.2**】 $\boldsymbol{R}^3$ 上の 2 枠場として $\xi_1 = \dfrac{\partial}{\partial x_1} - x_2\dfrac{\partial}{\partial x_3}$, $\xi_2 = \dfrac{\partial}{\partial x_2}$ をとると，$[\xi_1, \xi_2] = \dfrac{\partial}{\partial x_3}$ となる．これは $\boldsymbol{R}^2$ の作用を定めない．図 8.1 参照.

k 枠場 $(\xi_1, \ldots, \xi_k)$ があれば，M の各点 x の接空間 T_xM の k 次元部分空間が，$\xi_1(x), \ldots, \xi_k(x)$ により張られる空間として定まる．このように，M の各点 x に接空間 T_xM の k 次元部分空間を点 x に滑らかに依存する形で与えることを，k **次元接平面場**を与える，あるいは k **次元分布**を与えるという.

多様体 M 上の k 次元接平面場に対して，M の各点の近傍では，その k 次元接平面場を張る k 枠場をつくることができる.

このような局所的な k 枠場として，括弧積が 0 となるものがとれるかどうかは，一度とった k 枠場を，括弧積が 0 のものにとり替えられるかどうかという形で，ユークリッド空間の開集合上の k 枠場についての次の定理により判定できる．

定理 8.4.3　U を $\boldsymbol{R}^n$ の開集合とする．U 上の k 枠場 $(\xi_1,\ldots,\xi_k)$ が U の各点の近傍で，括弧積が 0 となる k 枠場にとり替えられるための必要十分条件は，$[\xi_i,\xi_j]$ が $\xi_1,\ldots,\xi_k$ の張る k 次元接平面場に値を持つベクトル場であることである．

証明　2 つの k 枠場 $(\xi_1,\ldots,\xi_k)$, $(\eta_1,\ldots,\eta_k)$ が同じ k 次元接平面場を定めるとすると，$\eta_i=\displaystyle\sum_{j=1}^k a_{ij}\xi_j$ となる U 上の $GL(k;\boldsymbol{R})$ 値の写像 $(a_{ij})_{i,j=1,\ldots,k}$ が存在する．このとき，$[\xi_i,\xi_j]$ が k 次元接平面場に値を持てば，

$$
\begin{aligned}
[\eta_\ell,\eta_m] &= \Big[\sum_{i=1}^k a_{\ell i}\xi_i,\sum_{j=1}^k a_{mj}\xi_j\Big]\\
&=\sum_{i,j=1}^k a_{\ell i}(\xi_i a_{mj})\xi_j-\sum_{i,j=1}^k a_{mj}(\xi_j a_{\ell i})\xi_i+\sum_{i,j=1}^k a_{\ell i}a_{mj}[\xi_i,\xi_j]
\end{aligned}
$$

も k 次元接平面場に値を持つ．この計算から，必要条件であることが従う．

十分条件であることを示すために，$x^0\in U$ の近傍で $\boldsymbol{R}^n$ の座標をとり替え，$\xi_i(x^0)=\dfrac{\partial}{\partial x_i}$ となるようにする．x^0 の近傍 V 上では，ξ_i は $\dfrac{\partial}{\partial x_i}$ に近い．新しくとった座標で，$p:\boldsymbol{R}^n\longrightarrow\boldsymbol{R}^k$ を $p(x_1,\ldots,x_n)=(x_1,\ldots,x_k)$ で定義する．V 上で p_* を k 次元接平面場に制限したものは各点において同型である．

したがって，V 上の k 枠場 $(\eta_1,\ldots,\eta_k)$ を $p_*\eta_i=\dfrac{\partial}{\partial x_i}$ となるようにとることができる．ここで，$[\eta_i,\eta_j]$ について，$p_*[\eta_i,\eta_j]=\Big[\dfrac{\partial}{\partial x_i},\dfrac{\partial}{\partial x_j}\Big]=0$ であるが，$[\eta_i,\eta_j]$ は k 次元接平面場に値を持つから，$[\eta_i,\eta_j]=0$ でなければならない．■

局所的にある近傍 U の上で括弧積が 0 の k 枠場として与えられると，フローの可換性は，U 内におさまる点についてのみ成立する．しかし，このことだけで，M の各点 x の近傍 U において，ランクが $n-k$ であるような写像 $F:U\longrightarrow\boldsymbol{R}^{n-k}$ があって，U 内の軌道は F によって定まる U の k 次元部分

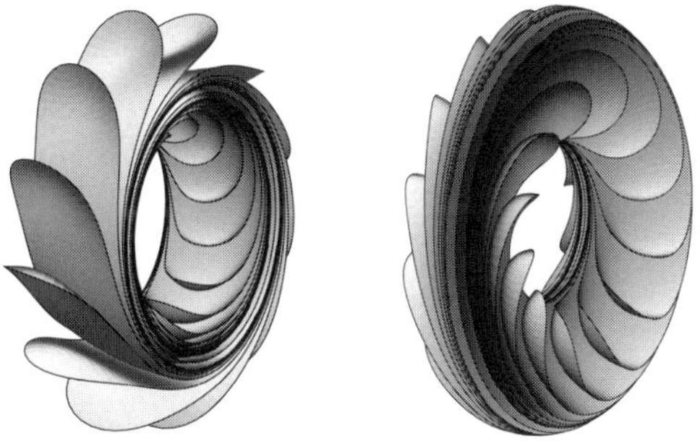

図 **8.2** 葉層構造の例.

多様体となることがいえる．軌道という言葉は不適切なので，x において k 次元接平面場は，$T_x(F^{-1}(F(x)))$ と一致するというように述べることにする．

この考察から次のフロベニウスの定理を得る．

定理 8.4.4（フロベニウスの定理） 多様体 M 上の k 次元接平面場が，各点の近傍 U で，次の性質 $(*)$ を持つ U 上の k 枠場 $(\xi_1,\dots,\xi_k)$ で定義されているとする．

$(*)$ $[\xi_i,\xi_j]$ が k 次元接平面場に値を持つベクトル場である．

このとき，各点の近傍 V と写像 $F_V : V \longrightarrow \boldsymbol{R}^{n-k}$ が存在して，部分多様体 ${F_V}^{-1}(F_V(x))$ の接空間 $T_x({F_V}^{-1}(F_V(x))) \subset T_xM$ と x における k 次元接平面場が一致する．

上の条件 $(*)$ を（完全）**積分可能条件**と呼ぶ．V の部分多様体 ${F_V}^{-1}(F_V(x))$ は，このような V による M の被覆を考えると，共通部分できれいに貼り合わさって，M の「正則とは限らない部分多様体」を与える．このような連結な部分多様体で極大のものを（極大）**積分多様体**，あるいは**葉**と呼ぶ．このような多様体の葉による分割を**葉層構造**と呼ぶ．図 8.2 参照．

8.5 勾配ベクトル場

リーマン計量があることにより，関数 f の勾配ベクトル場 $\operatorname{grad} f$ が定義される．$f : M \longrightarrow \boldsymbol{R}$ に対し，任意の接ベクトル X に対し，$Xf = g(X, \operatorname{grad} f)$

となることにより定義される．

局所座標においてリーマン計量が g_{ij} で表されているとき，$\operatorname{grad} f = \sum_{i=1}^{n} k_i \frac{\partial}{\partial x_i}$ とすると，条件は任意の $X = \sum_{i=1}^{n} a_i \frac{\partial}{\partial x_i}$ に対し，$\sum_{i=1}^{n} a_i \frac{\partial f}{\partial x_i} = \sum_{i,j=1}^{n} g_{ij} a_i k_j$ となることであるから，g_{ij} の逆行列 g^{ij} を用いて，

$$\operatorname{grad} f = \sum_{i=1}^{n} \sum_{j=1}^{n} g^{ij} \frac{\partial f}{\partial x_j} \frac{\partial}{\partial x_i}$$

となる．

f の等位面 $f^{-1}(a)$ が M の部分多様体のとき，$f^{-1}(a)$ の接ベクトル v は $f_* v = 0$，すなわち，$\sum_{j=1}^{n} \frac{\partial f}{\partial x_j} v_j = 0$ を満たす．

$$g(v, \operatorname{grad} f) = \sum_{k,i=1}^{n} \sum_{j=1}^{n} g_{ki} v_k g^{ij} \frac{\partial f}{\partial x_j} = \sum_{j=1}^{n} \frac{\partial f}{\partial x_j} v_j = 0$$

となり，等位面と $\operatorname{grad} f$ は直交する．

関数 f の勾配ベクトル場 $\operatorname{grad} f$ が生成するフローを f の**グラディエントフロー** (gradient flow) と呼ぶ．

【例 8.5.1】 3 次元ユークリッド空間の単位球面 $S^2 = \{(x, y, z) \in \boldsymbol{R}^3 \mid x^2 + y^2 + z^2 = 1\}$ に自然に定まるリーマン計量 $g = g_{S^2}$ を考える．関数 $z : S^2 \longrightarrow \boldsymbol{R}$ に対して $\operatorname{grad} z$ は次のように計算される．

$(x, y, z) = (\cos\theta\cos\varphi, \sin\theta\cos\varphi, \sin\varphi)$ とおくとき，$\frac{\partial}{\partial\theta}, \frac{\partial}{\partial\varphi}$ を基底として，$g_{S^2} = \begin{pmatrix} (\cos\varphi)^2 & 0 \\ 0 & 1 \end{pmatrix}$ と表される．問題 7.4.1（153 ページ）の解答参照．
$\operatorname{grad} z = a\frac{\partial}{\partial\theta} + b\frac{\partial}{\partial\varphi}$, $X = u\frac{\partial}{\partial\theta} + v\frac{\partial}{\partial\varphi}$ に対し, $g(\operatorname{grad} z, X) = au(\cos\varphi)^2 + bv$, $X(z) = \left(u\frac{\partial}{\partial\theta} + v\frac{\partial}{\partial\varphi}\right)\sin\varphi = v\cos\varphi$ だから $\operatorname{grad} z = \cos\varphi\frac{\partial}{\partial\varphi}$ となる．あるいは次のようにも書ける．

$$\begin{aligned}
\cos\varphi\frac{\partial}{\partial\varphi} &= -\cos\varphi\sin\varphi\cos\theta\frac{\partial}{\partial x} - \cos\varphi\sin\varphi\sin\theta\frac{\partial}{\partial y} + (\cos\varphi)^2\frac{\partial}{\partial z} \\
&= -xz\frac{\partial}{\partial x} - yz\frac{\partial}{\partial y} + (x^2 + y^2)\frac{\partial}{\partial z} \\
&= -xz\frac{\partial}{\partial x} - yz\frac{\partial}{\partial y} + (1 - z^2)\frac{\partial}{\partial z}
\end{aligned}$$

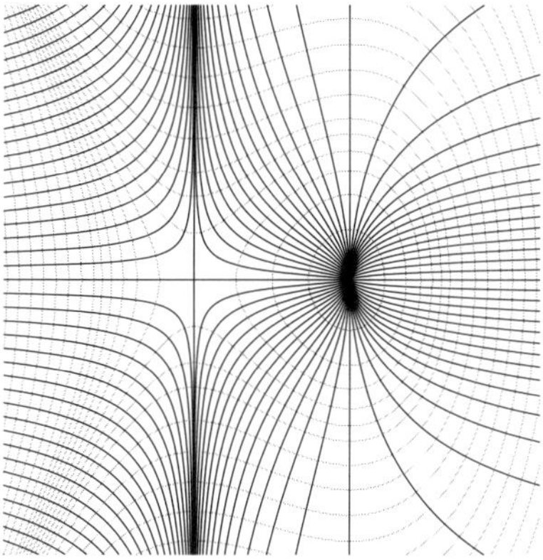

図 **8.3** 例題 8.5.2. $f(x,y)=x^3-x+y^2$ の等位線とグラディエントフローの軌道.

この $\operatorname{grad} z$ の生成するフローは，初等関数で表すこともできるが多少複雑である.

【例題 8.5.2】 $f(x,y)=x^3-x+y^2$ とする．f の等位線の概形を描け.

$$\frac{\mathrm{d}}{\mathrm{d}t}\begin{pmatrix} x \\ y \end{pmatrix} = \begin{pmatrix} \dfrac{\partial f}{\partial x} \\ \dfrac{\partial f}{\partial y} \end{pmatrix}$$

の解曲線は，どのような図形になるか.

一般に，上の形の微分方程式の解 $(x(t),y(t))$ について，$f(x(t),y(t))$ は非減少であることを示せ.

【解】 ベクトル場 $\dfrac{\partial f}{\partial x}\dfrac{\partial}{\partial x}+\dfrac{\partial f}{\partial y}\dfrac{\partial}{\partial y}$ は，平面のユークリッド計量について f の勾配ベクトル場であり，フローは f の等位線と直交する．また,

$$\Big(\frac{\partial f}{\partial x}\frac{\partial}{\partial x}+\frac{\partial f}{\partial y}\frac{\partial}{\partial y}\Big)f=\Big(\frac{\partial f}{\partial x}\Big)^2+\Big(\frac{\partial f}{\partial y}\Big)^2 \geqq 0$$

であるから，$f(x(t),y(t))$ は非減少である．等位線の様子がわかれば，軌道の様子はほぼ定まることが多い．図 8.3 参照.

【問題 8.5.3】 $Y=\dfrac{1}{g(\operatorname{grad} f,\operatorname{grad} f)}\operatorname{grad} f$ は，$\operatorname{grad} f=0$ となる f の臨界点を除いて定義されている．このベクトル場 Y の解曲線 $c(t)$ は，定義されている限り，$f(c(t_0+t))-f(c(t_0))=t$ を満たすことを示せ．解答例は 191 ページ.

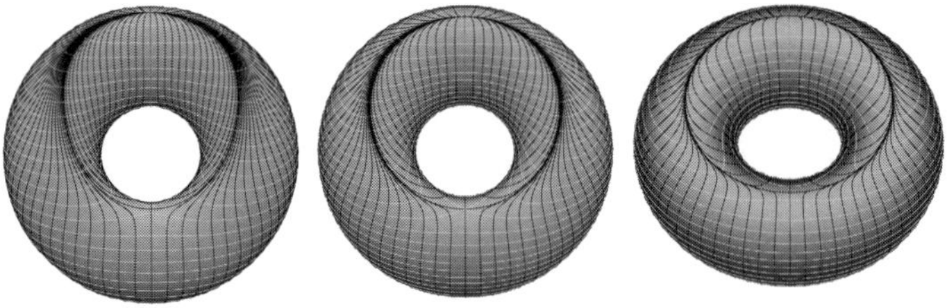

図 8.4　トーラス上の勾配ベクトル場の軌道と等位線．

$f: M \longrightarrow \boldsymbol{R}$ をモース関数とする．モースの補題 5.4.3（105 ページ）により，f の臨界点の近傍で $f = f(x^0) - x_1^2 - \cdots - x_\lambda^2 + x_{\lambda+1}^2 + \cdots + x_n^2$ となる座標近傍をとり，1 の分割（例題 5.3.6（103 ページ））を使って，この近傍上で $g_{ij} = \delta_{ij}$ となるようなリーマン計量をとる．このとき，勾配ベクトル場は $-2x_1\dfrac{\partial}{\partial x_1} - \cdots - 2x_\lambda\dfrac{\partial}{\partial x_\lambda} + 2x_{\lambda+1}\dfrac{\partial}{\partial x_{\lambda+1}} + \cdots + 2x_n\dfrac{\partial}{\partial x_n}$ となり，$(e^{-2t}x_1, \ldots, e^{-2t}x_\lambda, e^{2t}x_{\lambda+1}, \ldots, e^{2t}x_n)$ の形の解曲線を持つ．$f^{-1}(x^0-\varepsilon)$, $f^{-1}(x^0+\varepsilon)$ の間には，$(x_1, \ldots, x_\lambda)$ 平面と $(x_{\lambda+1}, \ldots, x_n)$ 平面を除いて対応がつく．この様子を，$f^{-1}(x^0-\varepsilon)$ と $f^{-1}(x^0+\varepsilon)$ は初等手術で写り合うと呼ぶ．

【例 8.5.4】　トーラス $\boldsymbol{R}^2/(2\pi\boldsymbol{Z})^2$ 上の関数 $f(x,y) = a(2+\cos y)\cos x + c\sin y$ を例 2.1.1（24 ページの図 2.1）の $\boldsymbol{R}^3$ に埋め込まれたトーラス上で考える．$Df = (-a(2+\cos y)\sin x, -a\sin y\cos x + c\cos y)$ であり，例題 7.1.4（143 ページ）により，基底 $\dfrac{\partial}{\partial x}, \dfrac{\partial}{\partial y}$ に対しリーマン計量は $g_{T^2} = \begin{pmatrix} (2+\cos y)^2 & 0 \\ 0 & 1 \end{pmatrix}$ と表されるから，

$$\operatorname{grad} f = -\frac{a\sin x}{2+\cos y}\frac{\partial}{\partial x} + (-a\sin y\cos x + c\cos y)\frac{\partial}{\partial y}$$

となる．いくつかの (a,c) の値に対して，(a,c) を上下方向として，グラディエントフローの軌道と f の等位線を描いたものが図 8.4 である．

8.6　ファイバー束（展開）

コンパクト連結多様体の間に沈め込みがあるときに，陰関数定理 1.2.3（7 ページ）により 1 点の逆像は部分多様体になっている（82 ページ参照）．こ

の部分多様体はお互いにアイソトピックであることがわかり，このような沈め込みの存在から，多様体の形状がかなり理解できる．

【例題 8.6.1】（**ファイブレーション定理**） $m>n$ とする．M, N をそれぞれ m 次元，n 次元コンパクト連結 C^∞ 多様体とする．C^∞ 級写像 $F: M \longrightarrow N$ を，M の任意の点 x で，接写像 $F_*: T_xM \longrightarrow T_{F(x)}N$ が全射であるものとする．このとき，N の任意の点 y に対し，次のような近傍 V_y が存在することを示せ：微分同相写像 $h: F^{-1}(V_y) \longrightarrow V_y \times F^{-1}(y)$ で $F = \mathrm{pr}_1 \circ h$ を満たす．ただし，$\mathrm{pr}_1 : V_y \times F^{-1}(y) \longrightarrow V_y$ は第 1 成分への射影である．

【解】 M にリーマン計量を入れ，各点 $x \in M$ に対し，

$$\nu_x = \{v \in T_x(M) \mid \text{任意の } w \in T_x(F^{-1}(F(x))) \text{ に対して，} g(v,w)=0\}$$

を考える．$F_*: T_x(M) \longrightarrow T_{F(x)}(N)$ を ν_x に制限すると同型写像である．

N の点 y^0 のまわりの座標近傍 $(V, \psi=(y_1,\dots,y_n))$ で，$\psi(y^0)=(0,\dots,0)$ となるものをとる．y_0 の近傍 W で $\overline{W} \subset V$ となるものをとり，V に台を持つ C^∞ 級関数 $\mu: N \longrightarrow \boldsymbol{R}$ で $\overline{W}$ 上で 1 となるものをとる．$\xi_i = \mu \dfrac{\partial}{\partial y_i}$ とおくと，これは N 上の C^∞ 級ベクトル場である．$\boldsymbol{a}=(a_1,\dots,a_n) \in \boldsymbol{R}^n$ に対して，$\xi_{\boldsymbol{a}} = \displaystyle\sum_{i=1}^n a_i \xi_i$ を考える．$\xi_{\boldsymbol{a}}$ が生成するフローを $\Psi_{\boldsymbol{a}}^t$ とおくと，ある正実数 ε に対し $t\|\boldsymbol{a}\| < \varepsilon$ ならば $\Psi_{\boldsymbol{a}}^t(y^0) = \psi^{-1}(t\boldsymbol{a})$ が成立している．

$F_*: \nu_x \longrightarrow T_{F(x)}(N)$ は同型写像だから，ベクトル場 ξ_i に対し M 上のベクトル場 $\widetilde{\xi_i}$ を $F_*\widetilde{\xi_i} = \xi_i, \widetilde{\xi_i}(x) \in \nu_x$ を満たすように一意的に定めることができる（図 8.5 参照）．

ここで，$\widetilde{\xi_{\boldsymbol{a}}} = \displaystyle\sum_{i=1}^n a_i \widetilde{\xi_i}$ で定義する．このとき $F_*\widetilde{\xi_{\boldsymbol{a}}} = \xi_{\boldsymbol{a}}$ が成立する．したがって，例題 6.5.5（136 ページ）により，$\widetilde{\xi_{\boldsymbol{a}}}$ が生成するフローを $\Phi_{\boldsymbol{a}}^t$ とおくと，$F \circ \Phi_{\boldsymbol{a}}^t = \Psi_{\boldsymbol{a}}^t \circ F$ が成立する．

$$H : \{\boldsymbol{a} \in \boldsymbol{R}^n \mid \|\boldsymbol{a}\| < \varepsilon\} \times F^{-1}(y^0) \longrightarrow M$$

を $H(\boldsymbol{a}, x) = \Phi_{\boldsymbol{a}}^1(x)$ で定義すると，常微分方程式の解のパラメータに対する微分可能性（注意 6.3.6 （131 ページ））から，H は C^∞ 級写像であり，

$$F(H(\boldsymbol{a},x)) = \Psi_{\boldsymbol{a}}^1(F(x)) = \Psi_{\boldsymbol{a}}^1(y^0) = \psi^{-1}(\boldsymbol{a})$$

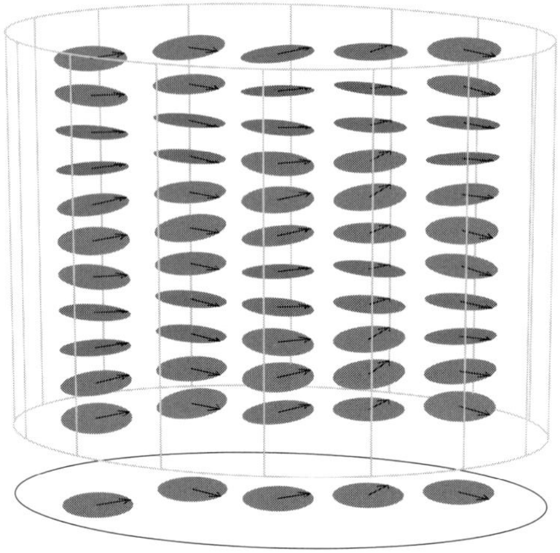

図 **8.5**　ベクトル場のリフト.

が成立する．また，H の逆写像は $x \longmapsto (\psi(F(x)), \Phi^{-1}_{\psi(F(x))}(x))$ で与えられるから，H は微分同相写像である．

例題 8.6.1，あるいは問題 3.5.3（63 ページ）のように位相空間 E, B の間の連続写像 $p : E \longrightarrow B$ で，ある位相空間 F に対し，B の各点 b に対し，b の開近傍 U_b を選べば，同相写像 $h : p^{-1}(U_b) \longrightarrow U_b \times F$ で，$\mathrm{pr}_1 \circ h = p$ を満たすものが存在するものを F をファイバーとする**ファイバー束**と呼ぶ．ここで pr_1 は第 1 成分への射影 $U_b \times F \longrightarrow U_b$ である．

例題 8.6.1 の状況を考えると，ファイバー束 $F : M \longrightarrow N$ に対して，$F_* : TM \longrightarrow TN$ が定義されているが，M の各点 x に対し，T_xM の線形部分空間 $\nu_x \subset T_xM$ で $F_*|\nu_x : \nu_x \longrightarrow T_{F(x)}N$ が同型写像となるものがとられている．したがって，N 上のベクトル場 ξ に対して，M 上のベクトル場を $\widetilde{\xi}(x) \in \nu_x$, $F_*(\widetilde{\xi}(x)) = \xi(F(x))$ となるように一意的に定めることができる．すなわち，線形写像 $\mathcal{X}(N) \longrightarrow \mathcal{X}(M)$ が定まる．このような線形写像をファイバー束の**接続**と呼ぶ．また，$\widetilde{\xi}$ を ξ の**持ち上げ**（**リフト**，**lift**）と呼ぶ（図 8.5 参照）．

この状況の下で，$\xi \longmapsto \widetilde{\xi}$, $\eta \longmapsto \widetilde{\eta}$ に対して，括弧積 $[\widetilde{\xi}, \widetilde{\eta}]$ を考える．$F_*[\widetilde{\xi}, \widetilde{\eta}] = [F_*\widetilde{\xi}, F_*\widetilde{\eta}] = [\xi, \eta]$ となる．特に，ξ, η として，座標近傍の上で

$\zeta_i = \dfrac{\partial}{\partial x_i}, \zeta_j = \dfrac{\partial}{\partial x_j}$ をとれば，$[\zeta_i, \zeta_j] = 0$ であるから，$[\widetilde{\zeta_i}, \widetilde{\zeta_j}]$ はファイバーの方向のベクトル場である．

このベクトル場 $[\widetilde{\zeta_i}, \widetilde{\zeta_j}]$ が任意の $\zeta_i = \dfrac{\partial}{\partial x_i}, \zeta_j = \dfrac{\partial}{\partial x_j}$ に対して 0 となるときには定理 8.4.3 で扱ったのと同様の特別な事態がおこっている．このような接続は**平坦**（フラット，flat）であると呼ばれる．$[\widetilde{\zeta_i}, \widetilde{\zeta_j}] = 0$ であるから，局所的に $\widetilde{\zeta_i}$ の生成するフロー φ_i^t をとると，${\varphi_i}^{t_i}, {\varphi_j}^{t_j}$ は可換である．$x \in M$，および十分 0 に近い $(t_1, \ldots, t_n)$ に対して，

$$\Phi(t_1, \ldots, t_n)(x) = (\varphi_1^{t_1} \circ \cdots \circ \varphi_n^{t_n})(x)$$

とすると，$\psi(F(\Phi(t_1, \ldots, t_n)(x))) = \psi(F(x)) + (t_1, \ldots, t_n)$ となる．さらに，$(\Phi(s_1, \ldots, s_n) \circ \Phi(t_1, \ldots, t_n))(x) = \Phi(s_1 + t_1, \ldots, s_n + t_n)(x)$ がいえている．したがって，$F^{-1}(U_y)$ と $U_y \times F^{-1}(y)$ の間の微分同相として，$x \longmapsto (F(x), \Phi(\psi(y) - \psi(F(x)))(x))$ をとると，$U_y \times \{z\}$ の逆像は，部分多様体のように貼り合わさる．

ファイバーがリー群 G であるようなファイバー束 $F : M \longrightarrow N$ を考えることができる．リー群 G がファイバーをそれ自身に写すように M に左または右から作用している．この作用について不変なファイバーに横断的な接平面場を考えるとリフトが G の作用で不変となる接続がとれる．このとき，リフトの括弧積 $[\widetilde{\xi}, \widetilde{\eta}]$ も不変ベクトル場，すなわち G のリー代数 $\mathfrak{g}$ の元となる．

n 次元リーマン多様体の正規直交 n 枠束 $\mathrm{Fr}(M)$ を考えると，ファイバーが直交群 $O(n)$ であるような M 上のファイバー束となっている．このファイバー束の接続としてレビ・チビタ接続（152 ページ）は理解される．

8.7　第 8 章の問題の解答

【問題 8.1.1 の解答】 X が生成するフロー $\varphi_t : \boldsymbol{R}^2/\boldsymbol{Z}^2 \longrightarrow \boldsymbol{R}^2/\boldsymbol{Z}^2$ は，$\varphi_t(x, y) = (x + t, y + \alpha t) \mod \boldsymbol{Z}^2$ となる．α が無理数のとき，軌道 $\mathcal{O}_{(x,y)} = \{(x + t, y + \alpha t) \in \boldsymbol{R}^2/\boldsymbol{Z}^2 \mid t \in \boldsymbol{R}\}$ は $\boldsymbol{R}^2/\boldsymbol{Z}^2$ で稠密な部分集合である．したがって $\mathcal{O}_{(x,y)}$ 上で定数であれば，$\boldsymbol{R}^2/\boldsymbol{Z}^2$ 上で定数である．$\mathcal{O}_{(x,y)}$ が稠密であることは，例えば次のように示すことができる．$\overline{\mathcal{O}_{(x,y)}}$ はフローで不変な集合だか

ら，軌道の和集合である．稠密でなければ $\boldsymbol{R}^2/\boldsymbol{Z}^2 \setminus \overline{\mathcal{O}_{(x,y)}}$ に含まれる半径 ε の開円板 D_ε が存在する．このような半径 ε の最大のものをとったとする．開円板の閉包は $\overline{\mathcal{O}_{(x,y)}}$ の軌道の点を含む．$\varphi_{2n\varepsilon}(D_\varepsilon)$ $(n \in \boldsymbol{Z})$ を考えるとこれらは交わりを持たない．なぜなら，もしも交わりを持てば，傾き α の平行な直線に挟まれた円板だから，円板の中心は φ_t の閉軌道上にあることになる．したがって，$T > 0$ で $\varphi_T(x_0, y_0) = (x_0 + T, y_0 + \alpha T) = (x_0, y_0) \mod \boldsymbol{Z}^2$ となるものが存在する．$T \in \boldsymbol{Z}$, $\alpha T \in \boldsymbol{Z}$ から $\alpha \in \boldsymbol{Q}$ となり，α が無理数であることに矛盾する．ところが，$\varphi_{2n\varepsilon}(D_\varepsilon)$ $(n \in \boldsymbol{Z})$ が交わりを持たなければ，これらの面積の和が無限大となって，$\boldsymbol{R}^2/\boldsymbol{Z}^2$ の面積が 1 であることに反する．

【問題 8.1.2 の解答】 ベクトル場 X が生成するフローを φ_t とする．$\dfrac{\mathrm{d} f(\varphi_t(x))}{\mathrm{d} t} = X f(\varphi_t(x)) = f(\varphi_t(x))$. したがって $f(\varphi_t(x)) = e^t f(x)$ である．$f(x) \neq 0$ とすると，$\varphi_t(x)$ における f の値が t とともに発散するので矛盾である．

【問題 8.2.5 の解答】 $(\varphi_{-s})_*\eta = e^s\eta$ を示せば，$\psi_{e^s t}$ は $e^s\eta$ が生成するフローであるから，$\varphi_{-s}\psi_t\varphi_s = \psi_{e^s t}$ がわかる．

$$\begin{aligned}&\left.\frac{\mathrm{d}((\varphi_{-s})_*\eta)(x)}{\mathrm{d} s}\right|_s = (\varphi_{-s})_*\left(\left.\frac{\mathrm{d}((\varphi_{-u})_*\eta)(\varphi_s(x))}{\mathrm{d} u}\right|_{u=0}\right)\\ &= (\varphi_{-s})_*([\xi,\eta](\varphi_s(x))) = (\varphi_{-s})_*(\eta(\varphi_s(x))) = ((\varphi_{-s})_*\eta)(x)\end{aligned}$$

一方，$\left.\dfrac{\mathrm{d}(e^s\eta)(x)}{\mathrm{d} s}\right|_s = e^s\eta(x)$ である．$s = 0$ のときには $(\varphi_{-s})_*\eta\big|_{s=0} = \eta = e^s\eta\big|_{s=0}$ となり一致する．したがって $(\varphi_{-s})_*\eta = e^s\eta$ である．

【問題 8.2.6 の解答】 (1)　G の単位元 $\mathbf{1}$ における接空間 $T_\mathbf{1}G$ を考える．$E : \mathfrak{g} \longrightarrow T_\mathbf{1}G$ を $E(\xi) = \xi(\mathbf{1})$ で定義すると，E は実ベクトル空間としての準同型である．$\xi \in \mathfrak{g}$ ならば，$g, h \in G$ に対して，$(L_g)_*\xi = \xi$，すなわち $(L_g)_*\xi(h) = \xi(gh)$ であるから，$\xi(g) = (L_g)_*\xi(\mathbf{1})$ である．したがって，$E(\xi) = 0$ ならば $\xi = 0$ で E は単射である．また，$v \in T_\mathbf{1}G$ に対して，G 上のベクトル場 ξ を，$\xi(h) = (L_h)_*v$ で定義すれば，$L_{g*}(\xi(h)) = (L_g)_*(L_h)_*v = (L_{gh})_*v = \xi(gh)$ だから，$\xi \in \mathfrak{g}$ であり，$E(\xi) = v$ で E は全射である．したがって，$\mathfrak{g}$ は $\dim G$ 次元のベクトル空間である．

(2)　$\xi, \eta \in \mathfrak{g}$ とすると $(L_g)_*[\xi,\eta] = [(L_g)_*\xi, (L_g)_*\eta] = [\xi,\eta]$ だから，$[\xi,\eta] \in \mathfrak{g}$ である．

(3)　$(L_g)_*\xi = \xi$ だから，$L_g\varphi_t = \varphi_t L_g$ である．したがって，

$$\varphi_t(g) = \varphi_t L_g(\mathbf{1}) = L_g\varphi_t(\mathbf{1}) = g\varphi_t(\mathbf{1})$$

(4) $\exp : \mathfrak{g} \longrightarrow G$ の 0 における接写像 $\exp_* : T_0\mathfrak{g} \longrightarrow T_1G$ が同型写像であることを示す．左不変ベクトル場 ξ が生成するフローを φ_t とすると，$t\xi$ $(t \in \boldsymbol{R})$ に対して，$\exp(t\xi) = \varphi_t(\mathbf{1})$ である．$\mathfrak{g}$ の曲線 $t\xi$ $(t \in \boldsymbol{R})$ の $t = 0$ における接ベクトルは $\xi \in \mathfrak{g} \cong T_0\mathfrak{g}$ である．G 上の曲線 $\exp(t\xi) = \varphi_t(\mathbf{1})$ の $t = 0$ における接ベクトルは，

$$\frac{\mathrm{d}\exp(t\xi)}{\mathrm{d}t}\Big|_{t=0} = \frac{\mathrm{d}\,\varphi_t(\mathbf{1})}{\mathrm{d}t}\Big|_{t=0} = \xi(\varphi_t(\mathbf{1}))\big|_{t=0} = \xi(\mathbf{1}) \in T_1G$$

である．したがって，$\exp_* = E : \mathfrak{g} \longrightarrow T_1G$ となる．

【問題 8.5.3 の解答】 $\operatorname{grad} f$ の定義により，

$$Yf = g\Big(\frac{1}{g(\operatorname{grad} f, \operatorname{grad} f)}\operatorname{grad} f, \operatorname{grad} f\Big) = \frac{g(\operatorname{grad} f, \operatorname{grad} f)}{g(\operatorname{grad} f, \operatorname{grad} f)} = 1$$

だから，Y が生成するフロー φ_t は

$$\frac{\mathrm{d}\,f(\varphi_t(x))}{\mathrm{d}t} = (Yf)(\varphi_t(x)) = 1$$

を満たす．したがって，$f(\varphi_t(x)) - f(x) = t$ を満たす．

参考文献

[1] 本書に引き続いて，多様体論に興味のある読者には以下の本を薦める．足立正久氏，松島与三氏，ミルナー氏の本は本文中に引用したものである．

- 足立正久，埋め込みとはめ込み，岩波書店 (1984)，ISBN 4000050729
- 松島与三，多様体入門，数学選書 5，裳華房 (1965)，ISBN 4785313056
- ミルナー，蟹江幸博 訳，微分トポロジー講義，シュプリンガー・フェアラーク東京 (1998)，ISBN 4431707875
- 松本幸夫，多様体の基礎，基礎数学 5，東京大学出版会 (1988)，ISBN 4130621033

[2] リーマン多様体を扱う微分幾何に興味のある読者には以下の文献を薦める．最初の小林昭七氏の本は本文中に引用したものである．

- Kobayashi, Shoshichi, Transformation groups in differential geometry, Springer-Verlag Berlin Heidelberg New York (1972), ISBN 3540058486
- 落合卓四郎，微分幾何入門　上，下，基礎数学 9，10，東京大学出版会 (1991, 1993)，ISBN 4130621300, 4130621300
- 酒井　隆，リーマン幾何学，数学選書 11，裳華房 (1992)，ISBN 4785313137
- Kobayashi, Shoshichi – Nomizu, Katsumi, Foundations of differential geometry, vol. 1, vol. 2, Wiley Classics Library (1996), ISBN 0471157333, 0471157325

[3] 本シリーズで微分形式についても扱われるが，微分形式について学ぼうという読者に次の本を薦める．

- 深谷賢治，解析力学と微分形式，現代数学への入門，岩波書店 (2004)，ISBN 4000068849
- 森田茂之，微分形式の幾何学 1，2，岩波講座現代数学の基礎 25，26，岩波書店 (1996)，ISBN 4000106333, 4000106392
- ボット – トゥー，三村　護 訳，微分形式と代数トポロジー，シュプリンガー・フェアラーク東京 (1996)，ISBN 4431707077

[4] 本書の内容は，2 次元，3 次元ユークリッド空間におけるベクトル解析の知識があればよりよく理解できるであろう．また，曲線，曲面に関する本はより具体的な問題への道しるべになると思う．

- 岩堀長慶，ベクトル解析，数学選書 2，裳華房 (1960)，ISBN 4785313021

- 深谷賢治，電磁場とベクトル解析，現代数学への入門，岩波書店 (2004)，ISBN 4000068830
- 坪井　俊，ベクトル解析と幾何学，講座数学の考え方 5，朝倉書店 (2002)，ISBN 4254115857
- 小林昭七，曲線と曲面の微分幾何（改訂版），裳華房 (1995)，ISBN 478531091X
- 長野　正，曲面の数学——現代数学入門，培風館 (1968)，ISBN 4563001120
- 川崎徹郎，曲面と多様体，講座数学の考え方 14，朝倉書店 (2001)，ISBN 4254115946
- 梅原雅顕 - 山田光太郎，曲線と曲面，裳華房 (2002)，ISBN 4785315318

[5] さらに多様体論の展開に興味のある読者には次の図書を薦める．
- 松本幸夫，Morse 理論の基礎，岩波講座現代数学の基礎，岩波書店 (1997)，ISBN 4000110152
- ミルナー，志賀浩二 訳，モース理論，吉岡書店 (2004)，ISBN 4842703245
- 田村一郎，微分位相幾何学，岩波書店 (1998)，ISBN 4000058681
- サーストン - レヴィ，小島定吉 監訳，3 次元幾何学とトポロジー，培風館 (1999)，ISBN 4563002720
- 大鹿健一，離散群，岩波講座現代数学の展開，岩波書店 (1998)，ISBN 4000106546
- 小島定吉，3 次元の幾何学，講座数学の考え方 22，朝倉書店 (2002)，ISBN 4254116020
- 河野俊丈，曲面の幾何構造とモジュライ，日本評論社 (1997)，ISBN 4535782458
- 河内明夫（編著），結び目理論，シュプリンガー・フェアラーク東京 (1990)，ISBN 4431705716
- 泉屋周一，佐野貴志，佐伯　修，佐久間一浩，特異点の数理〈1〉幾何学と特異点，共立出版 (2001)，ISBN 432001670X
- 田村一郎，葉層のトポロジー，岩波書店 (1976)，ISBN 4000060805
- 三松佳彦，3 次元接触構造のトポロジー（付：小野　薫，Hamilton 系の周期解の存在問題と J 正則曲線），数学メモアール，日本数学会，ISBN 4931469094
- 小林昭七，接続の微分幾何とゲージ理論，裳華房 (1989)，ISBN 4785310588
- 小林俊行 - 大島利雄，Lie 群と Lie 環 1，2，岩波講座現代数学の基礎，岩波書店 (2004)，ISBN 4000110071

[6] 本書を読むための基礎知識について

微分積分については，大学 1，2 年で使った微分積分の教科書の内容で十分である．しかし，微分積分についてさらに深く考え直したい読者には次の本を薦める．

- 一松　信, 解析学序説 上, 下 (新版), 裳華房 (1981), ISBN 4785310308, 4785310316
- 杉浦光夫，解析入門 1，2，基礎数学 2，3，東京大学出版会 (1980, 1985)，ISBN 4130620053, 4130620061
- 高木貞治，解析概論，岩波書店 (1983)，ISBN 4000051717

線形代数についてもう一度深く学びたい読者には，次を薦める．

- 齋藤正彦，線型代数入門，基礎数学 1，東京大学出版会 (1966)，ISBN 4130620010

本書では，群論について定義程度しか使っていないが，次の本が参考になる．

- 桂　利行，代数学 1　群と環，大学数学の入門 1，東京大学出版会 (2004)，ISBN 4130629514

集合と位相については，次のような参考書を薦める．

- 矢野公一，距離空間と位相構造，共立講座 21 世紀の数学 4，共立出版 (1997)，ISBN 4320015568
- 森田茂之，集合と位相空間，講座数学の考え方 8，朝倉書店 (2002)，ISBN 4254115881
- 齋藤正彦，数学の基礎——集合・数・位相，基礎数学 14，東京大学出版会 (2002)，ISBN 4130629093

[7] 常微分方程式の本としては次を薦める．

- スメール－ハーシュ，田村一郎－水谷忠良－新井紀久子 訳，力学系入門，岩波書店 (1976)，ISBN 4000061305
- 高橋陽一郎，微分方程式入門，基礎数学 6，東京大学出版会 (1988)，ISBN 4130621041
- 伊藤秀一，常微分方程式と解析力学，共立講座 21 世紀の数学 11，共立出版 (1998)，ISBN 4320015630
- レフ・セミョーノヴィチ・ポントリャーギン，千葉克裕 訳，常微分方程式（新版），共立出版 (1968)，ISBN 4320010388

記号索引

用語索引

サ　行

タ 行

ナ 行

ラ　行

ワ　行

人名表

アダマール	Hadamard, Jacques (1865–1963)	92
アペリ	Apéry, François	101
オイラー	Euler, Leonhard (1707–83)	180
ガウス	Gauss, Carl Friedrich (1777–1855)	161
クライン	Klein, Felix (1849–1925)	100, 162
グラム	Gram, Jorgen (1850–1916)	160
クリストッフェル	Christoffel, Elwin (1829–1900)	150
グロモフ	Gromov, Mikael (1943 –)	99
コーシー	Cauchy, Augustin-Louis (1789–1857)	15, 55
コッホ	von Koch, Helge (1870–1924)	3
小林昭七	Kobayashi, Shoshichi (1932–)	161
サーストン	Thurston, William (1946–)	162
サード	Sard, Arthur (1909–80)	103
シュミット	Schmidt, Erhard (1876–1959)	161
シュワルツ	Schwarz, Hermann (1843–1921)	55
ジョルダン	Jordan, Camille (1838–1922)	99
スティンロッド	Steenrod, Norman (1910–71)	161
スメール	Smale, Stephen (1930–)	4, 99
ドナルドソン	Donaldson, Simon (1957–)	4
トム	Thom, René (1923–2002)	83, 115
ドラーム	de Rham, Georges (1903–90)	5
ナッシュ	Nash, John (1928–)	163
ニュートン	Newton, Isaac (1643–1727)	164
ハウスドルフ	Hausdorff, Felix (1868–1942)	2
ハミルトン, R.	Hamilton, Richard (1943–)	162
ハミルトン, W.R.	Hamilton, William Rowan (1805–1865)	58
ファー・ディ・ブルーノ	Faà di Bruno, Francesco (1825–1888)	113
フィリップス	Phillips, Aris (1915–85)	99

フビニ	Fubini, Guido (1879–1943)	110
フリードマン	Freedman, Michael (1951–)	4
フロベニウス	Frobenius, Georg (1849–1917)	183
ヘッセ	Hesse, Otto (1811–74)	104
ヘフリガー	Haefliger, André (1929 –)	99
ペレルマン	Perelman, Grisha	4, 162
ポアンカレ	Poincaré, Henri (1854–1912)	4, 162
ボーイ	Boy, Werner	101
ホイットニー	Whitney, Hassler (1907–89)	98, 101
ホップ	Hopf, Heinz (1894–1971)	108, 157
ポントリャーギン	Pontryagin, Lev Semenovich (1908–88)	83, 115
マイヤーズ	Myers, Sumner (1910–55)	161
ミルナー	Milnor, John (1931–)	4
メビウス	Möbius, August (1790–1868)	66
モース	Morse, Marston (1892–1977)	103
ヤコビ	Jacobi, Carl (1804–51)	6, 174
山辺英彦	Yamabe, Hidehiko (1923–61)	162
ユークリッド	Euclid (前 295 頃活躍)	19, 163
ライプニッツ	Leibniz, Gottfried (1646–1716)	93
ラプラス	Laplace, Pierre-Simon (1749–1827)	161
リー	Lie, Sophus (1842–99)	5, 79, 176
リッチ	Ricci-Curbastro, Gregorio (1853–1925)	162
リノウ	Rinow, Willi (1907–79)	157
リプシッツ	Lipschitz, Rudolf (1832–1903)	10
リーマン	Riemann, Bernhard (1826–66)	5, 144
ルベーグ	Lebesgue, Henri (1875–1941)	103
レビ・チビタ	Levi-Civita, Tullio (1873–1941)	152
ワイエルシュトラス	Weierstrass, Karl (1815–97)	103

著者略歴

坪井 俊（つぼい・たかし）

1953 年　生まれる．
1978 年　東京大学大学院理学系研究科修士課程修了．
1983 年　理学博士（東京大学）．
現　在　東京大学名誉教授，理化学研究所数理創造プログラム副ディレクター，武蔵野大学工学部数理工学科特任教授
主要著書　『ベクトル解析と幾何学』（朝倉書店，2002）
『幾何学 III　微分形式』（東京大学出版会，2008）
『幾何学 II　ホモロジー入門』（東京大学出版会，2016）

幾何学 I　多様体入門　　大学数学の入門④

2005 年 4 月 20 日　初　版
2024 年 6 月 10 日　第 9 刷

[検印廃止]

著　者　坪井 俊
発行所　一般財団法人 東京大学出版会
代表者 吉見俊哉
153–0041 東京都目黒区駒場 4–5–29
電話 03–6407–1069　　Fax 03–6407–1991
振替 00160–6–59964
印刷所　三美印刷株式会社
製本所　牧製本印刷株式会社

ISBN 978–4–13–062954–6 Printed in Japan